普通高等教育"十三五"规划教材

数字图像处理
原理与实践

秦志远　主编

化学工业出版社
·北京·

《数字图像处理原理与实践》是关于数字图像处理原理和实践相结合的一本基础性教材。作者将多年的学习体会、科研经验、教学心得以及学生反馈有机揉入相关内容中，内容涵盖经典基础内容与理论前沿进展，技术实践注重普适性与专题性问题解决方案融合，以初学者编程实践为宗旨，能够满足实际课程教学要求。

本书按照教学规律和实践需求阐述基本理论与基本技术方法，且对各种图像处理算法的适用性及其局限进行了分析。主要包括从图像工程的角度认识图像处理、图像处理基础、典型图像变换理论、图像视觉质量提升、图像复原与超分辨率重建、图像压缩编码、彩色和多光谱图像处理、图像形态学处理、图像处理编程基础及应用实例几部分。

本书内容丰富、叙述简练、实用性强，可作为理工类本、专科学生数字图像处理类课程教学的基础教材，也可供从事数字图像处理研究及工程实践人员阅读参考。

图书在版编目（CIP）数据

数字图像处理原理与实践/秦志远主编. —北京：化学工业
出版社，2017.9
普通高等教育"十三五"规划教材
ISBN 978-7-122-30559-6

Ⅰ.①数… Ⅱ.①秦… Ⅲ.①数字图象处理-高等学校-
教材 Ⅳ.①TN911.73

中国版本图书馆 CIP 数据核字（2017）第 218605 号

责任编辑：胡全胜 杨 菁 闫 敏　　　　　　　文字编辑：吴开亮
责任校对：王素芹　　　　　　　　　　　　　　装帧设计：张 辉

出版发行：化学工业出版社（北京市东城区青年湖南街 13 号 邮政编码 100011）
印　　刷：三河市延风印装有限公司
装　　订：三河市宇新装订厂
787mm×1092mm 1/16 印张 14¼ 彩插 4 字数 350 千字 2017 年 12 月北京第 1 版第 1 次印刷

购书咨询：010-64518888（传真：010-64519686） 售后服务：010-64518899
网　　址：http://www.cip.com.cn
凡购买本书，如有缺损质量问题，本社销售中心负责调换。

前　言

随着现代计算机技术、传感器技术的快速进步和互联网资源的大众化普及，多媒体技术以及 VR/AR 的深入研究和广泛应用，尤其是数据存储设备性价比的大幅提高，数字图像作为大数据的一种，以其近实时反映感兴趣场景特征、真实客观、信息量大、传输速度快等一系列优点，逐渐成为人们日常生活中不可或缺的获取和处理信息的重要数据源。在现代信息社会和大数据时代，数字图像处理无论是在理论上，还是在实践中，都存在着巨大的科学研究和商业应用潜力。起源于 20 世纪 20 年代的图像处理技术，经过近一个世纪的发展，已成为一门多学科融合的数字化信息处理技术，日益为人们所重视和熟悉，并在航空航天、工农业生产、军事机动侦察、遥感测绘、数字医疗、资源勘探、气象精准预报、大气污染源探查、智慧城市建设等众多领域中扮演着不可或缺的角色。

作者在多年的数字图像处理教学和相关课题研究过程中，时时体悟着图像处理所涉及原理的深邃和算法实现后的愉快感觉。尽管目前国内外与图像处理相关的书目众多，但内心仍不时会产生要将自己多年学习实践经典理论与前沿进展的体会、教学科研心得及与博士、硕士、本科生的交流反馈等有机融合而编写一本理论与实践相结合的图像处理方面书籍的冲动，期望能够给读者带来些许有温度感的可借鉴的信息。同时，科学技术的快速发展和多学科的相互交融，促使数字图像处理理论研究更加深入而其应用领域变得尤为宽广，想在一本篇幅有限的教科书中涵盖所有的内容几乎是不可能的事情。我们编写此书的目的，旨在初步总结国内外关于数字图像处理的研究基础和目前的理论研究成果，亦是为了交流在处理图像时所遇到问题的解决方案和技巧，在开阔学生学术视野的同时加强实践能力。本书作为相关学科开设的数字图像处理课程的基础教材，力图在理论和实践紧密结合的基础上，使读者掌握图像处理的基础概念、基本方法和系统知识，从而构建出关于图像处理的理论体系和实践方法。至于图像分析和模式识别等更专业的理论和方法，本书并未深入论及，建议读者通过参考国内外相关专业书籍并借助充足的网络资源来加以补充和完善。

本书是作者在 2004 年、2011 年所编著两版教材的基础上，结合理论拓展学习、具体教学实践和编程实现理论算法的体会，对相应章节进行完善、补新而成。该版书主要内容包括如下。

第 1 章　从图像工程的角度认识图像处理。依图像工程的层次观点来描述图像处理、图像分析和图像理解在理论方面的联系和区别，介绍数字图像处理的基本概念和系统组成、理论算法的发展脉络等，并对图像处理在实际相关领域中的应用加以概述。

第 2 章　图像处理基础。包括图像的连续形式表示、空间频率的概念及数字化方法、离散图像的概念、对像素及相互之间联系的认识、图像直方图概念及其作用、图像二值化处理中的阈值选取和图像代数联合运算等。

第 3 章　典型图像变换理论。包括典型傅里叶变换、余弦变换、小波变换及其他线性变换方法的理论描述，对如何建立复杂算法与像素之间的关联问题进行经验总结。

第 4 章　图像视觉质量提升。包括图像对比度改善、图像噪声平滑、图像边缘锐化等基础算法及相关改进算法。

第 5 章　图像复原与超分辨率重建。包括图像降质模型、噪声类型分析和典型的复原方法，以及运动模糊、变焦图像恢复与图像的超分辨率重建理论等。

第 6 章　图像压缩编码。侧重介绍了与图像无损编码、有损编码、变换编码及编码效率评价等相关的基本概念和基础算法。

第 7 章　彩色和多光谱图像处理。概述了色彩空间及其相互之间的转换关系、伪彩色图像生成、假彩色图像处理及多光谱图像融合等理论和技术。

第 8 章　图像形态学处理。主要介绍基于集合论的数学形态学的基础运算、二值形态学和多值形态学，以及数学形态学在图像处理中的应用。

第 9 章　图像处理编程基础及应用实例。出于从底层了解图像处理算法的实现原理和集成算法应用两重目的，介绍目前常用的 Visual C++ 和 MATLAB 编程环境，选择典型算法进行编程实践，结合具体应用实例加强初学者对图像处理原理和技术的理解与掌握。

除上述主体内容外，还将常用的数字图像处理名词有针对性地选择汇编成附录。

应该强调的是，随着信息产业和计算机技术的成熟发展，数字图像处理早已成为一门多内容综合的学科，要想熟练掌握并加以应用需要较扎实的数学基础及相关专业的基础知识作为支撑。鉴于图像所覆盖场景的客观随机性，上述每一章节所涉及的相关问题均可作为独立的研究课题展开深入的探讨。此外，要想收到最佳的学习效果并获得相当的领悟，需要在图像处理的学习中将理论和实践有机结合。可以相信，对计算机编程的浓厚兴趣和解决实际问题所需要的灵感将会引导对数字图像处理的学习由烦琐枯燥变得轻松愉悦。

本书由秦志远主编，张宏敏、张卫国、高松峰、侯绍洋、杨锋参加编写。其中第 1 章由秦志远编写，第 2 章和第 9 章由张宏敏、张卫国编写，第 3 章和第 6 章由高松峰编写，第 4 章和第 7 章由侯绍洋编写，第 5 章和第 8 章由杨锋编写，全书的统稿工作由秦志远完成。在编写本书的过程中，作者得到了信息工程大学地理空间信息学院和河南城建学院测绘与城市空间信息学院很多专家、教授的指点和鼓励；高分辨率对地观测系统河南数据与应用中心平顶山分中心的同仁同心协力、攻坚克难的敬业精神，尤其是我们的良师益友——河南城建学院李生平教授求真务实和不懈进取的精神，时时感染着我们；授课过程中与莘莘学子的智力碰撞更是编写及完善本书的巨大动力。

通过写书来表达作者的学术思想本身就是一件颇为主观的事情。况且，数字图像处理理论及相关技术领域的不断成熟和日新月异，使得作者理论学识和实践经验方面受到限制。敬请读者对书中不足之处加以批评指正。

作者

2017 年秋于平顶山白龟湖畔

目 录

第1章　从图像工程的角度认识图像处理

以图像为研究对象或围绕各种图像开展的科研实践都可以归入图像工程或图像技术范畴。我们认为，类似于计算机视觉的根本目标是从影像中获取对场景能够达到人类视觉要求的描述，而关于图像处理理论与技术方法的研究则源于两个主要目的：其一是便于人们观察和分析而对图像信息进行有针对性的处理，这种处理以人类自身为图像的使用对象，为满足不同人的视觉效果要求而改变图像的表现形式或是改善图像的视觉效果；其二是随着计算机技术与人工智能技术的发展，为了能够借助计算机对图像进行自动场景解译等而对图像数据进行存储、传输、智能处理及显示。本章将试图界定图像的定义和种类及图像处理区别于图像分析和图像理解的研究范围，回顾图像处理领域的历史起源和发展脉络，简述图像处理与数学的关系，概述通用的典型图像处理系统组成，简要介绍图像处理这门学科在实际生活中的各个方面的应用领域。

1.1　图像及图像工程

1.1.1　对图像的认识

众所周知，人类是借助视觉、听觉、触觉、味觉、嗅觉等方式来感知世界的。而视觉是人类从客观世界中获取物体的颜色、纹理和形态大小等信息的最主要手段，是我们自出生以来的体验中最重要、最丰富的部分，更是人类感知色彩斑斓的世界，进而传递、表达和理解视觉信息来认识世界和改造世界的主要途径。

从人类视觉的角度来讲，图像就是二维或三维景物呈现在视网膜上的视觉记忆。按章毓晋在其编著的《图像工程》中的描述，图像应该包含两层含义，即"图"和"像"。所谓"图"，就是物体透射或者反射具有一定波长范围和能量的光分布；"像"是人的视觉系统接收图的信息而在大脑中形成的印象或认识。前者是客观存在的，而后者是人的感觉（推测是在象的左边放上单立人的缘故）。图像应该是两者的结合，即客观世界通过光学系统产生的视觉记忆，是对客观存在的物体的一种相似性描述或写真。因此，图像中肯定包含了被描述对象的相关信息，比如形状、大小、颜色、位置及相互关系等。或者从广义的角度出发，我

1

们可以这样认为：图像是用各种观测系统以不同形式和手段观测客观世界而获得的，可以直接或间接作用于人眼而产生视知觉的实体。人眼、数码相机、摄像机，以及搭载在各类航空航天平台上的传感器等等都可以认为是有效的观测系统。

根据人眼视觉的可视性可将图像简单地分为可见图像和不可见图像。如果我们考虑将所有物体作为一个集合，图像则形成了其中的一个子集，并且在这个子集中的每幅图像都和它所表示的物体存在着某种对应关系。在图像集合中，有一个非常重要的、包含了所有可见图像，即可由人眼看见的图像的子集。在该子集中又包含几种不同方法产生的图像的子集，一个子集为图片，它包括照片、图（指用线条画成的，类似于 AutoCAD 的绘图产品）和画（油画、素描、水粉画等）；另一个子集为光图像，即用透镜、光栅和全息技术产生的各种光学图像。不可见的物理图像如温度、压力、高度以及人口密度等的平面或空间分布图。它们无法用人眼直接进行观察，但是可以借助特定的测量仪器或统计方法获得并通过处理使其可见。

还有一种图像子集是由连续函数或离散函数构成的抽象的数学图像。我们认为，图像各个位置上的属性值乃是多种因素（包括光源的强度、颜色、位置和性质，场景中物体的位置、反射率和透明度，传输媒质的透射率、折射率、吸收和散射特性，以及成像设备的光电特性）交互作用的结果，图像具有空间坐标和属性。根据其连续性，可将图像分为模拟图像和数字图像。模拟图像又称为光学图像、物理图像或连续图像。这种图像类似于用胶片成像而得到的相片，是指空间坐标和图像数值连续变化的、计算机无法直接处理的图像，描述了物质或能量的实际分布，属于可见图像。数字图像则指空间坐标和图像数值不连续的、用一定的数字编码存储的、可用计算机直接处理的图像。一幅图像可定义为一个二维连续函数 $f(x, y)$，这里 x 和 y 是空间坐标，而在任何一对空间坐标 (x, y) 上的幅值 f 称为该点图像的强度（亮度或灰度）。当 x、y 和幅值 f 都为有限的离散数值时，称该图像为数字图像。关于连续图像和离散图像的概念及联系，将在后面详细叙述。

图 1.1 表示图像的基本类型。这幅关于图像基本类型的分类图最早出现在 1996 年 ［美］Kenneth R. Castleman 编著的《Digital Image Processing》中，且已经在国内很多关于图像处理的教科书中出现过，概括得很全面，也比较合理。

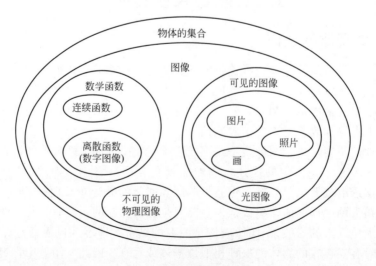

图 1.1　图像的基本类型

也可以从不同的侧面对图像的类型进行认识。

第一种类型，考虑图像的色彩特性，把图像分为灰度图像（或黑白图像）和彩色图像。黑白图像（或灰度图像，Intensity Images）在每个像点上只有一个归一化的取值表示亮度值的分布，不包含彩色信息的图像。就像我们平时看到的亮度由暗到亮的黑白照片，变化是连续的。二值图像（Binary Images）是灰度图像的特例，一幅二值图像由取值只有 0 和 1 的逻辑数组元素构成。而彩色图像每个像点上的属性值可被分解为红、绿、蓝三个不同的亮度值，这个属性值表示物体在不同光谱段上的反射强度，可通过视觉感知而得到不同的颜色。通常可把彩色图像分为索引图像（Indexed Images）和 RGB 图像（RGB Images）。索引图像有两个分量，即整数的数据矩阵和彩色映射矩阵，映射矩阵的每一行都定义单色的红、绿、蓝三个分量，索引图像将像素的亮度值"直接映射"到彩色值，每个像素的颜色由对应的整数矩阵的元素值指向彩色映射矩阵的一个地址决定。RGB 图像是由按一定顺序排列的各个像素的 R、G、B 三个颜色值直接表示的。

第二种类型，根据图像的时间特性，把图像分为静态图像和动态图像。简单地说，我们常见的照片就是静态图像，而电影或电视画面就是动态图像。动态图像又称为视频图像、活动图像、运动图像或序列图像，它是由一组静态图像在时间轴上的有序排列构成的。

未加特殊提示，书中所说的图像指的是静态的灰度或彩色图像。

1.1.2 图像工程及包含的内容

在广义上，图像工程是指各种与图像有关技术的总称。按系统工程的观点，把图像工程描述为一个金字塔式的"处理锥"，即以原始图像数据为锥底，通过预处理和图像变换阶段，然后上升到特征提取和识别，最后以知识为引导，经过推理和理解达到锥顶，即求得图像处理问题的解答。整个系统以图像处理算法控制流、图像数据流为线索，组成高层次的智能化图像处理系统。常规而言，图像工程所涉及的研究内容按照抽象程度和智能化水平可分为三个层次，即图像处理、图像分析和图像理解。其层次分布如图 1.2 所示。

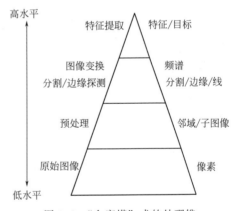

图 1.2 "金字塔"式的处理锥

图 1.2 左侧标注"高水平"与"低水平"的纵线代表的是对图像数据处理过程中所采用算法对应的抽象程度及智能化水平的描述，也可以考虑是通过低级、中级和高级的三种类型的综合算法用计算机处理来划分。抽象程度高，数据量逐渐减少，研究难度越来越大，技术含量越来越高。而研究内容的三个层次相互间实际上是有交融的，目前并无十分明确的界定。如图像处理和图像分析两个层次比较合乎逻辑的重叠区域应该是对图像中特定目标对应区域的提取与识别这一领域。

图像处理（Image Processing），与处理锥的第一层至第三层的研究内容相关。主要是对图像信息进行加工得到满足人的视觉心理或应用需求行为的图像，为目标自动识别和图像理解打下基础，或对图像进行压缩编码，以减少图像的存储空间或提高对其传输的速度等。大体上可以这样认为，图像处理是一个从图像到图像的过程，主要研究内容包括图像的采集与获取、图像变换、图像降低噪声的预处理滤波、图像对比度增强和图像锐化、图像复原、图像重建和图像编码等。

图像分析（Image Analysis），与处理锥的第三层至第四层的研究内容相关。要求对图像中感兴趣的目标进行特征提取和测量，以获得目标的客观信息，从而帮助我们建立对图像的描述。特征提取是计算机视觉和图像处理中的一个概念。它指的是使用计算机提取图像信息，决定每个图像的点是否属于一个图像特征（边缘、角点、区域或颜色、纹理、形状、空间关系特征等）。特征提取的结果是把图像上的点分为不同的子集，这些子集往往属于孤立的点、连续的曲线或者连续的区域。特征描述又称特征选择，选择特征是某些感兴趣的定量信息或区分一组目标与其他目标的基础。识别则是基于目标的描述给目标赋予标号的过程。比如从图像上提取目标的边缘（区分一个图像区域和另一个区域的像素集）、轮廓以及单个对象的特征信息，并进行细化、连接和矢量跟踪以表达和测量目标。图像分析是一个从图像到数据的过程。这里的数据可以是对目标特征测量的结果，或是基于测量的符号表示，它们描述了图像中感兴趣目标的某些特点和性质。

图像理解（Image Understanding），则位于处理锥的顶层。主要是指在图像处理及图像分析的基础上，进一步研究图像中的目标及其相互之间的联系，通过执行通常与人类视觉相关的感知函数，做出对图像内容含义的理解以及对原来客观场景的解释及总体确认，从而可以指导和规划行动。研究内容包括图像匹配、图像解释与推理等。

由上述分析可知，图像处理、图像分析和图像理解是处在三个抽象程度和数据量各有特点的不同层次上。图像处理是比较低层的操作，也是最基础的操作，它主要在图像的元素（像素）上进行处理，处理的原始图像数据量非常大；图像分析位于图像工程的中层，利用图像分割和特征提取等技术把原来以像素描述的图像转变成比较简洁的非图像形式的符号描述；图像理解则主要是高层操作，基本上是相关的符号运算和语义描述。图像理解的处理过程和方法与人类的思维推理有许多类似之处，人工智能、模式识别、计算机视觉和专家系统的很多研究成果可以应用到图像的理解中。抽象程度和对智能化要求的提高，涉及的数据由原始的图像数据到一些特征的描述，数据量是逐渐减少的，但是研究难度越来越大，与处理者的经验、智能相关性提高，技术含量也越来越高。

另外，像计算机视觉这样的领域，其最终目的是用计算机来模仿人类视觉，包括学习和推理，并根据视觉输入采取相应的行动。该领域本身是人工智能的一个分支，其目的是模仿人类智能。

随着图像处理技术研究的不断深入，上述三个层次作为图像工程这个连续的统一体内紧密相关的研究内容并没有明确的界限，区分的界线也变得十分模糊，很多内容已经交融在一起并互相促进。所以，想从技术上严格地区分图像处理、图像分析和图像理解是十分困难的。近些年对图像工程研究的趋势表明，国内外诸多学者将从图像中提取目标特征的方法、图像简单的代数运算、三维建模和场景恢复等也逐步归入图像处理的技术范畴。

图像工程过程模型如图 1.3 所示。整个图像处理过程可概略地分为如下几步：第一步是由图像输入装置把图像送入计算机。一般情况下，输入的图像中常常包含着各种噪声或失真，这就需要第二步，即去除噪声和失真，使图像变得易于观看，或者使图像中的对象物变得易于识别。这一过程称为图像预处理，主要包括图像增强处理、图像几何校正、二值化处理等。第三步是为区分对象物和非对象物而进行的图像固有特征提取。例如在进行文字识别时，就需要提取文字轮廓线的形状及笔画线段的位置、方向、交点、闭合框等几何特征。主要包括边缘提取、细化处理、膨胀与收缩、尺度量算及标注等。第四步是利用提取出的特征来识别对象物。包括模型匹配、结构分析和语义描述等。不过，实际中很少能仅由最初设想的各步骤内容一成不变地进行到识别为止，而是一边由人来观察各过程的处理结果，一边对其进行修正或追加处理内容，即给处理过程加上必要的反馈，使处理结果满足要求。

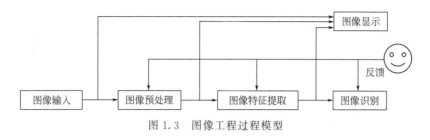

图 1.3　图像工程过程模型

1.2　图像处理概述

1.2.1　图像处理的分类

广义地讲，图像处理从研究手段所采用的物理设备的角度可分为光学方法和数字方法。即图像处理可分为模拟图像处理和数字图像处理。

(1) 模拟图像处理（Analogue Image Processing）

模拟图像处理已经有很长的发展历史，从简单的光学滤波到目前的激光全息技术，光学处理理论日趋完善。包括对以胶片为载体的相片等的光学透镜处理、摄影作品的冲洗放大及后期处理等，这些都属于实时处理。其处理速度快、信息容量大、图像分辨率高，又比较经济，且能够并行作业，为数字方法奠定了坚实的理论基础。缺点是图像精度不够高，稳定性受到硬件和操作者经验等的限制，灵活性差，不便于重复操作，基本上无判断功能和非线性处理功能。这种处理方法，除了专业级的摄影和特殊领域必须采用外，常规的处理任务已很少使用。

(2) 数字图像处理（Digital Image Processing）

数字图像处理通常是指借助计算机软、硬件技术或者其他数字硬件，对从模拟图像经过A/D 转换（模/数转换，Analog/Digital Transform）而得到的电信号进行特定的数学运算。因此，在很多场合也称它为计算机图像处理（Computer Image Processing）。数字图像处理具有精度高、处理内容丰富、可进行复杂的非线性处理等优点，具有非常灵活的变通能力。缺点是处理速度依赖于算法及计算机性能，一般多用来处理静止图像。例如通过从卫星云图上分析云图的分布和运动趋势来判断天气的变化情况，从卫星影像中提取目标物的种种特征参数，常见的利用 PhotoShop 等软件编辑图像，等等。我们利用智能相机对图像的简单处理也可以视为简单的数字图像处理。

随着计算机技术的不断提高和普及、图像显示技术的成熟、大容量存储介质的出现和网络技术的广泛应用，模拟图像处理逐步被数字图像处理替代，并且数字图像处理已经进入了高速发展的时期。

本书重点讨论数字图像处理，即利用计算机进行图像处理。其有两个主要目的：一是产生更适合人视觉观察和识别的图像；二是希望能由计算机自动识别和理解图像。数字图像处理技术处理精度比较高，而且还可以按照用户的需要通过改进处理软件来优化处理效果。但是，数字图像处理的数据量非常庞大，以往计算机处理的速度相对较慢，显示技术又比较落后，在一定程度上限制了数字图像处理的发展。随着近几年计算机技术的飞速发展，计算机的运算能力大大提高，目前 4GHz 以上的 CPU 已经推广应用，立体彩色显示终端的成熟应用，将大大促进数字图像处理技术的发展。

1.2.2 数字图像处理的主要内容

数字图像处理研究的内容极其广泛，广义上凡是与图像有关的在计算机上能够实现的处理都可归为数字图像处理研究的范畴。普遍认为，数字图像处理主要包括以下几项研究内容。

(1) 图像的基础运算

包括图像代数运算和几何变换等。图像代数运算主要是针对图像的像素进行加、减、乘、除等运算，或是将多幅图像用代数运算式加以联合得到一幅新的图像。通过图像的代数运算可以有针对性地处理图像中选择像素的像素值或将多幅图像加以联合应用。几何处理主要包括图像的坐标转换，图像的移动、缩小、放大、旋转，以及图像扭曲校正等，是最常见的图像处理手段，几乎任何图像处理软件都提供了最基本的图像缩放功能；图像的扭曲校正功能可以将存在几何变形的图像进行校正，从而得出准确几何位置的图像。

(2) 图像处理域变换

我们将由原始图像按序排列的像素灰度值构成的空间称为空间域；将经过傅里叶线性变换获得的图像频谱值构成的空间称为频率域（亦简称频域）。对图像进行处理域变换和反变换，有利于借助在变换域里的显著特征和成熟的技术对图像进行高效处理，处理后的影像再反变换到空间域，使最终处理结果能以我们熟悉的方法进行可视表达。随着学习的深入，我们会体会到在频率域里的一些滤波算法实现起来较空间域算法容易。

(3) 图像增强

有的参考书上把图像增强和下面将介绍的图像复原等划归为图像视觉质量提升或优化技术。从字面上理解，图像增强的作用就是要增强或突出图像中用户感兴趣的信息，同时减弱或者去除不需要的信息。它是改善图像视觉效果和提高人或计算机识别图像效率的重要手段。常用的方法有线性拉伸、直方图增强、图像平滑、图像锐化和伪彩色增强等。多光谱图像的彩色合成也可以看成是一种图像增强技术。

(4) 图像复原

图像复原的主要目的是设法恢复影像获取过程中干扰因素造成的影像质量的退化，从而复原图像的本来面目。例如根据降质过程建立"降质模型"，再采用某种滤波方法去除噪声，恢复原来的图像。

(5) 图像压缩编码

图像压缩编码属于信息论中信源编码的研究范畴，其宗旨是利用图像信号的统计特性及人类视觉特性对图像进行高效编码，从而达到压缩图像中的冗余信息以利于图像存储、处理、传输和图像保密等目的。图像压缩编码是数字图像处理中一个经典的研究范畴，有多年研究历史，目前已制定了140余种图像压缩标准，如 Huffman 编码、JEPG 编码和 MEPG 编码等。

(6) 图像重建

图像的重建起源于计算机断层扫描（Computer Tomography，CT）技术的发展，是一门很实用的数字图像处理技术，主要是利用采集的物体断层扫描数据来重建出图像。图像重建在医学图像分析中得到了极为广泛的应用。而目前在计算机视觉领域，基于图像重建原理发展出诸如投影重建、明暗恢复形状、立体视觉重建、目标重建和激光测距重建等等多种图像重构方法。

（7）图像分割与目标特征提取

图像分割与目标特征提取从原理上讲应是图像分析的研究内容，但随着理论进展和算法融合，有逐渐被归入数字图像处理研究方向的趋势。包括图像中含有目标的边缘提取、目标分割、物体各种特征的量测与提取，以及影像分类与估计等。目前应用广泛的从遥感影像上进行地物提取、光学文字识别、指纹识别、景象制导等技术就是应用这些技术开发出来的。

另外，还有数学形态学、时序图像处理，以及三维图像处理等较新的研究领域。

对数字图像处理研究内容也可按实施运算时参与运算的像素多少分为三类。第一类是全局运算（Global Operation），此类运算是对整幅图像中所有的像元进行相同的处理。如快速傅里叶变换的实现与图像中所有的像元有关；图像的阈值二值化处理通常用一个阈值将图像中所有像元进行划分等。第二类是点运算（Point Operation），其输出图像每个像素的灰度值只依赖于输入图像对应像点的灰度值，但不改变图像内像点的空间关系。它是一种既简单又重要的技术，能让用户改变图像数据占据的灰度范围。这种运算有时也称为图像对比度操作或对比度拉伸。第三类是局部运算（Local Operation），在输出图像上每个像素的灰度值是由输入图像中以对应像素为中心的邻域中多个像素的灰度值按照一定规则计算出来的。比如利用模板进行卷积运算就是典型的局部运算。

1.3 图像处理与数学的关系

在图像处理研究与发展过程中，数学始终起着举足轻重的作用，并渗透在多个研究层次的所有分支之中，而且很多图像处理的实用技术伴随数学领域新的进展引入而产生并得到广泛应用。本节将对网络上查到的公开资料重新进行有选择地组织，以使读者丰富对图像处理原理和技术发展脉络的了解进而得以拓展思维。

1938 年，德国人 Frieser 就提出使用亮度呈正弦曲线分布的分划板来检验成像系统的分辨率，使用这样的分划板，成像后像的亮度仍然呈正弦曲线分布，只是正弦振幅有所降低。1946 年法国 Duffieux 运用 Fourier 变换这一数学工具来解决光学问题。1948 年，美国电视工作者 Schade 运用通信论的观点，用光学传递函数来评定电视系统的像质。

到 20 世纪六七十年代为止，以傅里叶分析为代表的线性处理方法占据了几乎整个模拟图像处理领域。而计算机的出现以及信息论、控制论等新理论的提出，也促进了数字图像处理的诞生和成长。借助于随机过程理论，人们建立了图像随机模型；通过概率论以及在此基础上建立的信息论建立了图像编码的框架；线性滤波（维纳滤波、卡尔曼滤波等）方法为低层图像处理提供了有力的理论支持；而快速傅里叶变换则被广泛应用在图像处理的几乎所有分支中。这些数学工具极大地促进了图像处理的发展和应用。

自 20 世纪 80 年代开始，非线性科学开始逐渐渗透到数字图像处理方法之中，许多新颖的数学工具被引入到图像处理领域，使相关的理论变得多元化和实用化。尤其以小波和多尺度分析为代表的信息处理方法，继承和发展了傅里叶分析的精华，将函数论和逼近论的最新成果应用在工程实践中，并建立起了完整的系统框架，在图像编码、图像分割、纹理识别、图像滤波、边缘检测、特征提取和分析等方面的应用中，已经取得了非凡的成果。目前，以小波分析方法为基础的多尺度分析方法业已成为信号处理的基础理论之一。

同时，其他非线性的数学工具的应用也取得了丰硕的成果，如分形在图像编码和纹理识别中的应用，且分形图像朝着具有艺术性的、根据某一规则的子图像元素生长的数学表示方向发展。李群在动态图像弹性形变识别中的应用，多尺度分析在图像检索和识别中的应用，非线性规划在矢量量化和图像编码中的应用等等。另外，图像确定性模型（BV 模型）的建立、模糊数学对图像质量的评价体系、Meaningful 理论对图像距离的研究是对图像本质的进一步刻画，使计算机可以更贴切地描述人类的视觉系统。而在 20 世纪 90 年代的理论发展，开始摆脱对 Marr 生物视觉系统范畴的依赖。

一方面，基于非线性发展（偏微分）方程的图像处理方法成为近年来图像研究的一个热点。它从分析图像噪声去除的机理入手，结合数学形态学微分几何、射影几何等数学工具，建立了滤波和偏微分方程相关的公理体系。另外，它在图像重构、图像分割、图像识别、遥感图像处理、图像分析、边缘检测、图像插值、医学图像处理、动态图像修补、立体视觉深度检测、运动分析等多个方面都得到了应用。在研究过程中所提出的一些新的概念，如主动轮廓（active contour，snakes）、水平集（level set）等，把数学和图像有机地联系起来。

另一方面，图像处理的实际需求和工程背景也刺激了一些数学分支的发展，如小波理论的研究动力来源于信号处理中对于时频局部化分析的需求，而且在理论体系建立起来之前已经有了广泛的应用；偏微分方程的黏性解概念的提出也是因为在图像处理的应用中应用条件不满足各种微分学中的假设；对于投影几何的研究也由于图像镶嵌的需求而变得更加细致。

近年来，我国高校的数学系设置了信息与科学计算专业，如北京大学数学科学院信息科学系，作为近年快速发展的一个新学科，它运用近代数学方法和计算机技术解决信息科学领域中的问题，应用十分广泛。图像处理是其中一个非常重要的方向，许多学校或研究所都把图像处理作为一个重点发展方向。

为了进一步关注图像处理领域中涉及的数学问题，并使数学研究人员对相关数学问题的工程背景有所了解，国内高校和研究所组织相关单位成立协会并召开学术会议。比如在 1990 年成立了中国图象图形学学会。它由我国从事图象图形学基础理论与应用研究，软、硬件技术开发及应用推广的专家学者和相关科技工作者组成。国内著名的高等学校、科研院所以及 IT 企业都是该学会重要成员单位。学会的宗旨是团结广大图象图形科技工作者，积极开展图象图形基础理论和高新技术的研究，促进该学科技术的发展和在国民经济各个领域的推广应用。该学会专业领域涵盖了数字图像处理（增强、复原、重建、分析）、图像理解、计算机视觉、图像压缩与传输、体视技术、科学计算可视化、虚拟现实、多媒体技术、模式识别、计算机图象图形学、医学影像处理、计算机动画、电脑游戏、数码艺术、影视特效、数码相机、DV、空间信息系统等。通过开展科学研究与学术交流，活跃学术思想，促进学科发展，推广先进技术，培养和推荐优秀科技人才，普及图象图形科技知识，传播科学思想和方法，编辑出版学术和科普书刊，开展与国际学术界的交流与合作，加强同国外学术团体和科技工作者的友好交往，向社会提供技术咨询和服务。学会自成立以来，在国内已举行了十八届学术年会开展学术交流，活跃了学术气氛，增强了国内从事图象图形科技研究的科技工作者之间的互相联系和交流。创刊于 1996 年的《中国图象图形学报》为中国图象图形学学会会刊，突出学术研究，反映图象图形信息科学具有创造性、高水平和重要意义的科研成果，强调实际应用，反映国家图象图形信息科学实用技术和科技进展。

进入 21 世纪以来，随着电子计算机和 Internet 网络技术的飞速发展，图像处理的发展也进入了一个新的飞跃阶段。同时，图像处理和计算机视觉的工程应用中也还有许多数学问题尚待解决。

1.4　图像处理系统及常用图像格式

我们十分熟悉的最复杂精微的图像处理系统当属人类自身的视觉系统。借助视觉我们能够很自然地毫不费力地看到并识别和理解周围环境。人们自然地设想可以利用计算机来理解和模拟人的视觉系统，完成对图像的处理、分析和理解，但难度远远超出了人类的想象。尽管如此，国内外研究图像处理系统、计算机视觉领域的学者们依然在努力着。

1.4.1　常见的图像处理系统

从常规的角度来说，用于数字图像处理的最常见的计算机系统有以下三类：①PC 兼容机，目前十分流行的 Microsoft Windows™；②工作站，典型的使用 UNIX 操作系统，也常用 Windows 环境；③大型计算机系统，拥有大量的资源并被许多用户通过远程工作站共享。邻近的一组系统通常通过局域网共享资源和数据。它们一般也可以在互联网上被访问。随着计算机技术、图形图像显示设备及网络技术的发展，通用的计算机图像处理系统正朝着小型化和通用化的小型机并带有专用图像处理软件的混合型系统（如基于网络的云计算）方向发展。

一般的数字图像处理系统主要由图像输入输出设备、图像存储设备、图像显示设备、大型计算机硬件和专用图像处理软件组成。由数字化器产生的数字图像先进入一个适当装置的缓存中；根据操作员的指令，计算机调用和去执行程序库中的图像处理程序。在执行过程中，输入图像被逐行地读入计算机。对图像进行处理后，计算机逐像素生成一幅输出图像，并将其逐行送入缓存或通过设备进行输出，当然也可以通过网络与其他设备和用户连接来进行信息交互。图 1.4 显示了一个完整的数字图像处理单机系统。也可以利用局域网或互联网资源进行数字图像的高效处理。

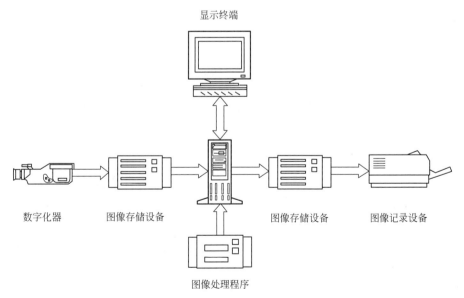

图 1.4　数字图像处理系统组成

在处理过程中，图像中的像素属性可根据用户的要求来修改。处理过程只受到程序员的想象力、耐心以及用于计算的软、硬件资源的限制。处理后的结果由一个与数字化相反的逆过程显示出来，用每个像素的灰度或颜色值来决定对应点在显示屏上的亮度及颜色。这样处理的结果通过计算机硬件又转化成可视的和可供人们解译的图像，也可以通过连接网络进行发布。

1.4.2　常用图像格式

数字图像处理通常会涉及大量的含有数字图像的文件，而且每个文件数据量相当大。它必须被存档，而且经常需要在不同的用户及系统间进行交换。这就要求有一些用于数字图像存储和传送的标准格式。

国内外商用图像处理软件，已经可以对很多的数字图像文件格式进行管理和处理。但应用范围比较广的只占其中一小部分。大多数商业化的图像处理程序可以读写多种流行的图像文件格式（比如较流行的商用图像处理软件 Photoshop 就可以对 30 多种图像格式进行读写）。其他简单的程序（如 Paintbrush）只是读取、编辑和显示在不同文件格式中的图像以及将图像从一种格式转换为另一种格式。这些程序自动地检测指定输入文件的格式，这可通过利用文件扩展名或文件自身包含的源文件信息来做到。

将一幅显示的图像存为文件时，用户可以按照自己的意图指定文件格式。表 1.1 列出了部分常用的图像格式说明。其中，位图格式即".BMP 格式"的图像是最常见的，利用 Windows 操作系统和一些商用软件（比如 Visual C++等）进行编程来处理图像时，位图格式图像的存储、显示、处理等功能模块已十分成熟和稳定。

表 1.1　部分常用图像格式说明

图像格式说明	扩展名	主要适用
Bit-mapped format	*.BMP	Microsoft Windows 标准图像
Graphical interchange format	*.GIF	图形、图像、动画
Joint Photographic Experts Group	*.JPEG	有损压缩图像
Tagged image file format	*.TIFF	无损压缩图像
Photoshop Document	*.PSD	Photoshop 专用图像格式
Portable Network Graphics	*.PNG	网络图像格式
Autodesk Drawing Exchange Format	*.DXF	AutoCAD 矢量文件格式

大多数图像文件格式除具体的图像数据外，还提供了必要的辅助信息，以利于用户对图像进行处理和进行图像格式之间的转换。

单色显示设备通常使用 8 比特数（256 级灰度级）代表屏幕上所显示像素的亮度。彩色显示设备使用三个 8 比特数模转换器产生三个视频信号，分别控制所显示图像的红、绿和蓝分量的亮度。因此，它们具有控制 2^{24} 即超过一千六百万种不同颜色的能力。但考虑到显示管的不完善及人眼的局限性，实际上可辨别的颜色要少得多。

数字图像不仅有单色和彩色两种格式，而且有不同的辐射分辨率（颜色数或灰度级数）。对单色图像，最常见的灰度级数是 2、16 或 256，对应于每像素 1、4 或 8 比特，即所谓的 2 色位图、16 色位图和 256 色位图。这些特殊的灰度分辨率易于打包到内存和存储文件的 8 比特字节中。如对于 2 色位图，用 1 位就可以表示该像素的颜色（一般 0 表示黑，1 表示白）。所以一个字节可以表示 8 个像素；对于 16 色位图，用 4 位可以表示 1 个像素的颜色，一个字节可以表示 2 个像素；而对于 256 色位图，1 个字节恰好可以表示 1 个像素。在某些应用中也使用其他不同的辐射分辨率。

对彩色图像，不同的像素值可表示不同数目的颜色。一幅 4 比特彩色图像仅能在显示器上显示 16 种不同的颜色。8 比特彩色图像可以用 256 种不同颜色显示，而 24 比特的真彩色图像，用 3 个字节表示 1 个像素，该彩色图像可包含一千六百万种颜色。

1.5　数字图像处理发展及应用简介

1.5.1　数字图像处理的发展

数字图像处理最早的应用之一是在报纸业。当时，图像第一次通过海底电缆从伦敦传往纽约。早在 20 世纪 20 年代，曾引入 Bartlane 电缆图片传输系统，把横跨大西洋传送一幅图片所需的时间从一个多星期减少到了 3h。为了用电缆传输图片，首先要进行编码，然后在接收端用特殊的打印设备重构该图片。而早期的 Bartlane 电缆图片传输系统可以用 5 个灰度级对图像进行编码，到 1929 年已增加到 15 个等级，明显地改善了图像表达的效果。

电子计算机的发明促进了真正意义上的数字图像处理的诞生与应用。而现代意义上的数字图像处理技术是建立在计算机软硬件快速发展及性能价格比急速提高的基础之上的，它开始于 20 世纪 60 年代初期，第三代计算机的研制成功、快速傅里叶变换的出现，使得某些图像处理算法可以在计算机上得以实现。其中具有代表性的是美国加利福尼亚州喷气推进实验室（JPL，Jet Propulsion Laboratory）在图像处理方面的研究和应用。该实验室对航天探测器"徘徊者 7 号"在 1964 年发回的几千张月球照片，使用 IBM7094 计算机以及其他设备，采用几何校正、灰度变换、去噪声、傅里叶变换以及二维线性滤波等方法进行处理，并考虑了太阳位置和月球环境的影响，成功地绘制了月球表面地图。随后，又对 1965 年"徘徊者 8 号"发回地球的几万张照片进行了较为复杂的数字图像处理（解卷积、去运动模糊等），使图像质量进一步提高。这些进展引起世界许多有关方面的注意。JPL 本身也更加重视对数字图像处理技术的研究，改进设备（使用更先进的 IBM360/65 计算机和研制专用设备），成立专用图像处理实验室 IPL。对后来的探测飞船发回的几十万张照片进行了更为复杂的图像处理，以致可以获得月球的地形图、彩色图以及全景镶嵌图。从此，JPL 以很大的力量投入图像处理技术的开发和研究，取得了许多非凡的成果。例如，1971 年"水手号"发回的几千张火星照片，由于火星表面覆盖尘爆等，导致这些照片成像条件很差，畸变和干扰因素又很复杂，未经处理，几乎看不出什么内容。因此数字图像处理变得必不可少，这又促进了这门技术的发展。与此同时，JPL 以及各国有关部门已把数字图像处理技术从空间技术中开发到生物学、X 射线图像增强、光学显微图像的分析、陆地卫星、多波段遥感图像的分析、粒子物理、地质勘探、人工智能、工业检测等等方面。

到 20 世纪 80 年代，计算机及图像处理各种硬件的发展，使得人们不仅能够处理二维图像，而且开始处理三维图像。许多能获取三维图像的设备和分析处理三维图像的系统研制成功，图像处理技术得到了更加广泛的应用。20 世纪 90 年代直至现在的 20 余年，图像处理技术已逐步涉及人类生活和社会发展的各个方面。例如近年来蓬勃发展的大数据医学图像处理、图像融合技术、多媒体语音识别、虚拟现实技术等，图像在其中占据了主要地位，文本、图形、动画、视频都要借助于图像处理技术才能充分发挥作用。

数字图像处理在不长的时间里，迅速发展成一门独立的、有强大生命力的学科，随着计算机技术和信息技术的发展，以及各种实际应用的需求，可以预料，数字图像处理技术必将更加迅速地向广度和深度发展。

1.5.2 数字图像处理的应用

数字图像处理已成功应用于许多领域，渗透到人类生活的方方面面，并给人们的生活带来了巨大的社会和经济效益。

(1) 航空、航天遥感方面的应用

数字图像处理技术在航空和航天技术方面的应用，除了上面介绍的JPL对月球、火星相片的处理外，其主要应用是在航空和航天遥感技术中。不计其数的侦察机和卫星搭载各种传感器对地球上的感兴趣部分进行大量的空中摄影，对由此得来的照片进行判读分析，以前需要雇佣几千人，而现在改用配备有高级计算机的图像处理系统来判读分析，既节省人力，又加快了速度，还可以从照片中提取人工所不能发现的大量有用情报。图1.5是通过遥感的方式获取的某城市的局部遥感图像。

图1.5　某城市的局部遥感图像（见文后彩插）

20世纪60年代末以来，美国及一些国际组织发射了资源遥感卫星并建立了太空实验室，由于成像条件受飞行器的位置、姿态、环境条件等影响，图像质量总是不尽人意。因此，简单地直观判读以如此昂贵的代价所获取的图像是不合算的，而必须采用数字图像处理技术。如LANDSAT系列卫星，采用多波段扫描器，在高空对地球的每一地区以18天为一周期进行扫描成像，其图像分辨率大致相当于地面上的十几米或100m左右（如1983年发射的LANDSAT-4，分辨率为30m。目前的卫星如高分2号等的空间分辨率可达亚米级）。这些图像在空中先处理（数字化、编码）成数字信号存入存储介质中，在卫星经过地面站上空时再高速传下来，然后由地面处理中心进行管理、分析、判读和分发。这些图像无论在成像、存储、传输过程中，还是在判读分析中，都必须借助数字图像处理的方法。特别是对图像的判读分析中，目前世界各国都在利用遥感卫星所获取的图像进行资源调查（如森林调查、海洋泥沙和渔业调查、水资源调查等）、农业规划（如土壤养分、水分和农作物生长、产量的估算等）、城市规划（如地质结构、水源及环境分析等）。我国也开展了以上诸方面的一些实际应用（如国土资源调查、城市管理，以及在汶川地震及舟曲泥石流的抗震救灾中各种卫星及无人机的应用），均取得了良好的应用效果。

除可见光影像以外，红外波段具有独特的功能，可借助各种红外遥感方式，来观察地球表面微弱的接近可见光范围的近红外光的发射源，包括城市、小镇、村庄、气体火焰及火光。而在许多情况下，雷达是探测地球表面不可接近地区的唯一方法。通过这些方式获取的图像，也需要利用图像处理的方法进行处理、分析和理解。

在气象学方面，大量数据的计算和对计算结果的分析更希望以一种直观的图像形式来表示。首先将大量的数据转换为数字图像，通过数字图像处理技术，在屏幕上显示出某一时刻的等压面、等温面、云层的位置及其运动、暴雨区的位置及其强度、风力的大小及方向等，从而使预报人员能对未来的天气做出准确的分析和预测；同时根据全球的气象检测数据和计算结果，也可将不同时期全球的气温分布、气压分布、雨量分布及风力风向等以数字图像形式表示出来，从而对全球的气象情况及其变化趋势进行研究和预测。图 1.6 是一幅关于某地区受到云覆盖影响的卫星图像；图 1.7 所示为利用一幅卫星云图监视台风的形成及其运动趋势。

图 1.6　受云覆盖影响的卫星图像（见文后彩插）　　　　图 1.7　卫星云图

对太空其他星球的研究方面，数字图像处理技术也发挥了相当大的作用。

(2) 生物医学工程方面的应用

数字图像处理在生物医学工程方面的应用开展得较早，其中一类是对生物医学的显微光学图像的处理和分析方面。如对红白细胞、细菌、虫卵的分类计数、染色体分析等。

图像处理技术在生物医学应用中最为成功的是计算机断层成像，也称 CT 技术。它是由英国的 Hounsfield 和美国的 Cormack 发明的，并由英国的 EMI 公司在 1973 年制造出第一台 X 射线断层成像装置。通过 CT，可以获取人体剖面图，使得肌体病变特别是肿瘤诊断发生了革命性的变化。两位发明者因此获得了 1979 年的诺贝尔生理学或医学奖。X 射线 CT主要应用肌体不同的组织对 X 射线的吸收率不同来成像，但人体的某些组织，如心脏、乳腺等软组织，正常的和病变的部分对 X 射线的衰减变化不大，图像灵敏度不够，后来又发展了 γ 射线、质子、正电子等射线的 CT，以及超声 CT，最近又出现了核磁共振 CT，使人体免受各种硬射线的伤害，并且图像也更为清晰。

根据 CT 所获得的一系列二维图像通过三维重建可在计算机屏幕上显示出来。在此基础上可以实现矫形手术、放射治疗等计算机模拟及手术规划。例如，髋关节发育不正常在儿童中并不少见，在做矫形手术时，需要对髋关节进行切割、移位、固定等操作。首先通过三维图像处理系统在计算机上构造出髋关节的三维图像；然后对切割部位、切割形状、移位多少及固定方式等的多种方案在计算机上进行预先模拟，并从各个不同角度观察其效果；最后由医生确定最佳实施方案，从而大大提高矫形手术的质量。总之，图像处理技术在人类医学、生物医学等领域中得到了最为广泛的应用。图1.8为两幅医学图像。

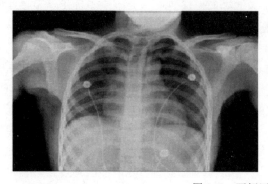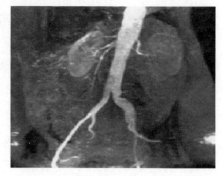

图1.8　两幅医学图像

（3）工业和工程方面的应用

这是近期极其活跃的图像处理应用领域。工业和工程方面存在许多无损探伤和自动控制问题，如弹性力学照片的应力分析、流体力学图片的阻力和升力分析；机械零部件的检查和识别，如印刷电路板疵病检测等。其中最值得肯定的是"计算机视觉"的应用，利用能够时时获取场景图像的机器人，可以确定物体的位置、方向、属性以及其他状态等，它不但可以完成普通的材料搬运、产品集装、部件装配、生产过程自动监控，还可以在不宜进入的环境里进行喷漆、焊接、自动检测等。目前已发展到视觉、听觉和触觉自动反馈的智能机器人。

在生产线中对生产的产品及部件进行无损检测也是数字图像处理技术的一个应用领域。如食品包装出厂前的质量检查、工件尺寸测量、集成芯片内部电路的检测等都需要采用图像处理技术加以自动实现。目前已使用的自动外观检查装置有很多，如漆包线自动外观检查装置、彩色显像管的自动外观检查装置、电话交换机继电器接点检查以及印刷板自动外观检查等。图1.9为一幅水库堤坝图像，可用来观察大坝的形变。图1.10为一幅电路板图像，可用来检查电子器件的外观等。

图1.9　水库堤坝图像（见文后彩插）　　　　图1.10　电路板图像（见文后彩插）

（4）军事公安业务方面的应用

这方面主要是各种观察图像的判读，运动目标的图像自动跟踪技术，如景象跟踪技术已装配到无人机、军舰和导弹，并在军事演习和实战中取得了很好的效果。还包括图像传输、存储和显示的自动化指挥系统，飞机、军舰和坦克的模拟训练器等。公安视频监视图像的判读分析、跟踪、监视、交通控制、事故分析（如车辆船只的识别等）都已在不同的程度上投入正常业务使用。图 1.11 是利用 CCD 监视器获取的同一地点不同时间的监控录像经过截频得到的两幅监控图像。左边图像是可见光监视器获取的某一区域上午的监控图像；右边图像是晚上红外监视器所获取的同一区域的监控录像，其右下方是一嫌犯正在准备进入厂区进行偷窃。

图 1.11　不同时间获取的同一地点的监控图像（见文后彩插）

在公共安全领域中，目前得到广泛应用的还有身份认证、指纹识别、不完整图片的复原、电子地图绘制、人脸合成和识别等。在公安侦察和人口管理中，常用的指纹识别技术和身份认证对应技术都离不开数字图像处理。指纹具有两大特征，第一是没有两个人的指纹是完全相同的；第二是指纹不受损伤时终生不变。所以它是识别人最有力的手段之一。指纹本身是一个无穷类问题，在应用中有不同的情况，主要是对指纹根据匹配特征进行核对查找。

（5）通信工程方面的应用

21 世纪的通信已不再是模拟时代下的模拟信号，通信传输的信息将是声音、图像等多种数据的结合。特别是数字化的图像、数字化的视频和其他种数据等多媒体数据信息。为此国际标准化组织提出了一系列图像通信的国际标准，均要求采用数字图像处理技术，包括图像的采集、图像压缩、图像存储、图像传输和图像显示等众多环节。众多新型手机的功能需要图像处理技术的支持。图 1.12 是目前流行的华为手机的待机界面。

图 1.12　丰富多彩的华为手机界面（见文后彩插）

（6）其他领域中的应用

在文化艺术方面，目前较为成熟的有电视画面的数字编辑、电视场景的数字生成与实景布置、电影电视动画制作、计算机动画和电子竞技游戏、服装纺织品的花纹设计和制作、古文物资料和古建筑照片的复制和修复、运动员动作分析和评分等。图 1.13～图 1.15 是图像处理在电视转播、店面广告设计及数字电影方面应用的图片。可以说，作品艺术性的表现只受设计者的想象空间的限制。

图 1.13　电视转播画面（见文后彩插）

图 1.14　店面广告设计（见文后彩插）

图 1.15　数字电影制作（见文后彩插）

在教学和科研领域中也大量使用数字图像处理技术。特别在近似科学可视化方面更是如此，它是发现和理解科学计算过程中各种现象的有力工具，加快数据处理速度，并运用计算机图形学和重建技术将计算过程中的数据以及计算结果的数据转换为图像，在屏幕上显示出来并进行交互处理。如 Matlab 科学计算工具就包括了很多成熟的图像处理软件包和具备了比较完美的图像表达能力。

在当前的电子商务、电子政务和信息化建设中，数字图像处理技术也大有可为。如身份认证中的印章真伪识别、产品防伪中相似商标的检测、数字水印技术等。

表 1.2 对目前数字图像处理的应用进行了简要的总结。

表 1.2 数字图像处理的应用领域

应用领域	应用内容
通信技术	图像传真、电视电话、卫星通信、数字电视、视频传输
宇宙探索	其他星体的图片处理
生物医学	染色体分类、X 光照片分析、CT、大数据医疗
环境保护	水质及大气污染调查
地质找矿	资源勘探、地图绘制、矿区发现、矿物质分布
农业林产	植被分布调查、农作物长势及估产
国土海洋	寻找渔场、污染监控、海岸线调查
水利建设	河流分布、水源及水灾调查
气象	云图分析、天气预报、雾霾分布区域与趋势分析
工业生产	工业探伤、石油勘探、生产过程自动化、机器人视觉、自动驾驶
法律破案	指纹识别、人脸识别、图章识别
军事技术	侦察拍摄地形图像及军事目标的判读和解译、飞行器制导、雷达、声呐图像处理、军事仿真与反伪装
计算机科学	文字、图像输入与传输的研究，计算机辅助设计、人工智能研究、多媒体计算机与智能计算机研究、机器翻译
考古	恢复保存珍贵的文物图片、名画、壁画

随着计算机技术、网络技术的发展与成熟，彩色显示终端和大容量存储介质的应用，数字图像处理技术将发生巨大的变化，并日益为人们所重视，在科学研究、工农业生产、军事侦察测绘技术、医疗卫生、资源勘探、气象预报、大气污染研究、政府决策部门等许多领域中发挥着越来越重要的作用。

第2章 图像处理基础

本章内容主要包括与数字图像相关的基本概念和针对图像实施的一些比较简单的基础运算。概述人类视觉系统与图像的关系，讨论连续图像与数字图像的表示和数字化方法；介绍像素及像素之间的联系。尽量考虑图像处理总体内容划分的合理性、阶段整体性等原则而将直方图的相关知识、图像间运算、图像的二值化处理等归入本章进行介绍。

2.1 图像与人类视觉的关系

图像在人类对外部世界的感知中起着最重要的作用并不令人奇怪，因为视觉系统是人类具备的感官系统中最高级也是最复杂的，但人类视觉被限制在电磁波波谱的可见光波段，无法像某些动物（比如猫科动物、爬行动物等）一样可以感知到热红外等波段。如下将简要介绍人类视觉系统模型及其感知特性。

2.1.1 人类视觉系统模型

人类视觉系统的结构是十分完备和极其复杂的。视觉是一个根据图像发现周围景物中有什么物体和确定物体在什么地方的过程，即视觉器官"眼睛"接收外界的刺激信息，大脑对这些信息通过复杂的机理进行处理和解释，使这些刺激具有明确的物理意义，进而从图像中获得和观察者相关的场景符号描述的过程。因此，可以说视觉感知是一个有明确输入和输出的信息处理过程。

人的视觉系统由眼球、神经系统及大脑的视觉中枢构成。具体的人眼视觉过程如图 2.1 所示。

人眼接收电磁波谱中的可见光波长在 $380\sim780$nm 之间，具有不同波长和强度的光线刺激人眼，经眼部的光学系统在视网膜形成外界物体不同的物像。视网膜是眼睛最里面的膜，它布满了整个后部的内壁。其表面分布的分离光接收器由锥状体和杆状体组成。锥状体形成锥状视觉，称为白昼视觉或亮度视觉。利用锥状视觉，人类可以充分地分辨出图像的颜色和细节信息。杆状体产生杆状视觉，称为夜视觉或暗视觉，可以得到视野内场景的总体图像。

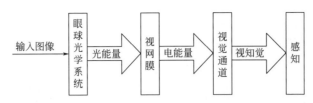

图 2.1　人眼视觉感知过程

杆状体无彩色视觉，低照明度下对图像较敏感。因此，在白天呈现鲜明色彩的物体，在月光下却没有色彩，但是人眼能感觉到物体的轮廓。视网膜将物像的光能转换并加工成神经活动，经由视神经将活动传入视觉中枢，在人脑中产生不同的光强、色彩、形状等感觉与感受。

人类视觉系统（Human Visual System，HVS）相当复杂，并且关于这方面的认识非常有限。目前，人们通过研究认为人类的视觉感知有三个基本的特性，即视觉非线性特性（Weber 定律）、视觉敏感度带通和多通道特性及掩盖效应。

人眼的感知亮度与所感知的场景实际亮度呈对数关系，即视觉非线性特性是 Weber 定律描述的基本内容。而视觉与对比度的关系用视觉系统的对比敏感度函数 CSF（Contrast Sensitivity Function，CSF）来表示，或称为人眼视觉系统空间调制转移函数 MTF（Modulate Transform Function，MTF），简称为 MTF 过程。不同实验所得的 CSF 函数形式各异，但基本上都认为 HVS 的对比敏感性是空间频率（正弦波光栅相邻两黑线条之间的距离称为空间周期，单位距离内所包含的空间周期数可称为空间频率。）的函数，且具有带通滤波器性质。对于静态灰度图像来说，图像的多通道特性可以由它的空间频率和方向性来表征，只要用足够多的适当的调谐部件，图像在视觉皮层的整个方向带和频率带都可以被完全覆盖，即可以完全模拟视觉系统的多通道。

CSF 解释了对单一视觉激励的感知，一个激励单独存在时，人类视觉是很容易辨识的。几个激励同时存在时，激励间会产生相互作用，一个激励的存在将导致另一个激励探测阈值的改变，或由于另一个激励的存在导致它完全不能或者不容易被检测到，即被掩盖了，这种现象称为掩盖效应。在描述多通道中激励之间的相互作用时，掩盖效应是必须考虑的。激励可见度与激励所在地方的平均背景亮度有关的掩盖效应，称为对比度掩盖效应。此外，还有一种纹理掩盖效应，它是指由于背景亮度在空间或时间上的非均匀性所导致的可见度阈值的改变。据研究，大多数图像都包含复杂而不均匀的亮度背景，且在有较大亮度变化的区域和具有丰富活动性的区域，其可见度阈值增大。

除了上述三个基本特性外，还有一些与视觉现象密切相关的特性，如马赫带效应（Mach bands Effect）是马赫在 1865 年首先描述的。如果一幅图像一边暗一边亮，中间的过渡是缓慢斜变的，当我们观看这样的图像时，视觉会自然地产生亮的一边更亮，暗的一边更暗，同时靠近暗的一边的亮度比远离暗的一边要亮，而靠近亮的一边比远离亮的一边显得更暗的感觉。这种主观亮度和实际亮度不一致的情况称为马赫带效应。产生马赫带效应的原因是 HVS 的空间频率响应在较低的空间频率处，人眼视觉灵敏度并非随空间频率升高而下降，而是存在一个极大值，即在某一较低的空间频率处，视觉灵敏度最高。因为该空间频率成分被视觉强调突出，所以该空间频率成分出现在亮区就显得更亮，出现在暗区则显得更暗。因此，马赫带效应是图像亮度变化边界处的一种主观锐化效应。图 2.2 为马赫带效应示意图。

图 2.2　马赫带效应示意图（见文后彩插）

2.1.2　视觉空间分辨率及感知特性

通过研究发现，人类视觉的空间分辨率（在空间上能区分相邻点的最小角距离称为极限分辨角，而其倒数被称为人眼分辨力。）具有以下一些特点。

① 由于人眼的视锥细胞在黄斑区分布最密，因此，人眼对图像边缘、轮廓信息的变化很敏感。

② 人眼对图像纹理细节的灵敏度与它所处的背景亮度有关，对高亮度和低亮度背景中的纹理细节人眼灵敏度较低，而对中高亮度背景中的纹理细节灵敏度较高。

③ 人眼对不同方向的图像细节信息具有不同的灵敏度，对水平方向和垂直方向上的细节灵敏度大于其他方向上的灵敏度。

④ 当视觉目标运动速度加快时，人眼视觉的空间分辨率会降低。

⑤ 人眼对彩色细节的分辨能力比对亮度细节的分辨能力差。

除了上述描述的视觉特性外，通过研究也发现了人类视觉感知物体的一些具体特点。

① 相位特性：人眼对相位角的变化要比对模的变化敏感（人眼视觉可由光学传递函数描述，其包括调制传递函数和相位传递函数。相角由相位传递函数确定，不影响像的清晰度；而模由调制传递函数确定）。

② 方向特性：人眼对倾斜方向的变化要比水平和垂直方向的变化敏感度低。

③ 形状特性：通常细长的形状比圆形更有吸引力。

④ 位置特性：眼睛跟踪实验表明，观测者的眼睛大多直接看到的是图像中间 1/4 的区域。

⑤ 前景/背景特性：观测者更多被前景而不是背景吸引。

⑥ 人物以及特定目标：很多研究表明人们更多把注意力投向场景中的人物，特别是他们的脸庞和眼睛。

⑦ 区域大小：区域的大小也是影响注意力的一个重要因素。较大的区域通常更容易得到关注，也可以说人类观察场景时首先是对场景的总貌进行感觉的。

2.2　图像与数字图像

为了对图像施予有目的的处理，我们首先要了解图像的形成过程及其内在特性，同时用适当的数学模型去表征图像的特性也是十分必要的。

我们知道，图像是在一定成像条件下对被观测目标的电磁波反射（辐射或透射）性质的表现或记录。在前面已经描述过，按记录形式可将图像分为两种，即连续图像和数字图像。我们把记录在胶片等物理介质上的普通的人物或风景等的灰度及颜色连续变化的图像叫模拟图像或连续图像。当一幅图像从物理过程产生时，整幅图像上的属性值正比于物理源的辐射能量，且是非零和有限的。对于这种相片，像面上像点的空间分布是不间断的、连续的，相邻像点的灰度变化特征也是连续的。而把模拟图像变成具有一定形状的小单元，以各个小单元的平均亮度值或中心部分的亮度值作为该单元的属性值进行分割，并利用存储设备进行存储的图像叫数字图像（或叫栅格图像、离散图像）。单帧的静态图像和随时间变化而变化的动态图像序列都可归入到数字图像。在数字图像上，每个像点的坐标和像点的灰度值都是用离散数据表示的。

数字图像处理是借助计算机软、硬件设备对图像实施操作的，因为计算机没有办法直接处理连续的物理图像，它只能按照一定规则（计算机程序）处理用离散数据表示的数字图像。因此，需要将连续图像转化为离散图像后才能借助计算机进行处理。

本节将重点介绍连续图像和数字图像的表示方法，以及如何把连续图像变成离散图像的一些基本原理和具体过程。

2.2.1　连续图像的表示方法

实际生活中，客观场景中的地面目标是千差万别和丰富多彩的。但在图像处理中，可将在空间光辐射能量的连续分布看作图像的来源。图像是借助遥感传感器对目标电磁波辐射特性的记录。我们应该从客观的角度对连续图像的一些确定性特征进行讨论。

设 $C(x, y, \lambda, t)$ 是对图像源空间辐射能量分布的表示。其中 x、y 为其空间坐标；λ 为辐射能量对应的波长；t 为获取图像的时间。

连续图像的表示式应隐含以下四项约束，即

① $0 \leqslant C(x, y, \lambda, t) \leqslant A$ (2.1)

因为物体的亮度实际上是对客观物体能量的一种量度，所以其强度应该是非负、有界的实数，而且其最大亮度不能超过某一实数 A。

② $0 \leqslant x \leqslant L_x$；$0 \leqslant y \leqslant L_y$ (2.2)

实际存在的图像和成像尺寸不能是无穷大的。简单起见，表示图像的模型一般设在一个矩形区域内。L_x 和 L_y 分别表示图像在垂直、水平两个方向上的尺度。

③ $0 \leqslant t \leqslant T$ (2.3)

上式表明任何一幅图像都是在有限时间内对特定场景特征的一个采样。

④ 图像函数在定义域内应该是连续的。客观环境在空间上的连续性，反映在图像上也应该是连续的。

通过对图像确定性特征的分析，我们可以认为图像的幅面总是在平面上有限的，而且在影像上的物体亮度值也可以用一个大于零的数值表示。比如一景遥感图像大小可以是 23cm×23cm，一幅常规的航空相片尺度是 18cm×18cm。因此，通常用一个取值非负的、有限的二维连续函数 $f(x, y)$ 表示一幅连续的、在平面上静止的图像，即

$$f(x, y) <=> \text{二维连续图像} \tag{2.4}$$

式中，(x, y) 表示影像上物体对应的空间位置坐标；$f(x, y)$ 表示物体在 (x, y) 处的属性值（包括色调、亮度等）。

针对上述的四项约束和实际情况，这个表征连续图像的二维连续函数应该有以下属

性，即

$$
\left.
\begin{array}{l}
0 \leqslant x \leqslant Lx \\
0 \leqslant y \leqslant Ly \\
0 \leqslant f \leqslant G
\end{array}
\right\}
\tag{2.5}
$$

式中，Lx 和 Ly 分别表示图像在 x 方向和 y 方向的最大尺度，即图像的长和宽；G 表示图像上各个物体属性值的最大值。

以下是几种连续图像的具体表达形式。

二值图像：　　　　　　$f(x，y)=0，1$

灰度图像：　　　　　　$0 \leqslant f(x，y) \leqslant 2^n-1$，$n=3$ 或 8 等

立体图像：　　　　　　$\{f_L(x,y)，f_R(x,y)\}$

彩色图像：　　　　　　$\{f_i(x,y)\}$　$i=$R，G，B

多波段图像：　　　　　$\{f_i(x,y)\}$　$i=1,2,\cdots,m$

动态序列图像：　　　　$\{f_t(x,y)\}$　$t=t_1,t_2,\cdots,t_n$

上述各表达式即为用连续函数或函数向量表示连续图像的一般方法。另外，我们也可以将图像假定为马尔科夫随机场，以便用场理论来加以表达和分析。但由于客观场景的随机性，实际上很难得出一个真正的用来表示模拟图像的连续函数。

为了用计算机对图像进行处理，我们必须借助一定的方法将模拟的连续图像变换为用数字表达的离散图像。

2.2.2　图像数字化方法

为了用计算机对图像进行处理，需要把模拟的连续图像转变成离散的数字图像，两者之间必须借助某些技术搭建桥梁进行连接。这一连接技术即图像的转变过程，我们称它为图像的数字化，意指对信号的明暗程度和像点密度进行的离散化处理。如利用常见的扫描仪进行相关参数设置来扫描相片就是一个对图像进行数字化的过程。而目前普遍应用的 CCD 数码相机则是直接将客观场景进行离散化记录。

常规而言，图像数字化包括两个部分，即图像平面坐标的离散化和图像灰度值的离散化；也可以说是在时间轴上的离散化和特征值（幅值）的离散化。我们把图像平面坐标值的离散化这个空间上的数字化过程称为图像取样或图像采样（Image Sampling）。这一过程完成离散图像上的像素与连续图像上的物体在空间位置上的对应。而把图像幅度值（灰度值）的离散化，即对物体属性值的离散化处理过程称为图像量化（Image Quantization）。图像量化完成连续图像与离散图像物体属性值的交接，它给像素赋上属性值。

通过图像采样和图像量化这两个技术过程分割得到的数字图像上的各个单元，就叫做像素（像元，像点，Pixel），它是构成数字图像的最小单元。从连续图像到数字图像的数字化的结果，就是借助这个小单元来表达的。数学意义上的点面积为零，而在实际中用该点的一个缓冲区域来代替原始点目标。

图 2.3 表示物理图像与其数字化后像素的简单对应关系。

当把一个物理图像经过光电转换处理输入到存储设备或输出到视频显示系统时，将每个连续图像描述为 $N \times M$ 矩阵的形式，矩阵的每一个元素被称为一个像素，它是一个非负值标量，因为图像光强没有负值。其中，N 为纵向的最大像素数；M 为横向的最大像素数。通常 N 代表图像的行数，M 代表图像的列数。对于黑白渐变的影像，像素值的大小与色调的对应关系一般情况是 255 代表白，而 0 代表黑。用计算机进行图像处理时，像素值的大小

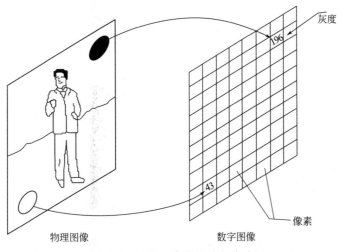

图 2.3　图像与像素的对应关系

与色调的对应关系可由用户按自己的习惯加以定制。当进行图像的数字化时，当然希望用尽量多的离散值来代替原来的连续信号。实际上，由于 A/D 转换器的精度及数据容量限制，所得到的离散值是有限的，不能随意取无限多的数，需要对图像采样和量化涉及的关键问题进行研究。

（1）图像采样

图像采样完成物理图像向数字图像的位置对应转化。它是通过用空间抽样函数与原始图像相乘的结果。在这个过程中，需要考虑采样单元的形状和各个相邻单元的间隔。我们把不同方向、不同位置上采样间隔和形状都相同的采样方法叫作均匀采样；而把不同方向、不同位置上采样间隔和形状发生变化的采样方法叫作非均匀采样。采样单元的形状可以根据需要而确定。它可以是正三角形、方形、正六角形等多种形状。采样的间隔也可以根据实际情况确定。但考虑到便于图像输入输出及利用计算机进行处理，最好采用方形特别是正方形的形状，也就是在水平和垂直方向上的采样间隔、形状要保持一致。

在数字图像中，像素排列的横方向上从左到右带有地址编码的数字叫列号（像素号）；在纵方向上从上到下带有地址号码的数字叫行号。各像素的位置被（列号，行号）唯一指定。

在图像采样时，像素的大小和采样的间隔是两个重要的元素。相邻像素的间隔叫做采样周期。如果采样周期长则数据量较少，但利用采样结果图像还原图像的质量较差；若采样周期短，采样数据的精度得到提高但数据量会有所增加。由于图像本身的复杂性和采样技术的局限性，采样间隔的确定将直接影响采样图像的质量，不可避免地会产生一些影像失真问题。因此，我们必须考虑最佳的图像采样周期，关于这一点有以下的 Nyquist 采样定理（Nyquist Sampling Theorem），也叫香农采样定理。

如果函数 $f(x, y)$ 在 x 和 y 方向的最高空间频率（即截止频率）分别为 u_c 和 v_c，那么当图像的取样间隔 Δx 和 Δy 满足下列条件时，即

$$\Delta x \leqslant \frac{1}{2u_c}$$

$$\Delta y \leqslant \frac{1}{2v_c}$$

(2.6)

就可以保证由图像取样值圆满地恢复原图像函数 $f(x, y)$，即保持了原图像的全部信息。

通常称 Δx 和 Δy 为 Nyquist 间隔，$2u_c$ 和 $2v_c$ 称为 Nyquist 频率。为了恢复图像，数字化时的取样间隔应按 Nyquist 频率确定。公式的物理意义可以描述为：它规定最小的像素大小应该小于连续函数的最高频率的一半。

空间频率（Spatial Frequency）是指细节特征在单位长度上的重复次数，它是根据 19 世纪法国数学家傅里叶提出的分析振动波形的理论而出现的描述视觉系统工作特性的概念。最初在物理光学中，它指每毫米的长度内具有的黑白光栅数，用线/毫米表示。当空间频率超过一定限度时，无论对比度怎样加大，都看不清栅条。而不能看清栅条时的频率称为截止频率。空间频率和像素的位置、相邻像素灰度值的大小直接相关，是图像处理初学者比较难理解的一个很重要的基本概念。在图像处理中，空间频率可简单地理解为图像像元属性值在一定空间范围内的变化次数。变化次数多，我们说这幅图像的空间频率高，对物体细节的表现力好。若空间频率低，图像中的物体变化较少，这表明图像中有较大的物体，表现出灰度相近的区域特征。

图 2.4 表示图像采样的基本原理。

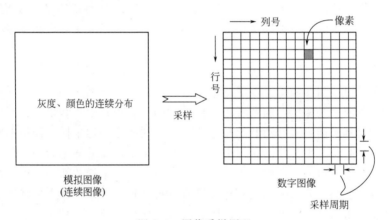

图 2.4　图像采样原理

图像的视觉质量在很多情况下可根据图像特性利用自适应的采样过程来改进。一般来说，为了保持图像中的细节，在变化频繁的灰度过渡区附近可采用较密的采样，而在变化较少即灰度较平滑的区域可采用较稀的采样。作为例子，可考虑由一张脸面在均匀背景上而组成的简单图像（如可视电话中常有这种情况）。背景的细节信息很少，可用较稀的采样来表达。相反，脸面包括相当多的细节，假如背景上省下来的采样用在脸面上，则整体的数据量和视觉效果会得到改善。另外在脸面和背景交界处的灰度过渡区也应该考虑分配较多的采样。

非均匀采样的缺点之一是需要确定采样间隔变化的边缘，就是非常粗糙地确定也需要较大的工作量。这种方法对包含较少均匀区域的图像也不实用。例如，非均匀采样对包含很密人群的图像就很难办。因此，通常我们是采用均匀采样的方法来处理图像的。

图像采样完成了离散像素与连续图像在空间位置上的对应，各个像素并没有给定属性值，没有属性值的像素是不完整的，也没有任何实际意义。我们必须借助另外的技术来完成物体与像素之间属性值的传递。图像量化就是将原始图像的属性值传递给对应离散图像像元的一种方法。

（2）图像量化

图像量化完成连续图像上物体与离散图像上像素属性值的传递工作。这里需要解决的中心问题有两个（以灰度图像为例）：即如何确定图像像素灰度值（光学密度）的量化等级级数 G，也就是用多少个灰度级别来表示图像；如何确定每一个灰度级所对应的灰度范围。

灰度等级数 G 一般确定为 2 的整数次幂，这种确定方法主要考虑的是便于用计算机二进制位来表示图像灰度值，从而使图像处理程序变得简单，即

$$G=2^n \tag{2.7}$$

上式中 n 为正整数，它指图像的密度分辨率，也叫图像的辐射分辨率，描述的是离散亮度值的范围和可辨别的亮度值个数，有时也称为"动态范围"。也对应灰度级别中可分辨的最小变化，或者说是存储每个像点可占用的比特数。通常取 $n=6 \sim 8$。

当 $n=6$，$G=64$（$0 \sim 63$）；

当 $n=8$，$G=256$（$0 \sim 255$）。

一幅图像亮度层次变化多，在进行图像量化时的幂级 n 应该取较大值；图像亮度层次变化少，幂级 n 的取值相应较小。灰度级对应的灰度范围大，会导致产生较大的量化误差。像素及其灰度级的对应关系如图 2.5 所示。有时出于习惯，黑白灰阶对应的灰度值也可以互换。

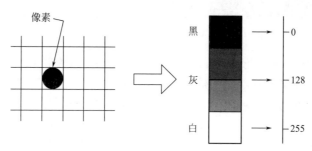

图 2.5　像素及其灰度级的对应关系

在图像被采样和模数转换后，代表图像上每个像素的光强用一个有一定取值范围的整数来表示，这个代表图像上像素取值的整数即为灰度级，有的书上也叫 DN（Digital Number）值（没有颜色的光称为消色光或单色光。这种光电属性是指光的强度或大小。灰度级这一概念通常用来描述单色光强度，因为它的范围从黑到灰，最后到白）。它取决于模数转换模块，也与所用的数字化器有关。按照 Weber 法则，6 比特量化精度即可满足人的视觉要求。目前常用的是用 256 个灰度级来表示图像灰度的级别，相当于采用 8 个计算机二进制位存储一个像素灰度值，这种图像被称为 8 比特图像，像素取值由 0 到 255，这大大优于人眼对感知影像的要求，因人眼分辨率略高于 16 个灰度级。也可以采用其他灰度级表示图像的像素值，这取决于用户的需要。一幅数字图像在存储或处理时都采用一个以像素为位置、灰度值为数组元素的矩阵表达式。

相应地，每一个灰度级所对应的灰度范围也有两种确定方法，即均匀量化和非均匀量化。当相邻的灰度级的变化增量为一个确定值时，我们称这种量化方法为均匀量化；反之，为非均匀量化。采用均匀量化时，在整幅、单个图像灰度范围内以一定间隔值均匀地划分灰度级，针对图像的光学密度，使相邻灰度取的数值增量为定值（如黑色取值 0，白色取值 255，灰色为 128；或黑色取值 255，白色取值 0，灰色为 128 等）。非均匀量化，即相邻灰度级的数值增量为一变量，目的是使图像量化的结果尽量保持图像细节的变化。经过量化

后，若结果图像的灰度范围占据了灰度级的全部有效段，则该图像将具有较高的对比度，被称为高动态范围图像。

当图像的灰度级数变化较小时，常需要在量化时非均匀地分配灰度级。我们可采用与上面介绍的非均匀采样技术类似的方法来分配灰度级。由于人眼在灰度剧烈变化区估计灰度的能力相对较差，因此，在这种情况下边缘区可用较少的灰度级数，其余的灰度级可以用在灰度变化平缓区。这样可以避免或减少由于量化等级的减少而在这些区域产生虚假轮廓（False Contours），即在明暗变化比较平坦的部位会产生几乎看不见的非常细小的山脊状结构纹理，类似于轮廓线的纹路，如图 2.6 所示。

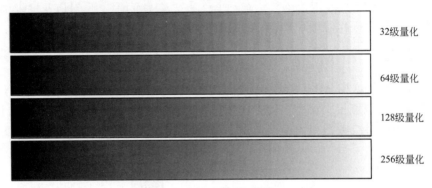

32级量化

64级量化

128级量化

256级量化

图 2.6 量化等级与图像表达

从上到下灰度楔的灰度级依次为 32、64、128、256。人类视觉对相邻灰色区域的亮度差异敏感，减少量化分层数时，图像亮度出现上下量化层次之间跳动的现象，即灰色分层轮廓现象。观察上图可发现，当灰度级为 32 时，虚假轮廓比较明显，64 灰度级的楔内存在虚假轮廓不十分明显；而 128 级和 256 级的楔内基本看不出轮廓的存在。

上述量化方法也受到边界和细节内容的影响。另一种有吸引力的灰度级分配方法是计算所有灰度值出现的频率。如果某个范围的灰度值出现频繁而另一些范围较少，量化灰度在灰度出现频繁范围就要较密而在这个范围之外就可较稀。随着大容量存储介质的出现和计算机设备性能价格比的提高，用户对图像采样和图像量化的数据量相对来说考虑得较少，通常只是借助改变扫描仪的扫描分辨率来对整幅图像均匀采样和量化，便可得到满足图像处理的扫描结果。例如，设置扫描仪的扫描分辨率为 300dpi（dots per inch）或 600dpi 就可以满足一般的文字识别和图片保存的要求。

对于一幅大小确定的图像，在信息量为一常值的条件下，采样间隔和灰度量化应如何确定并不存在完美的解答方案，但定性分析可按如下的方法来考虑：对于亮度基本相同的区域分布在画面上较大的面积中的这类图像，明暗程度的量化可细些，而空间采样间隔可大些；对于细小物体分布很多、形状复杂的图像，空间采样可细些，明暗程度的量化可大些。

通过图像坐标取样和灰度量化处理便将一幅连续图像转变为用矩阵表示的离散的数字图像，从而建立了连续图像和离散图像之间联系的桥梁，便于用矩阵、数组等理论进行图像的处理。

2.2.3 数字图像的表示方法

数字图像或称为离散图像，它是连续图像的空间坐标和属性值经过数字化的采样和量化两个过程被离散化的结果，是对连续图像的一种近似。假设对一幅图像 $f(x, y)$ 取样后，

得到了一幅有着 M 行和 N 列的图像，我们称这幅图像的大小为 $M \times N$。坐标的值（x，y）是离散值。通常采用一个矩阵来表示数字图像，即

$$F_{M \times N} = [f(x,y)]_{M \times N} \tag{2.8}$$

其中，垂直方向和水平方向分别用 x 轴和 y 轴来对应。$f(x, y)$ 表示（x，y）处物体的灰度值，$x = 0, 1, 2, \cdots, M-1$；$y = 0, 1, 2, \cdots, N-1$。图像原点定义在（x，y）=（0，0）处。M 表示图像在垂直方向上的像素点数，其表明了图像由多少横向行组成；N 表示图像在水平方向上的像素点数，其表明了图像中由多少纵向列组成。有的参考书上的坐标约定与上述说法有所不同，请读者在阅读时注意区分。

由前述讨论，我们可以得到如下数字化图像函数的表示：

$$F_{M \times N} = \begin{bmatrix} f(0,0) & f(0,1) & \cdots & f(0,N-1) \\ f(1,0) & f(1,1) & \cdots & f(1,N-1) \\ \vdots & \vdots & \vdots & \vdots \\ f(M-1,0) & f(M-1,1) & \cdots & f(M-1,N-1) \end{bmatrix} \tag{2.9}$$

上述矩阵中的每个元素，就是数字图像中的相应像素；各个元素的值，即为相应像素的属性值（灰度值等）。用这种方法表示图像，有利于应用数学方法中的矩阵理论对图像进行计算机分析和处理。实际软件编程中，我们就是把数字图像看成一个由像素灰度值等组成的二维数组。

除用矩阵表示离散图像外，还可以用向量表示，该过程也称为矩阵拉直，即

$$f = (f_0, f_1, f_2, \cdots, f_{M-1})^{\mathrm{T}} \tag{2.10}$$

其中，$f_i = (f_{i,0}, f_{i,1}, f_{i,2}, \cdots, f_{i,N-1})^{\mathrm{T}}$ 表示图像的第 i 个行向量。图像向量是由矩阵转化而来的，用向量表示数字图像的目的是可以应用向量理论对图像进行分析。

图像处理是一个涉及诸多研究领域的交叉学科。因此，我们可以从不同的角度来审视数字图像。

从线性代数和矩阵论的角度，数字图像就是一个由图像信息组成的二维矩阵，矩阵的每个元素代表对应位置上的图像亮度和/或地物的色彩信息。当然，这个二维矩阵在数据表示和存储上可能存在变形，因为每个单位位置的图像信息可能需要不止一个数值来表示（比如彩色序列图像由时间和彩色信息构成），这样可能需要用三维或多维矩阵来对其进行表示。

由于随机变化和存在噪声，图像整体从本质上看是具有统计特性的，因而有时将图像函数作为随机过程的实现来观察其存在的优越性。这时，有关图像信息量和冗余的问题可以考虑用概率分布和相关函数来描述。因此，一幅图像可表达成三种不同的数学模型是合理的，它们是连续模型、离散模型和随机场模型。例如，如果知道图像像素值的概率分布，可以用熵（熵是信息论中用于度量信息量的一个概念。一个系统越是有序，信息熵就越低；一个系统越是混乱，包含的信息越多，信息熵就越高。可以说，信息熵是系统有序化程度的一个度量。）来度量图像的信息量，这是信息论中的一个重要思想。

从线性系统的角度考虑，图像及其处理也可以表示为用狄拉克冲击函数表示的点扩散函数的叠加，在使用这种方式对图像进行表示时，可以采用成熟的线性系统理论加以研究。大多时候，我们考虑使用线性系统近似的方式对图像进行近似处理以简化算法，虽然实际的图像并不是线性的，但图像坐标和像素的取值都是有限的和非连续的。

2.2.4 数字图像的基本参数

数字图像是被空间采样和幅值量化后的二维函数。通常是用矩阵网格采样并对图像像素

点的亮度幅值进行均匀量化实现的。所以数字图像可表示为一个二维实数矩阵。一幅图像由许许多多的像素点构成，每个像素点包含着反映图像在该点的明暗和颜色变化等信息。

一幅数字图像可用图像分辨率、图像深度和图像数据容量这三个基本参数来描述。

(1) 图像分辨率（Image Resolution）

这里谈到的图像分辨率有点像遥感图像的空间分辨率，实际上是指对原始图像的采样分辨率，即指图像水平或垂直方向单位长度上所包含的采样点数。单位是"像素点/单位长度"，例如：像素点/英寸（Pixel/Inch，pixels per inch，ppi）等，描述扫描仪分辨率的 DPI（Dot Per Inch，DPI）参数即是图像分辨率的一种表示。

采样点数越多，图像的分辨率越高。分辨率越高，图像越清晰，图像文件所需的存储空间也越大，编辑和处理所需的时间也越长。或者说，像素尺寸越小，单位长度所包含的像素数据就越多，分辨率也就越高，但同样物理大小范围内所对应图像的尺寸也会越大，存储图像所需要的字节数也越多。

(2) 图像深度（Image Deepness）

图像深度指在位图中表示各像素点的亮度或色彩信息所采用的二进制数的位数，也叫像素深度。

对于灰度图像来说，像素深度也叫灰度级分辨率，或叫色阶，指图像中可分辨的灰度级数目。例如，深度为 1 位的图像即为二值图像，取值为 0 时表示黑色（暗色），取值为 1 时表示白色（亮色），即表示一幅黑白图像。常用的图像深度是 8 位，也就是我们常说的 256 色图像。如果是彩色图像，则表示该图像有 256 种颜色；若是灰度图像，则表示该图像有 256 个灰度级，取值范围为 0～255。图像深度越深，能够表示的颜色数量（或色调数）越多，图像的色彩也就越真实，色调呈现得越细腻。

(3) 图像数据量（Image Data）

图像数据量是一幅图像的总像素点数与表示每个像素点灰度值所需字节数的乘积。它与图像的分辨率、图像深度，以及是否为彩色图像相关。可用下式表示。

$$Size = M \times N \times B \times c \tag{2.11}$$

式中，$Size$ 表示图像的位数；$M \times N$ 表示图像总的像素数；B 表示图像深度；c 表示颜色分量。例如，当 $M = N = 512$，$B = 8$，$c = 1$ 时，表示该图像为 256 灰度级的黑白图像，对应该图像的数据量为 $Size = 2097152$ bit（256 字节）；而当 $M = N = 512$，$B = 8$，$c = 3$ 时，表示该图像为 24 位真彩色图像，对应该图像的数据量为 $Size = 3 \times 2097152$ bit（3×256 字节）。

2.3　像素之间的联系

通过前面章节的介绍，我们相信读者对像素的概念已经有了较深入的认识，但是如何改变像素值及利用各个像素之间固有的联系来处理整幅图像，还需要进一步学习。本节我们将介绍数字图像中最基本而又比较重要的像素之间的关系，以便加深对像素的认识，也为后面章节内容的学习奠定基础。

2.3.1　像素的邻域

邻域（Neighborhood）意为指定像素附近的一个像素集合。指定的像素称为中心像素，它是进行某些处理的中心。通常有 4 邻域和 8 邻域的说法。邻域半径则指邻域最外围像素与中心像素之间的棋盘格距离（后面会有介绍）。不管是 4 邻域还是 8 邻域，其邻域半径均为 1。有的教材把邻域半径定义为邻域最外围像素与中心像素之间的欧几里得距离，这种定义方法会产生邻域半径的不确定性。

对一个图像中坐标为 (x, y) 的像素 p，其上下左右存在邻接的像素，这些相邻的像素坐标分别为 $(x+1, y)$、$(x-1, y)$、$(x, y+1)$、$(x, y-1)$。它们（用 r 表示）组成 p 的 4 邻域（4-Neighbors），并记为 $N_4(p)$，见图 2.7(a)。像素 p 与它各个 4 邻域近邻像素是一个单位距离，可以说此时的邻域半径为 1。特殊情况下，如果 (x, y) 在图像的边缘，它的若干个近邻像素会悬挂在图像外（实际上不存在）。

像素 p 的对角线方向上的四个近邻像素（用 s 表示）的坐标是 $(x+1, y+1)$，$(x+1, y-1)$，$(x-1, y-1)$，$(x-1, y+1)$。它们记为 $N_D(p)$，见图 2.7(b)。同样，坐标为 (x, y) 的像素 p 与它四个对角近邻像素的棋盘格距离也是一个单位。这些像素点再加上 p 的 4 邻域像素合称为 p 的 8 邻域，记为 $N_8(p)$，见图 2.7(c)。

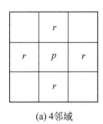 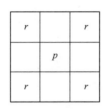 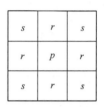

(a) 4邻域   (b) 对角线邻域   (c) 8邻域

图 2.7　像素的邻域

如果 (x, y) 位于图像的边缘，$N_D(p)$ 和 $N_8(p)$ 中的若干个像素也会落在图像外，呈悬挂状态。在图像处理的某些算法中需要对包括位于图像边界上的所有像素实施同样的邻域操作，但基于邻域的概念却不存在邻域像素，为了保持对图像中包含像素处理的完整性和一致性，我们将对这些悬挂像素进行特殊控制，这叫做像素悬挂问题。在实施具体的图像处理时，尤其在编程实现时必须注意悬挂像素的处理。比较合理也是最简单的处理方法是在图像的边界处拷贝相邻行列的像素值补充邻域像素值，或直接对超出邻域范围的中心像素不予处理。

2.3.2　像素之间的连通性

像素间的连通性在提取图像中目标边界和确定目标区域轮廓时是一个重要的概念。连通性可以进一步被分成连接和连通，连接是连通的一种特例。

下面我们用 V 表示定义连接的灰度值集合。例如在一幅二值图像中，考虑灰度值为 1 的像素之间的连通性，$V=\{1\}$。又如在一幅灰度图像中，考虑具有灰度值在 8～16 之间像素的连通性，则 $V=\{8, 9, \cdots, 15, 16\}$。我们可定义以下 3 种连接情况。

① 4-连接：两个像素 p 和 q 在 V 中取值（即具有相同的灰度值 1）且 q 在 $N_4(p)$ 中（即在中心像素的 4 邻域中），则称它们为 4-连接。

② 8-连接：两个像素 p 和 q 在 V 中取值（即具有相同的灰度值 1）且 q 在 $N_8(p)$ 中（即在中心像素的 8 邻域中），则称它们为 8-连接。

③ m-连接（混合连接）：两个像素 p 和 q 在 V 中取值且满足下列条件之一，则称它们为 m-连接。

a. q 在 $N_4(p)$ 中；b. q 在 $N_D(p)$ 中且 $N_4(p) \bigcap N_4(q)$ 是空集，即 q 是 p 的对角线

像素，而且对应两个像素的 4 邻域中的交集像素取值不应该在 V 中（即灰度值为 0）。这个集合是由 p 和 q 在 V 中取值的 4-近邻像素组成的。

混合连接可认为是 8-连接的一种变型，引入这个概念是为了消除使用 8-连接时常会出现的多路连接问题。

考虑图 2.8(a) 所示的像素排列，当 $V=\{1\}$ 时，中心像素的 8-近邻像素间的连接如图 2.8(b) 中的连线所示。由于允许 8-连接所产生的歧义性（即中心像素和右上角像素间有 2 条连接路径），这种歧义性当用 m-连接时就不存在了［如图 2.8(c) 所示］，因此中心像素和右上角像素之间直接的 m-连接不能成立（第 1 和第 2 条件均不满足）。

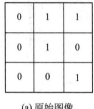
(a) 原始图像

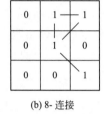
(b) 8- 连接

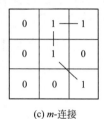
(c) m-连接

图 2.8　像素之间的连接

如果一个像素 p 与另一个像素 q 相连接，则它们相毗邻。我们可根据所用的连接来定义 4-毗邻、8-毗邻或 m-毗邻。对两个图像子集 S 和 T 来说，如果 S 中的一些像素与 T 中的一些像素毗邻，则 S 和 T 是毗邻的。

要确定两个像素是否连接需要在某种意义上确定它们是否接触（例如它们是否为 4-近邻像素）以及它们的灰度值是否满足某个特定的相似性准则（例如它们灰度值相等或灰度值之差小于用户指定的阈值）。举例来说，在一幅只有灰度 0 和 1 的二值图像中，两个 4-近邻像素只有在它们具有相同的灰度值时才可以说是相互连接的。

从具有坐标 (x,y) 的像素 p 到具有坐标 (s,t) 的像素 q 的一条通路是由一系列具有坐标 (x_0,y_0)，(x_1,y_1)，…，(x_n,y_n) 的独立像素组成的。这里 $(x_0,y_0)=(x,y)$，$(x_n,y_n)=(s,t)$，(x_i,y_i) 与 (x_{i-1},y_{i-1}) 毗邻，其中 $1\leqslant i\leqslant n$，n 为通路长度。我们可以根据所用的毗邻性定义 4-通路、8-通路或 m-通路。

设 p 和 q 是一个图像子集 S 中的两个像素，则如果存在一条完全由在 S 中的像素组成的从 p 到 q 的通路，那么就称 p 在 S 中与 q 相连通。对 S 中任一个像素 p，所有与 p 相连通且在 S 中的像素的集合（包括 p）合起来称为 S 中的一个连通组元。图像里相同连通组元中的两个像素互相连通，而不同连通组元中的各像素互不连通。

2.3.3　像素之间的距离

对于像素 p、q 和 z，其坐标分别为 (x,y)、(s,t) 和 (v,w)，把满足下列条件的函数 D 称为距离函数。即

$$D(p,q)\geqslant 0 \qquad [D(p,q)=0,当且仅当\ p=q]$$
$$D(p,q)=D(q,p) \qquad\qquad\qquad\qquad\qquad (2.12)$$
$$D(p,z)\leqslant D(p,q)+D(q,z)$$

通常有三种像素间的距离描述，即欧氏距离（Euclidean Distance）、城市街区距离（City-block Distance）、棋盘格距离（Chessboard Distance）。

p 和 q 间的欧氏距离 D_e 符合 Minkowski 距离的计算规律，其定义式如下：

$$D_e(p,q) = [(x-s)^2 + (y-t)^2]^{\frac{1}{2}} \qquad (2.13)$$

这与通常意义下欧氏空间中两点间距离的描述是一致的。对于距离度量，距像素$(x，y)$的距离小于或等于某一个值r的像素是中心在$(x，y)$且半径为r的圆平面。

p和q间的城市街区距离D_4定义如下：

$$D_4(p,q) = |x-s| + |y-t| \qquad (2.14)$$

在这种情况下，距像素$(x，y)$的距离小于或等于某一个值r的像素形成一个中心在$(x，y)$的菱形。例如，距像素$(x，y)$的距离小于或等于2的像素形成固定距离的下列轮廓：

$$
\begin{array}{ccccc}
 & & 2 & & \\
 & 2 & 1 & 2 & \\
2 & 1 & 0 & 1 & 2 \\
 & 2 & 1 & 2 & \\
 & & 2 & & \\
\end{array}
$$

具有$D_4 = 1$的像素是$(x，y)$的4邻域。

p和q间的棋盘格距离D_8定义如下式：

$$D_8(p,q) = \max(|x-s|，|y-t|) \qquad (2.15)$$

在这种情况下，距像素$(x，y)$的距离小于或等于某一个值r的像素形成一个中心在$(x，y)$的方形。例如，距离点$(x，y)$（中心点）的距离小于或等于2的像素形成下列固定的轮廓：

$$
\begin{array}{ccccc}
2 & 2 & 2 & 2 & 2 \\
2 & 1 & 1 & 1 & 2 \\
2 & 1 & 0 & 1 & 2 \\
2 & 1 & 1 & 1 & 2 \\
2 & 2 & 2 & 2 & 2 \\
\end{array}
$$

具有$D_8 = 1$的像素是关于$(x，y)$的8邻域。因此，我们认为邻域半径采用棋盘格距离来定义是适合对数字图像邻域进行描述的。

注意，p和q间的D_4距离和D_8距离与任何通路无关。通路可能存在于各点之间，因为这些距离仅与点的坐标有关。

2.4 图像直方图及其应用

2.4.1 图像直方图的定义

直方图（Histogram，由英国的统计学家卡尔-皮尔逊于1895年提出）本身指的是数理统计中表示观测数据频数或频率分布的图。若有一组观测数据（即样本值），为弄清这些数据的变化或分布的规律，将数据适当地分成若干区间或组，计算出每个组的数据出现的频数，就可得到分组频数表。在横坐标上标出分组的点，纵坐标为对应频数，以子区间为底边画出高度为频数的图形在统计学上就称为"直方图"，又称为"频数分布直方图"。如果纵坐标不取频数而取频率，就得到频率直方图，利用它可大致画出分布密度曲线。若增大试验次数，把组分得越来越细，则频率直方图的形状逐渐接近某一曲线，即作为频率分布的极限可表示为光滑曲线，这条曲线排除了抽样和测量的误差，可以反映数据波动或分布的规律。

而图像直方图是表示给定影像中像元值分布的数值数组，是图像各种灰度值出现频率的统计图，通过对图像中具有相同亮度值的像素进行计数而构建的像素数相对于亮度值的关系图。其横坐标表示图像的各个灰度级，纵坐标是位于该灰度级像素出现的频率（有时简便起见，纵坐标直接表示各个灰度级的像素数）。直方图通常用条形图来表示（特别是灰度数目少时）。它不具有某一灰度像素的位置信息，只给出对应该数值的像素个数。直方图的形状将提供图像像素值分布特征信息，从直方图上可以很容易看出图像的灰度级的最大值和最小值，以及各灰度级在图像中出现的次数，还可以看出图像对比度的大小以及相邻灰度级之间的级差等。

若将图像中各种灰度值出现频率进行归一化处理，即用一幅图像的像素总数去除对应灰度值的像素个数而得到的图形，通常称之为归一化直方图（Normalized Histogram）。归一化直方图和直方图在图形表示上形状是完全一致的，只是在纵坐标轴的元素设置上有所不同。

图 2.9 表示国际标准测试图像 Lena（1972 年《花花公子》折页 Lena 图像，这幅图像中包含了多种细节、平滑区域、阴影和纹理）及其对应的直方图信息。

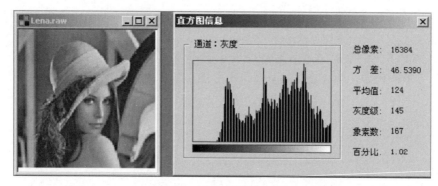

图 2.9　图像及其直方图

可以从直方图的分布情况直接认识图像，直方图条形集中在高灰度则整幅图像上像素值较大，表现为整体偏亮，反之则偏暗；直方图分布为一窄带，说明图像像素值动态范围较小，则图像对比度很差，视觉上感觉会很不舒服。

直方图是反映图像统计特征最常用的基础图之一，并且是一个比较重要、应用比较广泛的基本概念，在这一节我们将对直方图的一些特性及其应用进行更深入和全面的介绍。

2.4.2　直方图的性质

依前所述，直方图是图像各种灰度值出现概率的统计图。其横坐标表示图像的各个灰度级，纵坐标是位于该灰度级像素出现的概率。有时为简便起见，纵坐标轴直接表示各个灰度级的像素数。它是通过对图像上所有出现的灰度值进行统计得到的。

对每一幅图像我们都可以根据其像素亮度值的分布求出直方图。通过观察直方图的形态，可以粗略地分析图像的视觉质量。直方图的形态可由其斜态和峰态来描述。斜态是指直方图的不对称性程度；峰态指直方图的分布在均值周围的集中程度。一般来说，一幅包含大量像素的图像，其像素亮度值应符合统计分布规律，即假定像素亮度随机分布时，直方图应该是正态分布的。实际工作中，若图像的直方图接近正态分布，则说明图像中像素的亮度接近随机分布，是一幅视觉感觉较好，而且也适合用统计方法分析的图像。当观察直方图形态时，若发现直方图的峰值偏向亮度坐标轴左侧，则说明图像中含有较多的低灰度值的像素，整个图像看起来偏暗；若发现直方图的峰值偏向坐标轴右侧，则说明图像中含有较多的高灰度值的像素，整个图像看起来偏亮，从而造成暗部细节难以分辨；若直方图的峰值提升过陡、过窄，说明图像的高密度值过于集中。以上情况均是对图像对比度较小、图像质量较差的反映。

借助直方图，我们可以简便地看出图像对比度的总体情况，可以直接得到图像灰度的分布范围、图像中各灰度级出现的频率（或概率），以及图像中的最大灰度级和最小灰度级，从而为评价图像数字化质量和进行图像处理提供了可视化辅助手段，图像处理的某些算法（直方图均衡化、直方图规定化、直方图匹配等）即是针对图像的直方图分布展开研究的。

直方图具有一些简单而重要的性质，通过了解这些性质，我们才会更好地认识它并利用它。

（1）直方图没有位置信息

在图像上，各像素同时具有位置信息和灰度信息，它们是借助行号和像素号以及像素的灰度值来表示的。但当一幅图像被压缩为直方图后，像素的二维位置分布以及每个位置上的像素灰度值对应关系就不存在了。直方图只统计某一灰度值的像素有多少，或者是占全幅像素的比例多少，而对那些具有同一灰度的像素在图像中占什么位置则无法确定。一幅图像对应唯一的直方图，但像素分布完全不同的图像其直方图却有可能是相同的。这就说明直方图与图像具有一对多的关系，即不同图像可能具有同样的直方图，但一个直方图对应一幅图像并不成立。

如图 2.10 所示的两种截然不同的图案就具有完全相同的直方图；另外，即便是两个不同的直方图，也可能具有相同的统计特征，如均值、标准差等。因此，依靠直方图及其统计特征来作为图像处理特征时需要特别注意。

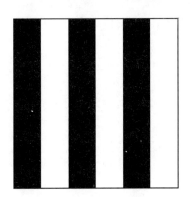

图 2.10　具有相同直方图的不同图像

（2）直方图反映总体灰度分布

因为直方图是对整幅图像通过进行灰度值统计得出的，所以它必定反映了图像整体的某些灰度性质。如图 2.11 中，图 2.11(a) 的直方图成正态分布，而且直方图的峰值恰好位于直方图的中间位置，像素灰度值占据了较宽的动态范围，可以认为这幅图像各种灰度分布均匀，会给人以清晰、明快的感觉。图 2.11(b) 中的峰值偏向整体直方图的左方，表明直方图的原图总体偏暗。图 2.11(c) 中的峰值位于整体直方图的右方，这个直方图表示原图像总体偏亮。图 2.11(d) 中的峰值范围比较集中，尽管峰值位于整体直方图的正中，但其表明直方图对应的原图像灰度动态范围太小，许多细节有很大可能分辨不清楚。上述种种情况表明，我们可以借助直方图判断整幅图像的对比度（即图像最高亮度减去最低亮度与图像最高亮度加上最低亮度的比值）以及像素灰度量化是否合理。

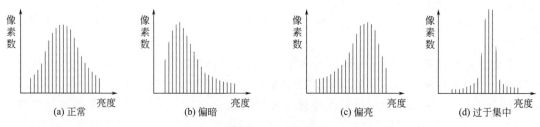

图 2.11　从直方图形状判断图像灰度分布

（3）直方图具有可叠加性

若一幅图像可以被分为多个独立的区域，则每个区域都可以分别进行统计得到对应的直方图，而原图像是由各个区域组成的。所以总体直方图可通过各个区域直方图叠加得到。在保证不遗漏像素的前提下，各区域的形状、大小都可随意选择。

（4）直方图具有统计特征

直方图的定义可以用一个表达式表示为：

$$p(r) = \lim_{N \to \infty} \frac{\text{灰度级为 } r \text{ 的像元数}}{\text{像元总数 } N} \qquad (2.16)$$

由此，直方图可以被看作为一维连续函数，借助这个一维连续函数便得到直方图的统计特征，如矩（如均值、方差和高阶矩）

$$m_i = \sum_{r=0}^{L-1} r^i p(r) \qquad (2.17)$$

式中，$r(0, L-1)$ 为图像的灰度级；i 为矩的阶数。$i=1$ 时，m_1 表示图像的均值。

也可以计算图像熵，它是表明图像像素无序性的概念。在图像编码一章中将详细介绍。

$$H_r = -\sum_{r=0}^{L-1} p(r) \log_2 p(r) \qquad (2.18)$$

式中参数同上。

一致性，当图像各区域中所有灰度值相等时，该度量最大并由此处开始减小。

$$U = \sum_{r=0}^{L-1} p^2(r) \qquad (2.19)$$

其他统计量如图像灰度的均值、均方值或能量、方差等统计量也可以借助图像的直方图得到。这些图像的统计特性在图像的纹理分析中会有较大用途。

（5）直方图的分解性质

另外，对应于直方图的可叠加性，它还具有分解性。如彩色图像可分解为红、绿、蓝三幅图像，则有红、绿、蓝三幅直方图与之对应。利用计算机对彩色图像进行处理时，也必须先将整幅图像的红（R）、绿（G）、蓝（B）三种成分分开处理再合成，才能得到最终的处理结果。如图 2.12 所示。

2.4.3　直方图的用途

鉴于图像直方图具有上述性质，我们可以利用这些性质来辅助完成在处理图像时遇到的一些实际问题。

（1）数字化参数的确定

直方图给出了一个简单可见的指示，用来判断一幅图像是否合理地利用了全部设定的灰

(a) 地球的彩照

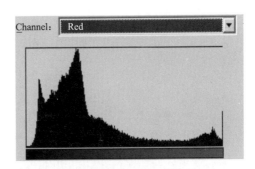

(b) 红色波段直方图

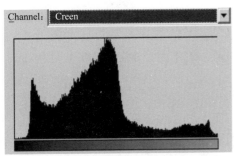

(c) 绿色波段直方图

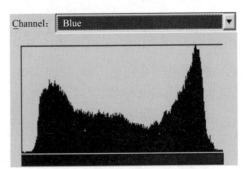

(d) 蓝色波段直方图

图 2.12　地球的彩色照片及其相应的三波段直方图（见文后彩插）

度级范围。一幅数字图像应该利用全部或几乎全部可能的灰度级，否则等于增加了量化间隔。一旦被数字化图像的级数少于正常的灰度范围，比如 256，丢失的信息将无法得到恢复（除非重新数字化）。

如果图像具有超出数字化器所能处理范围的亮度，则这些灰度级将被简单地置为 0 或 255，由此将在直方图的一端或两端产生尖峰。数字化时对直方图进行检查使数字化中产生的问题及早暴露出来，以免浪费大量时间。

（2）二值化阈值的选择

只取一个数值对图像中具有不同像素值进行划分的方法，叫做图像的二值化处理。一般情况，我们认为图像上目标的轮廓线提供了一个确定简单图像（目标和背景单一）中物体的边界的有效方法（边界 Boundary 与边缘 Edge 是有区别的，边界是指一个有限区域外围的闭合通路，是"整体"概念；而边缘则指灰度级测量时具有某些导数值的像素形成的，是不连续点的局部概念。边缘和边界吻合的一个例外就是二值图像的情况）。用最合适的技术来选择灰度阈值是图像处理中看似简单但实现起来很有难度的一个课题。

假定一幅图像的背景是浅色调，其中有一个深色的物体，图 2.13 为这类图像的直方图。物体中的深色像素产生了直方图上的左峰，而背景中大量的灰度级产生了直方图上的右峰。物体边界附近具有两个峰值之间灰度级的像素数目相对较少，从而产生了两峰之间的谷。选择谷底对应的灰度值作为灰度阈值将得到合理的物体的边界。从某种意义上来说，对应于两峰之间的最低点的灰度级作为阈值来确定边界是最适宜的。在谷底的附近，直方图中的频数值相对较小，意味着面积函数随阈值灰度级的变化很缓慢。如果我们选择谷底处的灰度作为阈值，将可以使其对物体的边界的影响达到最小。直方图的这个性质曾被应用于简单图像的分割（比如对文字的识别、线化图的自动跟踪等）。国内外很多学者对直方图的分割

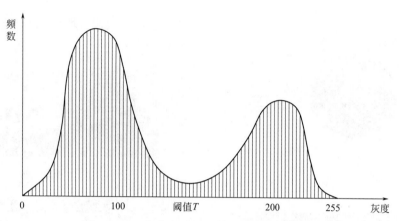

图 2.13　双峰直方图与二值分割阈值的确定

特性进行过讨论和研究，如日本的大津展之提出的图像二值化的大津法和我国的吴冰对此方法提出的改进算法都在实际工作中得到应用。

（3）面积的计算

灰度直方图的像素数可认为是某灰度值在一幅图像中所占的面积。故这个面积可从直方图中求得。而具有相同灰度值的像素，很有可能是相同的地物。对于分类后的影像中地物面积的统计，确实可以采用这种方法来实现。

2.5　图像间运算

在以同一区域为目标的不同图像间进行运算的处理过程叫图像间运算。包括多光谱图像的波段间运算及不同时期观测的图像间运算等。运算的结果可以生成图像数据，也可以是其他的特征数据（如植被指数等）。图像间运算大致分为算术运算和逻辑运算。

2.5.1　算术运算

（1）基本表达式

算术运算是指对两幅（或多幅）输入图像进行点对点的加、减、乘或除运算而得到输出图像或其他特征数据的处理过程。有时也会针对不同的研究目的，而设计将简单的算术运算进行组合而得到更复杂的运算结果。需要注意的是，对整幅图的算术运算是逐像素进行的。算术运算每次只涉及一个空间位置上的像素，所以可以"原地"完成。四种图像算术运算的基本数学表达式如下：

$$C(x,y) = K_1 A(x,y) + K_2 B(x,y)$$
$$C(x,y) = K_1 A(x,y) - K_2 B(x,y)$$
$$C(x,y) = K_1 A(x,y) \times K_2 B(x,y) \tag{2.20}$$
$$C(x,y) = [K_1 A(x,y)] \div [K_2 B(x,y)]$$

其中，K_1、K_2 代表对应图像的权系数，$A(x,y)$ 和 $B(x,y)$ 为输入图像，而 $C(x,y)$ 为输出图像，(x,y) 代表参与运算像素的位置。除法运算要注意分母不可为零。

还可通过将上述基本的运算公式进行适当的组合，形成涉及多幅不同波段的多光谱图像的复合算术运算方程。

（2）图像算术运算的应用

图像算术运算主要应用于对遥感多光谱图像的处理中。多光谱图像包含极为丰富的地物信息，地物在不同波段固有的反射特性使得不同波段图像对应的地物光谱信息也不尽相同，这就为不同波段的多光谱影像的联合使用提供了可能。在对多光谱遥感图像的实际处理中，具有代表性的应用是地物变化的发现及地物光谱信息（如植被指数 NDVI，Normalized Difference Vegetation Index）的计算等。实际生活中，也有很多领域用到图像的代数运算，如在图像上添加水印、在日常的照片中添加马赛克、利用 PS 处理图像等。

① 图像相加的应用　图像相加的重要应用之一是对同一场景的多幅图像求平均值。这种运算被经常用来有效地降低加性随机噪声对图像质量的影响。遥感领域中一个重要的应用是利用多幅凝视图像叠加来等效提高积分时间，实现高信噪比图像的获取。该方法亦可用于将一幅图像的内容经几何上配准后叠加到另一幅图像上去，以改善图像的视觉效果。如图2.14 所示为利用图像加法运算实现不同图像的叠加显示。

图 2.14　利用图像加法运算实现不同图像的叠加显示

如果输入图像是相同的，或其中之一为常数，算术运算就归结为点运算。将两幅无关的图像相加意味着将它们的直方图进行叠加，我们可以料想经过相加运算所得到的图像将比两个原图像占有更大的灰度级范围。

在许多应用中，要得到一个静止场景的许多幅图像是可能的，这些图像可以是不同时间同一波段，甚至可以是同一时间不同波段的。如果这些图像被一加性随机噪声源所污染，则可通过对多幅图像求平均值来达到降噪的目的。利用图像平均减少噪声的方法，是由 Kohler 和 Howell 在 1963 年首次提出的。在求平均值的过程中，图像的静止部分不会改变，而对每一幅图像，各不相同的图案则会累积得很慢。

假定有一个多幅图像组成的集合，图像的形式可由式(2.21) 表示：

$$D_i(x,y) = S(x,y) + N_i(x,y) \tag{2.21}$$

式中，$S(x，y)$ 为感兴趣的理想图像；$N_i(x，y)$ 是由于获取设备或数字化系统中的电子噪声所产生的噪声图像。集合中的每幅图像被不同的噪声图像所退化。

我们可以假定每幅含有噪声的图像都来自于同一个互不相干的、均值为零的随机噪声图像的样本集。可表示为：

$$\varepsilon\{N_i(x,y)\} = 0$$
$$\varepsilon\{N_i(x,y) + N_j(x,y)\} = \varepsilon\{N_i(x,y)\} + \varepsilon\{N_j(x,y)\} \tag{2.22}$$
$$\varepsilon\{N_i(x,y)N_j(x,y)\} = \varepsilon\{N_i(x,y)\}\varepsilon\{N_j(x,y)\}$$

理论上可以证明，对 M 幅图像进行求和再平均，可使图像中每一点的功率信噪比提高 M 倍。这在遥感器的设计和多幅图像的处理中具有很强的指导意义。

② 图像相减的应用　图像相减（又称减影技术），是指把在不同时间获取的同一景物图

像或同一景物在不同波段的图像相减。图像在作相减运算时，必须使两幅相减图像的对应像点位于空间的同一目标点。差值图像提供了图像间的差异信息，能用来实现同一地面目标的动态监测、运动目标检测和跟踪、图像背景消除及目标识别等工作。如图 2.15 所示为利用图像减法运算发现的目标变化情况。

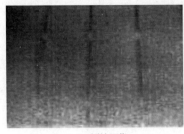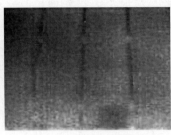

(a) 原始图像   (b) 目标变化图像   (c) 图像减运算结果图像

图 2.15   利用图像减法运算发现目标变化情况

在利用遥感图像进行地面目标的动态监测时，用差值图像可以发现自然灾害的发生地和估计灾害造成的损失等；也能用于监测河口、海岸的泥沙淤积及监视江河、湖泊、海岸等的污染。利用图像相减还能发现可见光波段图像上的云和阴影并进行剔除，提高影像的可视化程度及利用效率；也可鉴别出耕作地及不同的作物覆盖变化情况；利用不同季节的遥感图像来分析地物的变化和进行自然灾害（火灾范围、水灾淹没范围）的影响估计等。利用同一地面上的物体在各波段的亮度差异还可以识别地面上的物体。

如可通过对含有运行车辆的一个场景的序列图像的减运算检测车辆的运动规律和效果，从而对运动目标车辆的数目和运动方向进行统计和确定实现智能交通管理。在图像序列中跟踪行驶的车辆时，减法处理用来移去图像中那些静止的背景部分，剩余的只是图像中移动物体的相关特征及加性噪声。

因为两幅不完全对准（在行列方向上稍有偏移）的图像之间的减法运算可以得到图像不同方向的相减图像，在计算用于确定物体边界位置的信息时应用图像减运算，从而突出图像上目标的边缘信息。

图像减法也是医学成像研究中最基本的工具之一，它被用来去除固定的背景信息。如在血管造影技术中肾动脉造影术对诊断肾脏疾病就有独特效果。为了减少误诊，人们希望提供反映游离血管的清晰图像。通常的肾动脉造影在造影剂注入后，虽然能够看出肾动脉血管的形状及分布，但由于肾脏周围血管受其他组织影像的重叠，因此难以得到理想的游离血管图像。对此，通过摄取肾动脉造影前后的两幅图像，相减后就能把其他组织的影像去掉，而仅保留血管图像。再经过对比度增强及彩色处理，就能够得到清晰的游离血管图像。如图 2.16 所示。

也可以将图像相减技术用于印刷线路及集成电路板的缺陷检测等领域。

③ 其他运算的应用   乘法和除法运算尽管在日常生活中用得较少，但它们在特殊领域也有十分重要的应用。图像乘法（或除法）的主要用途是校正由于照明或传感器的非均匀性造成的由非线性误差导致产生的图像灰度阴影。用一幅掩模图像去乘某一图像可遮住或抹去该图像中的某些部分，仅留下感兴趣的物体。图 2.17 所示为从原始图像中利用特定模板进行乘法运算来提取特定目标。如果将蝴蝶变为地面目标，则可以实现武器制导。

除法运算给出的是相应像素值的变化比率，而不是每个像素的绝对差异。配准后的影像实施除法运算，可以发现图像间细微的差变化。多波段影像的结合，可产生对颜色和多光谱

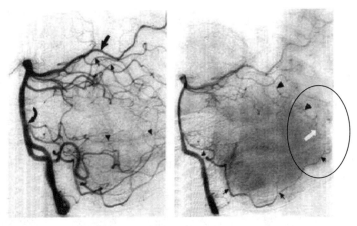

图 2.16　利用减法运算发现血管变化

(a) 含有特定目标的原始图像

(b) 特定目标模板

(c) 乘法运算结果

图 2.17　利用乘法运算提取特定目标（见文后彩插）

图像分析十分重要的比率图像（或比值图像）。考虑波段与地物的关系，通过选择相应波段以提取颜色和光谱信息，不但可以提取植被或其他地物信息，还可以用来区分一幅图像中的不同颜色区域，以及去掉地形影响等。图 2.18 所示为可以利用除法运算发现物体间的细微变化。

(a) 原始图像

(b) 含变化图像

(c) 除法运算结果

图 2.18　利用除法运算提取变化目标

2.5.2　逻辑运算

图像的逻辑运算是把图像之间的逻辑和、逻辑积等运算组合起来提取出逻辑特征的方法。这种运算多用于把社会经济数据及地图数据等图像以外的信息组合起来进行分析的场合。例如，在用 0、1 的整数数据表示行政区域面积的掩模图像和遥感分析图像之间，通过逻辑积运算可以提取出作为目标的行政区域所对应的图像数据。

如以 p 和 q 代表两幅图像，则图像处理中常用的逻辑运算可表示为：

① p 和 q 与（AND）运算：记为 p AND q（也可写为 $p \cdot q$）。

② p 和 q 的或（OR）运算：记为 p OR q（也可写为 $p + q$）。

③ p 或 q 的补（COMPLEMENT）运算：记为 NOT p 或 NOT q。　　　　(2.23)

以上这些基本逻辑运算的功能是完备的，即将它们组合起来可以进一步构成所有其他各种逻辑运算。与算术运算不同，逻辑运算只用于二值图像。对整幅图像的逻辑运算是逐像素进行的。因为逻辑运算每次只涉及一个空间像素位置，所以可以与算术运算类似地"原地"完成。

图 2.19 给出了图像各种逻辑运算的例子。图中黑色代表 1，白色代表 0。

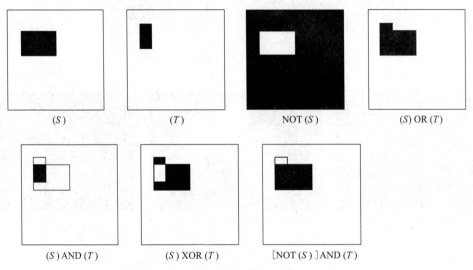

图 2.19　两幅二值图像之间的逻辑运算

2.6　图像二值化

图像二值化处理也叫图像阈值化处理，针对图像的统计特性，通过设定某个阈值并以此为门限，把多灰度级图像变成仅有两个灰度级的黑白图像的处理过程。这一技术所涉及的原理和实现过程看似简单，但想获得理想的处理结果却十分困难。二值化技术具有很强的实用性且作为图像边缘检测、目标识别与目标提取等深层次、高智能图像处理技术的基础，一直受到图像处理界普遍的关注，并广泛应用于许多自动化识别领域，如 OCR 技术、模式识别、邮件特征提取等。另外对一些直方图分布比较简单图像的处理，如从显微图像中自动测量并计算粒子的个数、面积以及形状等特征数据，可方便地辅助医疗诊断。

本节我们将主要介绍图像二值化的基本概念，以及图像二值化阈值确定的几种方法。

2.6.1　图像二值化原理

对一幅数字图像 $f(x, y)$ 进行二值化处理可由式(2.24) 表示：

$$B(x,y) = \begin{cases} 1 & X \in A \text{ 时} \\ 0 & X \notin A \text{ 时} \end{cases} \tag{2.24}$$

上式中的 $B(x, y)$ 代表经过二值化处理后得到的图像；X 是像素（x，y）的特征或特性，称为属性值。对灰度图像，其属性值就是像素的灰度值；对彩色图像，该属性值则是红、绿、蓝三个频率成分对应的颜色值等等。上式中的 A 是属性值集合中的子集，通常是一个特定的整数，这个数值就是所谓的二值化阈值。

当图像的属性值是灰度值时，给定一个阈值 T 后，二值化处理可由式(2.25) 表示：

$$B(x,y)=\begin{cases} 1 & \text{当 } f(x,y) \leqslant T \text{ 时} \\ 0 & \text{当 } f(x,y) > T \text{ 时} \end{cases} \tag{2.25}$$

一般情况下，我们规定 $B(x,y)=1$ 的像素集合为对象物形成的区域；$B(x,y)=0$ 的像素集合为背景形成的区域。上式中的 f 与 T 的关系也可按相反的表达方式来规定。处理后的图像作为后续处理的基础，并以简单的黑白图像形式呈现给用户。

2.6.2　阈值确定方法的比较

对图像进行二值化处理的关键是灰度阈值的确定。应用的阈值不同对一幅图像进行处理会得到截然不同的处理结果。阈值设置过小易产生噪声；阈值设置过大会使非噪声信号被视为噪声信号而被滤掉。因此，如何针对不同的图像确定二值化阈值是一个十分关键的问题。图 2.20 表明设置不同的阈值处理同一幅图像便会得到不同的处理结果。

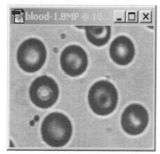

(a) 原始图像

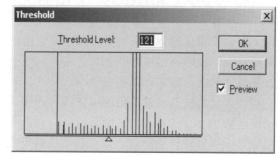

(b) 原始图像直方图

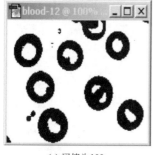

(c) 阈值为100

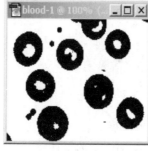

(d) 阈值为128

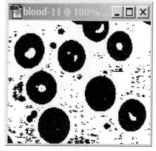

(e) 阈值为156

图 2.20　图像二值化阈值的确定与处理结果比较

实际应用及研究表明，普适的阈值选取方法应满足不受图像质量及图像类型的限制、能保留足够的图像特征信息、可实现对不同图像阈值的自动化选择、时间开销可以忍受等几方面的要求。目前有多种阈值选取方法。如整体阈值法、局部阈值法和动态阈值法等。

整体阈值法是指在图像二值化处理的过程中对整幅图像只使用一个阈值；局部阈值法则是针对不同位置像素的灰度值和像素周围局部灰度特性来确定二值化的阈值；动态阈值法的阈值确定不仅取决于该像素的灰度值及其周围像素的灰度值，而且与像素位置信息有关。一一般来说，整体阈值法对目标单一的图像较为有效，而局部阈值法或动态阈值法则适用于较复杂的图像。

下面对几种常见的阈值选择算法进行比较分析。

（1）P-参数方法

P-参数方法依据的原理是预先由用户给定目标物在一幅图像中所占比率 P，然后根据

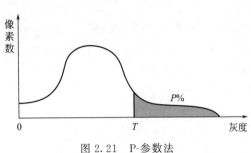

图 2.21　P-参数法

"对象物和背景物的错误区分概率最小"这一原则，据最小误差理论求解阈值 T。依此阈值为基础对图像实施二值化处理。该方法适用于对印刷物、文字等具有简单的目标形状的图像处理。由于对象物在图像中所占的比率 P 需用户凭经验预先给定且需要迭代运算，因此它并不适用于多值图像的阈值自动化选取及二值化处理，应用范围较小。如图 2.21 所示。

（2）双峰方法

灰度直方图的横轴对应图像中像素的灰度值区间 f；纵轴是该灰度级上像素出现的频率。在灰度直方图上，对象物和背景部分的灰度级上集中着许多像素，因而形成了两个山峰。可以说，很多图像的灰度直方图上都有这样的两个山峰形的分布，称这样的灰度直方图具有双峰性。山峰与山峰之间存在谷底。如果图像的灰度分布具有双峰性，那么分割对象物和背景的阈值选在谷底时误差会较小。

双峰方法依据的原理是用两个正态分布概率密度函数 $N_1(\mu_1,\sigma_1)$ 及 $N_2(\mu_2,\sigma_2)$ 分别代表目标物和背景物的直方图，利用这两个函数的合成曲线拟合整体图像的直方图，然后依据最小误差理论针对两个峰间的谷所对应的灰度值求出阈值。如图 2.22 所示。

该方法在阈值求取过程中，并不需要人工干预。其适用于具有良好双峰性质的图像。但此方法需要用到数值逼近、迭代运算等计算，算法比较复杂，而且多数图像直方图是离散、不规则的。

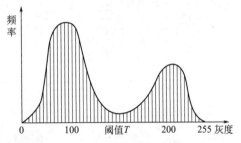

图 2.22　双峰直方图与阈值的确定

（3）大津法

这种方法于 1980 年由日本的大津展之提出，主要依据是概率统计与最小二乘法原理。与前述两种方法相比，该方法基于整幅图像的统计特性，且可实现阈值的自动选取，对图像二值化处理的效果较好。

大津法依据的原理是利用类别方差作为判据，选取使类间方差最大和类内方差最小的图像灰度值作为最佳阈值。

设一幅图像中的灰度被分为 $1,2,\cdots,m$ 级，灰度值 i 的像素数为 n，则总像素数：

$$N=\sum_{i=1}^{m}n_i \tag{2.26}$$

各像素值概率：

$$P_i=n_i/N \tag{2.27}$$

用一整数 K 将其分为两组 $C_0 = \{1, 2, \cdots, k\}$，$C_1 = \{k+1, k+2, \cdots, m\}$ 则：

C_0 产生的概率：

$$\omega_0 = \sum_{i=1}^{k} P_i = \omega(k) \tag{2.28}$$

第一组对应的均值：

$$\mu_0 = \sum_{i=1}^{k} i P_i / \omega_0 = \mu(k) / \omega(k) \tag{2.29}$$

C_1 产生的概率

$$\omega_1 = \sum_{i=k+1}^{m} P_i = 1 - \omega(k) \tag{2.30}$$

第二组对应的均值：

$$\mu_1 = \sum_{i=k+1}^{m} i P_i / \omega_1 = [\mu - \mu(k)] / [1 - \omega(k)] \tag{2.31}$$

其中 $\mu = \sum_{i=1}^{m} i P_i$ 是整体图像灰度的统计均值，则有：

$$\mu = \omega_0 \mu_0 + \omega_1 \mu_1 \tag{2.32}$$

于是两组间的方差：

$$\sigma^2(k) = \omega_0 (\mu_0 - \mu)^2 + \omega_1 (\mu_1 - \mu)^2 = \omega_0 \omega_1 (\mu_1 - \mu_0)^2 \tag{2.33}$$

从 $(1, 2, \cdots, m)$ 之间改变 K，求使方差最大值时的 K，得到 $\max \sigma^2(k)$ 时的 K 值即为最佳阈值。

大津方法不仅适用于单阈值的选择，而且可应用于多阈值的确定。有的学者认为该方法是阈值自动选取的最优方法。

（4）增强大津法

吴冰经过对多种图像的具体实验发现，大津法致命的缺陷是当目标物与背景灰度差不明显时，会出现无法忍受的大块黑色区域，甚至会丢失整幅图像的信息。因此其应用受到限制。为了解决大津法对前景与背景灰度差不明显图像处理效果差的问题，通过很多试验提出了增强大津法。

增强大津法主要解决主体灰度与背景灰度差较小的问题，并且认为图像阈值应存在于从目标物向背景物变化的边缘部分的灰度过渡区域中。若预先采用一种既能扩大图像主体部分的对比度，又能适当调节出现概率低的图像对比度的图像增强算法对图像进行处理，则可以有效地解决对比度较小的问题。分析几种图像增强算法的特点，可以采用最基本的线性对比度增强方法。关于这个方法，在后续图像视觉质量提升章节中将有详细的描述。针对增强大津法于 2001 年 12 月发表在《测绘学院学报》杂志上的"自动确定图像二值化最佳阈值的新方法"学术论文受到了国内相关学者的普遍认可和大量引用。

这种算法尽管有可能受到个别极限灰度级的不良影响，但计算简洁，适用于图像灰度级变化比较平滑的图像。它恰恰可以解决大津法对前景与背景灰度差不明显图像处理效果差的问题。

通过线性对比度拉伸，改善了原始图像的对比度，扩大了目标与背景之间的灰度差异，再利用大津法自动选取阈值进行二值化处理，效果十分理想。它可以很好地解决大津法对一些异常图像处理失败的情况，并保留了图像的部分特征信息。

第3章 典型图像变换理论

广义上讲，对图像进行的所有处理从概念上都可以归入到图像变换中来，如对图像中包含的像元进行的灰度调整、对比度调整、图像几何变换，以及图像编码等。我们尊重传统的图像处理原理上的划分方法，本章介绍的图像变换的内容，主要涉及对图像的描述形式上的一些处理技术。比如如何将图像从灰度空间转换到图像的其他处理域等（如频率域）。在图像的灰度空间，我们可以直接用视觉感知而理解图像上所包含目标的一些特征，如形状特征、大小特征、纹理特征及物体之间的关联特征等。在其他处理域，单凭直觉有可能无法确定图像中包含目标的上述特征。如通过傅里叶变换以后可以得到图像的幅值谱和相位谱，但无法看出变换结果与目标的直接联系，但是我们可以借助在频谱域中成熟的数据分析技术对图像进行更有效和更有针对性的处理。

经后续学习我们会发现，图像经过特定的变换，相邻像元之间的相关性明显下降，这将有利于图像在保持原有信息量的前提下进行压缩编码和传输；图像频谱中的变换系数表示图像在不同空间频率上的相对幅值，而且某一空间频率所包含的信息来自整幅图像，频谱能量主要集中在低频部分，谱能量随频率的增加而迅速下降，图像中的边缘和噪声信息相应图像频谱的高频成分；变换编码受噪声干扰的影响较小。因此，可以认为图像变换的目的主要有以下几个方面：第一，为了便于对图像进行频谱分析，如通过对图像进行傅里叶变换，我们可以借助分析不同目标结构的频谱成分进行目标的特征提取、图像匹配和图像识别等；第二，为了便于对图像进行处理，如在频率域中的简单的乘积操作可以代替空间域中复杂的卷积操作，从而简化处理过程、提高运算效率等；第三，为了便于对图像数据进行压缩，剔除多个波段图像数据之间的相关性，以利于减小存储容量，提高各种大数据量图像传输的效率等。图像变换是计算机图像处理基础理论的重要组成部分之一，是更专业的图像处理，如图像复原、图像增强、图像编码、图像匹配和图像识别等重要的数学基础的组成部分。

图像变换常被看作是图像处理过程中的一个中间过渡手段，要求任何形式的图像变换都是可逆的，即是可以借助逆变换将处理结果恢复到图像的空间域而进行可视化的表达。经过图像处理界相关学者多年的研究，针对不同的研究目的提出了多种多样的图像变换方法。如信号分析中的经典的傅里叶变换、K-L 变换、沃尔什-哈达玛变换和离散余弦变换等，以及在傅里叶变换的基础上发展起来的小波变换及多分辨率处理。所有的这些变换虽然名称各不相同，但有一点是相同的，即每个变换都存在自己的正交函数集，正是由于存在不同正交函数集而引入了不同变换。而正交变换可以减少图像数据的相关性，获取图像的整体特点，有利于用较少的数据量表示原始图像，这对图像的分析、存储以及传输都是非常有意义的。

本章首先介绍图像的傅里叶变换的理论与方法，通过分析图像的幅值谱和相位谱来帮助读者建立频率域的概念，并从中得出线性变换的一般表达式，然后考虑内容的完整性简单讨论其他变换方法。

3.1 傅里叶变换及其性质

在连续信号的分析中，傅里叶变换为人们深入理解和分析各种信号的性质提供了一种强有力的手段。为了能进行定量数值的细致处理，可以通过抽样使原来连续分布的信号变成离散信号，并借助分析工具对离散信号进行分析。傅里叶变换建立在所处理的信号是平稳信号的假设基础上。一般来说，一个复杂的连续平稳信号总是可以分解为许多简单的正、余弦信号的叠加。变换的实质是将图像函数展开成具有不同空间频率的正、余弦函数的线性组合，即任何图像都可以分解为若干个频率不同的亮度呈正弦变化的图像之和。将空间域的图像数据变换到频率域后，能够对图像数据实施不同频率成分的提取。图像可以看成是一个平稳的随机场。因此我们可以将图像信号进行傅里叶变换，以便进行进一步的分析和处理。

傅里叶变换将图像灰度值形成的空间域与其频率域联系起来，它起到了不同处理域间桥梁的作用，并使得从事图像处理的分析者在解决某一问题时会在空间域和频率域来回切换。

对频谱图像中的各种频率成分进行有针对性的分析和处理，可以实现有选择性的滤波处理。如针对平滑图像或边缘增强而进行低通滤波或者高通滤波等。

3.1.1 一维连续傅里叶变换

一维连续傅里叶变换是在傅里叶级数展开的基础上构建的。这里我们只是简单地介绍傅里叶变换的一些基本概念和公式，建议读者参阅关于傅里叶变换的专著来获得更深入的了解和研究。

傅里叶变换在数学中的定义是非常严格的。设 $f(x)$ 为 x 的函数，如果 $f(x)$ 满足下面的狄里赫莱条件：

① 具有有限个间断点；

② 具有有限个极值点；

③ 绝对可积。

则连续函数 $f(x)$ 的一维傅里叶变换 $F(u)$ 由式（3.1）定义：

$$F(u) = \int_{-\infty}^{+\infty} f(x) \mathrm{e}^{-\mathrm{j}2\pi ux} \, \mathrm{d}x \tag{3.1}$$

式中，$\mathrm{j} = \sqrt{-1}$ 是虚数单位；u 是一个与 x 有关的变量。若 x 是时间变量，则 u 是一个频率变量，单位为 Hz；若 x 为空间变量，则 u 是一个空间频率变量，单位为 m^{-1}。傅里叶变换是一个线性积分变换，它将一个有 n 个实变量的复函数变换为另一个有 n 个实变量的复函数。$F(u)$ 的傅里叶逆变换 $f(x)$ 定义为：

$$f(x) = \int_{-\infty}^{+\infty} F(u) e^{j2\pi ux} \, du \qquad (3.2)$$

如果再令 $\omega = 2\pi u$，则上述两式可以写成：

$$F(\omega) = \int_{-\infty}^{+\infty} f(x) e^{-j\omega x} \, dx \qquad (3.3)$$

$$f(x) = \int_{-\infty}^{+\infty} F(\omega) e^{j\omega x} \, du = \frac{1}{2\pi} \int_{-\infty}^{+\infty} F(u) e^{j\omega x} \, d\omega \qquad (3.4)$$

傅里叶变换及其逆变换的表达式中幂的符号、参与变换的函数以及积分变量是不同的。上述两个等式组成了傅里叶变换对，它们之间的相互转换具有完美的对称形式。可以用符号 $\Leftrightarrow$ 表示，并记作：

$$f(x) \Leftrightarrow F(u) \qquad (3.5)$$

对于任一个函数 $f(x)$，其傅里叶变换 $F(u)$ 是唯一的；反之亦然。

在频谱分析中 $F(u)$ 也可称作 $f(x)$ 的频谱函数。对函数 $f(x)$ 做傅里叶变换实际上就是求它的频谱，即求它的各个频率分量及其所占的比重。

频谱函数 $F(u)$ 是一个复函数，在复平面坐标系中可以表示为：

$$F(u) = F_R(u) + jF_i(u)$$

$$F_R(u) = \int_{-\infty}^{+\infty} f(x) \cos 2\pi ux \, dx$$

$$F_i(u) = \int_{-\infty}^{+\infty} f(x) \sin 2\pi ux \, dx \qquad (3.6)$$

在复平面极坐标系中可表示为：

$$F(u) = |F(u)| e^{j\phi(u)} \qquad (3.7)$$

其中：

$$|F(u)| = \sqrt{F_R^2(u) + F_i^2(u)}$$

$$\phi(u) = \arctan\left[\frac{F_i(u)}{F_R(u)}\right] \qquad (3.8)$$

频谱函数的模 $|F(u)|$ 称为 $f(x)$ 的振幅谱（也叫傅里叶谱、幅值谱）；相角 $\phi(u)$ 称为 $f(x)$ 的相位谱。幅值谱表明了各正弦分量出现的相对强度（分布大小），而相位谱信息表明了各正弦分量在图像中出现的位置（分布结构）。

傅里叶变换中有时要用到能量的概念，通常将振幅谱的平方 $|F(u)|^2$ 称为 $f(x)$ 的能量谱，表示为：

$$E(u) = |F(u)|^2 = F_R^2(u) + F_i^2(u) \qquad (3.9)$$

实际上，对于任何数字化信号和图像，它们都可被截为有限延续和有界的函数。我们将用到的函数都存在傅里叶变换。对于特殊情况（除去极特殊情况，原始函数在任何地方均为 0），常数的傅里叶变换，从数学上可以推导出是关于原点处的一个脉冲。

3.1.2　一维离散傅里叶变换

数字图像是用离散的数据表示的。因此我们要研究离散的傅里叶变换。为了原理分析的一致性，我们首先考虑一维离散的情况。

如果将时间和频率都离散化，即将连续函数 $f(x)$ 用 N 个互相间隔为 Δx 的采样间隔进行离散化，可形成一个如下的离散序列：

$$\{f(x_0), f(x_0+\Delta x), \cdots, f[x_0+(N-1)\Delta x]\} \tag{3.10}$$

因此，连续函数 $f(x)$ 实际上可以改写为：

$$f(x) \overset{\triangle}{=} f(x_0+x\Delta x) \tag{3.11}$$

如果将 x 取离散值 $x = 0$，1，2，$\cdots$，$N-1$，那么离散序列［见式(3.10)］就可以用

$$\{f(0), f(1), \cdots, f(N-1)\} \tag{3.12}$$

来表示了，连续函数 $f(x)$ 就变成了离散的序列。其离散的傅里叶变换对可表示为：

$$f(x) = \sum_{u=0}^{N-1} F(u) \mathrm{e}^{\mathrm{j}2\pi ux/N} \tag{3.13}$$

$$F(u) = \frac{1}{N} \sum_{x=0}^{N-1} f(x) \mathrm{e}^{-\mathrm{j}2\pi ux/N} \tag{3.14}$$

式中，$u = 0$，1，2，$\cdots$，$N-1$，是与 x 的取值范围相对应的。在傅里叶变换前的乘数 $1/N$ 有时被放置在反变换前，有时两个等式都乘以 $1/\sqrt{N}$。乘数的位置并不重要。如果使用两个乘数，仅要求必须使乘积结果为 $1/N$。目的是保证傅里叶正反变换的对称性。

为了计算 $F(u)$，首先在指数项中代入 $u = 0$，然后将所有 x 值，即 $f(x)$ 相加。之后，在指数项中代入 $u = 1$，重复对所有的 x 对应的 $f(x)$ 相加。对所有 N 个 u 值重复这一过程，从而可获得完整的傅里叶变换。这个过程花费了将近 N^2 个加法和乘法来计算离散傅里叶变换。

根据世界上最简短且最优美的欧拉（Euler，与高斯齐名的瑞士数学家）公式：

$$\mathrm{e}^{\mathrm{j}\theta} = \cos\theta + \mathrm{j}\sin\theta \tag{3.15}$$

将上式代入离散傅里叶变换公式中，并注意 $\cos(-\theta) = \cos\theta$，可得到

$$F(u) = \frac{1}{N} \sum_{x=0}^{N-1} f(x)[\cos2\pi ux/N - \mathrm{j}\sin2\pi ux/N] \tag{3.16}$$

式中，$u = 0$，1，2，$\cdots$，$N-1$。因此，我们看到傅里叶变换的每一项［即对于每个值 u 的 $F(u)$ 值］由函数 $f(x)$ 所有值的和组成。$f(x)$ 的值则与各种频率的正弦值和余弦值相乘。$F(u)$ 值的范围覆盖的域（u 的值）称为频率域，因为 u 决定了变换的频率成分，尽管 x 也作用于频率域，但它们相加，对每个 u 值有相同的贡献。

一个恰当的比喻是将傅里叶变换比做一个玻璃棱镜。棱镜是可以将光分成不同颜色成分（我们都曾经做过这个十分吸引人的实验）的物理仪器，每个成分的颜色由波长（或频率）决定。傅里叶变换可看成是"数学的棱镜"，将函数基于频率分成不同的成分。当我们考虑光时，讨论它的光谱或频率谱线。同样，傅里叶变换使我们能够通过频率成分来分析一个函数。

离散函数经傅里叶变换后的傅里叶幅值谱、相位谱以及能量谱的定义与连续函数在形式上是相同的。

3.1.3　快速傅里叶变换

计算采样信号或图像的傅里叶变换时，通常用离散傅里叶变换（DFT）来实现。即使所有的复指数值都存在一张表中，实现离散傅里叶变换和逆变换所需要的乘法和加法操作的计算量是很大的。运算次数与图像大小密切相关，它是图像尺度 N 的平方。

幸运的是存在一类算法可以将操作降到［$N\log_2(N)$］数量级，N 必须为可以分解为一

些较小整数的乘积，当 N 是 2 的幂时，运算效率最高，实现起来也最简单，这就是所谓的快速傅里叶变换（FFT）算法。1965 年有一个物理工作者邀请电讯工作者图基和数学工作者库利解决用较快速度计算傅里叶变换的问题，由此提出了快速傅里叶方法，因此快速傅里叶变换也叫图基-库利计算方法。实际上这两位提出的算法高斯在 1805 年就已经研究过。

将离散傅里叶变换式用矩阵形式表示为：

$$\begin{bmatrix} F_0 \\ \cdots \\ F_{N-1} \end{bmatrix} = \begin{bmatrix} W_{0,0} & \cdots & W_{0,N-1} \\ \vdots & \ddots & \vdots \\ W_{N-1,0} & \cdots & W_{N-1,N-1} \end{bmatrix} \begin{bmatrix} f_0 \\ \cdots \\ f_{N-1} \end{bmatrix} \tag{3.17}$$

或

$$F = wf \tag{3.18}$$

其中：

$$w_{n,i} = \frac{1}{\sqrt{N}} e^{-j2\pi\frac{ni}{N}} \tag{3.19}$$

分析矩阵 w 我们会发现离散傅里叶变换中的乘法运算有许多重复内容。1965 年图基-库利提出把原始的 N 点序列依次分解成一系列短序列，然后，求出这些短序列的离散傅里叶变换，以此来减少乘法运算。幂函数由于乘积 ni 而具有周期性，矩阵 w 将有很好的对称性。即一个 N 点的离散傅里叶变换可由两个 $N/2$ 点的傅里叶变换得到。矩阵可被分解为包含许多重复值的 $N \times N$ 矩阵相乘。这些重复值中还包含许多 0 和 1。如果 $N = 2^P$，则 w 可被分解为 p 个这样的矩阵。实现 p 个这样的矩阵相乘所需要的操作，远远小于直接用离散公式计算所需的操作。利用矩阵 w 的周期性和分解运算，从而减少乘法运算是实现快速运算的关键。

用 FFT 后，计算量的减少因子为：

$$\frac{N^2}{N\log_2(N)} = \frac{N}{\log_2(N)} \tag{3.20}$$

这个值随 N 增大而增大。如当 $N = 1024$ 时，FFT 比直接计算效率提高了近 100 倍。

3.1.4 二维连续傅里叶变换

到现在为止，我们已考虑了一维时域函数的傅里叶变换。在数字图像处理中，输入和输出通常是二维的，甚至有些情况下是高维的。傅里叶变换可以从一维简单地推广到二维情况。即：

$$F(u,v) = \int_{-\infty}^{\infty} \int_{-\infty}^{\infty} f(x,y) e^{-j2\pi(ux+vy)} \, dx \, dy \tag{3.21}$$

$$f(x,y) = \int_{-\infty}^{\infty} \int_{-\infty}^{\infty} F(u,v) e^{j2\pi(ux+vy)} \, du \, dv \tag{3.22}$$

用傅里叶变换对简化表示为：

$$f(x,y) \Leftrightarrow F(u,v) \tag{3.23}$$

如果将 $f(x,y)$ 看作原始图像函数，$F(u,v)$ 则表示图像函数 $f(x,y)$ 的频谱。其中实频率变量 u、v 分别对应图像平面的 x 方向和 y 方向的空间频率。

与一维傅里叶变换类似，二维函数 $f(x,y)$ 的振幅谱、相位谱及能量谱分别为：

$$|F(u,v)| = \sqrt{F_R^2(u,v) + F_i^2(u,v)} \tag{3.24}$$

$$\phi(u,v)=\arctan\left[\frac{F_i(u,v)}{F_R(u,v)}\right] \tag{3.25}$$

$$E(u,v)=|F(u,v)|^2=F_R^2(u,v)+F_i^2(u,v) \tag{3.26}$$

3.1.5　二维离散傅里叶变换

数字图像必须要用离散的方法进行处理，通常我们使用数组来表示一幅图像。若 $f(x,y)$ 是一个 $M\times N$ 大小的数组，则它的二维离散傅里叶变换可表示为：

$$F(u,v)=\frac{1}{MN}\sum_{x=0}^{M-1}\sum_{y=0}^{N-1}f(x,y)e^{-j2\pi\left(u\frac{x}{M}+v\frac{y}{N}\right)} \tag{3.27}$$

式中，u 和 v 为频域变量，取值范围分别为：$u=0,1,2,\cdots,M-1$ 和 $v=0,1,2\cdots,N-1$。因此，每个 $F(u,v)$ 项包含了被指数项修正的 $f(x,y)$ 的所有值。谱点总数不仅与原始图像的像元总数相等，而且也组成点阵形式。因此，除了特殊情况，一般不可能建立图像特定分量和其变换之间的直接联系。

从上式中可以得到 $(u,v)=(0,0)$ 的变换值为：

$$F(0,0)=\frac{1}{MN}\sum_{x=0}^{M-1}\sum_{y=0}^{N-1}f(x,y) \tag{3.28}$$

即 $f(x,y)$ 的平均值，它对应一幅图像的平均灰度级。换句话说，如果 $f(x,y)$ 是一幅图像，在原点处的傅里叶变换即等于图像的平均灰度值。因为在原点处的频率为零，所以有时称 $F(0,0)$ 为频谱的直流成分（DC，即零频率的电流）。当从变换的原点移开时，低频对应着图像的慢变化分量，即对应平滑的部分；当我们进一步移开原点时，较高的频率开始对应图像中变化越来越快的灰度级。这些是物体的边缘和由灰度级的突变（如噪声）标志的图像成分。

如果 $f(x,y)$ 是实函数，则它的傅里叶变换必然是对称的，即

$$F(u,v)=F^*(-u,-v) \tag{3.29}$$

其中"$*$"表示对于复数的标准共轭操作。由此，它遵循：

$$|F(u,v)|=|F(-u,-v)| \tag{3.30}$$

其中，傅里叶变换的频谱是对称的。这也是后面进行频谱中心位移的基础。

同样，给出 $F(u,v)$，可以通过傅里叶反变换获得 $f(x,y)$。二维离散傅里叶反变换的表达式为：

$$f(x,y)=\sum_{u=0}^{M-1}\sum_{v=0}^{N-1}F(u,v)e^{j2\pi\left(x\frac{u}{M}+y\frac{v}{N}\right)} \tag{3.31}$$

式中，$x=0,1,2,\cdots,M-1$；$y=0,1,2,\cdots,N-1$。上述正反变换的两个公式构成了二维离散傅里叶变换对（DFT，Discrete Fourier Transform）。变量 u 和 v 的值域构成了真正意义上的图像的频率域。变换式前面的常量 $1/MN$ 的位置并不重要，有时它被放在反变换前。其他时候，它被分为两个相等的常数 $1/\sqrt{MN}$，分别乘在变换和反变换的式子前。这在其他参考书上很常见。其目的和一维的情况是一样的，就是为了保证正反变换的对称性。

在进行实际运算时，我们可以利用指数函数的周期性和可分性简化运算过程。二维DFT 可以分解为如下形式：

$$F(u,v)=\frac{1}{M}\sum_{x=0}^{M-1}\left[\frac{1}{N}\sum_{y=0}^{N-1}f(x,y)e^{-j2\pi\left(v\frac{y}{N}\right)}\right]e^{-j2\pi\left(u\frac{x}{M}\right)} \tag{3.32}$$

以此将二维 DFT 分解为水平和垂直两部分运算。在上述公式的方括号中的项表示在图像的行上计算的 DFT，方括号外边的求和则实现结果数组在列上的 DFT。这种分解使我们可以利用一维 FFT 来实现二维 DFT。二维逆 DFT 可同样进行分解简化运算过程。

图像频谱函数中包含了幅值谱和相位谱。若令相位为零，则频谱中只有幅值。若令幅值为 1，则频谱中只有与相位有关的指数项，但指数项中却保存了原始图像中的许多重要特征。图 3.1 是一幅图像及其二维离散傅里叶变换的幅值谱，在图 3.1(b) 四个角上分布的为低频成分，高频成分分布在频谱图像的中心部分。二维频率空间的每个点的幅值，即实部和虚部的平方和的平方根，因为幅值的灰阶范围非常广，所以在显示前要用对数变换进行处理，以增强灰度级细节，并进行 0～255 的阈值化，从而被规格化为显示器所能显示的灰度级。图像中的周期性噪声产生了变换中的尖峰信号。

(a) Lena标准测试图像　　　　　　　　　　(b) 对应的幅值谱图像

图 3.1　Lena 测试图像及其幅值谱图像

以另外的图形表示原始图像的直接傅里叶变换的结果，如图 3.2(b) 所示。

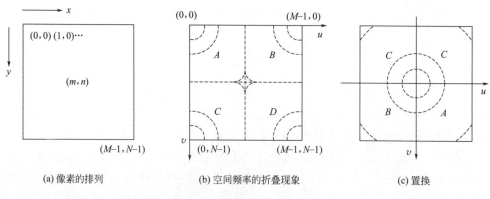

(a) 像素的排列　　　　　　　(b) 空间频率的折叠现象　　　　　　　(c) 置换

图 3.2　二维离散傅里叶变换

图像中的像素坐标如图 3.2(a) 所示，从左上角开始进行傅里叶变换，结果如图 3.2(b) 所示产生了折叠现象。即在四个角上分布的为低频成分，高频成分分布在频谱图像的中心部分。如果不做其他处理，而直接在频率域进行滤波等处理就很不方便。要克服折叠现象，并考虑实际处理的需要，应将四个频率子平面进行交换排列（置换），通常在进行傅里叶变换之前，用 $(-1)^{(x+y)}$ 乘以输入的图像函数。借助指数的性质及欧拉公式：

$$e^{j\theta} = \cos\theta + j\sin\theta$$
$$e^{j\pi} = \cos\pi + j\sin\pi$$
$$e^{j\pi} = -1$$
$$e^{j\pi(x+y)} = (-1)^{(x+y)}$$

我们可以证明：

$$\zeta[f(x,y)(-1)^{(x+y)}] = F(u-M/2, v-N/2) \tag{3.33}$$

其中，$\zeta[\cdot]$ 表示傅里叶变换。这个等式说明，傅里叶变换的原点即 $[F(0,0)]$ 被设置在 $u=M/2$ 和 $v=N/2$ 上。即用 $(-1)^{(x+y)}$ 乘以 $f(x, y)$ 可将 $F(u, v)$ 原点变换到频率坐标下的 $(M/2, N/2)$，它是二维 DFT 设置的 $M \times N$ 区域的中心。为了确保移动后的坐标为整数，要求原始图像的 M 和 N 为偶数。若 M 和 N 不为偶数，常规的处理方法是将不足的图像数据以零补齐。图 3.3(b) 即为将幅值谱进行中心置换后的结果。考虑图像函数是实函数，其傅里叶变换的共轭性保证频谱的对称，出于图像显示的需要而舍去了较高频率的成分。

(a) Lena原始图像　　　　　　　(b) 中心化幅值谱图像

图 3.3　原始图像及其中心化幅值谱

而经过中心化处理的 Lena 图像的相位谱图像如图 3.4 所示。

进行置换后的傅里叶变换结果图的中心部分为低频成分，四周的边缘部分为高频成分。这样变换以后进行频域处理就变得十分简单。

另外，我们凭直觉有可能会认为幅值谱更重要，因为它至少表现出了一些可辨识的结构（如原点对称等特征），而相位谱看起来则完全是随机的。但相位谱隐含着实部与虚部之间的某种比例关系，其与图像结构息息相关。在进行编程实验时，若忽略相位信息，即将相位设为零，然后实施逆变换得到的结果将看不出和原始图像相似的特征。如果忽略幅值信息，即在进行逆变换之前将幅值设为常数，从得到的变换结果中可以看出能辨认的图像信息的轮廓。不管是幅值谱还是相位谱，对图像分析都十分有用。

图 3.4　经过中心化处理后的相位谱图像

3.1.6　傅里叶变换的性质

傅里叶变换建立了原函数与频谱函数之间的基本关系。利用这种关系可以导出傅里叶变换的一些基本性质。表 3.1 列出了二维傅里叶变换的几个重要性质，更深入的内容请读者参考相应的专著。

表 3.1　二维傅里叶变换的性质

性　　质	空间域	频率域
加法定理	$f(x,y)+g(x,y)$	$F(u,v)+G(u,v)$
相似性定理	$f(ax,by)$	$\dfrac{1}{|ab|}F\left(\dfrac{u}{a},\dfrac{v}{b}\right)$
位移定理	$f(x-x_0,y-y_0)$	$e^{-j2\pi(ux_0+vy_0)}F(u,v)$
卷积定理	$f(x,y)*g(x,y)$	$F(u,v)G(u,v)$
可分离定理	$f(x)g(y)$	$F(u)G(v)$
微分	$\left(\dfrac{\partial}{\partial x}\right)^m\left(\dfrac{\partial}{\partial y}\right)^n f(x,y)$	$(j2\pi u)^m(j2\pi v)^n F(u,v)$
旋转	$f(x\cos\theta+y\sin\theta,-x\sin\theta+y\cos\theta)$	$F(u\cos\theta+v\sin\theta,-u\sin\theta+v\cos\theta)$
Rayleigh 定理	$\displaystyle\int_{-\infty}^{\infty}\int_{-\infty}^{\infty}|f(x,y)|^2\mathrm{d}x\mathrm{d}y=E$	$\displaystyle\int_{-\infty}^{\infty}\int_{-\infty}^{\infty}|F(u,v)|^2\mathrm{d}u\mathrm{d}v=E$

加法定理表明，两个函数之和的傅里叶变换（或逆变换）等于它们各自傅里叶变换（或逆变换）之和。也可以称为满足分配律。

若一个原函数的坐标伸展了几倍，那么将导致它的傅里叶变换（或逆变换）函数的坐标压缩几分之一，同时使振幅也压缩几分之一。这个性质叫做傅里叶变换的相似性，也叫傅里叶变换的比例性或定标性。

位移定理则说明了一个原函数的坐标如果发生位移，那么将导致它的傅里叶变换（或逆变换）的相位改变。反过来，通过改变一个函数的傅里叶变换（或逆变换）的相位可以实现原函数的坐标位移。也可以说是具有平移性质。即将 $f(x,y)$ 与一个指数项 $e^{j2\pi(u_0x+v_0y)}$ 相乘就相当于把其变换后的频率域中心移动到新的位置 (u_0,v_0)。类似地，将 $F(u,v)$ 与一个指数项 $e^{-j2\pi(ux_0+vy_0)}$ 相乘相当于把其反变换后的空间域中心移动到新的位置 (x_0,y_0)。并且，对 $f(x,y)$ 的平移不影响其傅里叶变换的幅值。

而卷积定理建立了空间域与频率域运算的联系，空间域的卷积运算与频率域乘积运算之间是傅里叶变换对关系。

可分离性表明傅里叶变换运算过程具有分解特性，如果一个二维图像函数可被分解为两个一维分量函数，则它的谱也可被分解为两个一维分量函数；即一个傅里叶变换可由连续两次一维傅里叶变换来实现。

傅里叶变换的旋转性表明，如果原始图像函数旋转一个角度，则与其对应的谱也旋转相同角度。

而通过 Rayleigh 定理我们可以了解到，傅里叶变换前后图像的能量保持不变。

总之，借助傅里叶变换，我们可以将图像从空间域转换到频率域。在频率域我们可以对图像的频率幅值及其相位进一步地实施处理。

3.1.7 傅里叶变换实例

考察下面的函数 $f(m，n)$。该函数在一个矩形的区域中的函数值为 1，而在其他区域均为 0。图 3.5 为原始函数图形及其经傅里叶变换后的幅值函数。

图 3.6 为矩形函数经过旋转后的图形及其傅里叶变换后对应的幅值图像；图 3.7 为圆形函数及其傅里叶变换后对应的幅值图像；图 3.8 为一十字交叉函数经过傅里叶变换后对应的幅值图像。从各种图像及其对应傅里叶变换图像上可以验证傅里叶变换的一些性质。

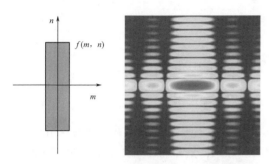
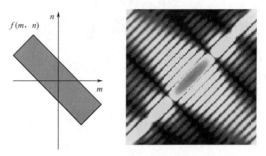

图 3.5　矩形函数及其傅里叶变换幅值谱图像　　图 3.6　矩形函数旋转图像及其 FFT 变换幅值谱图像

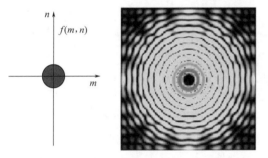
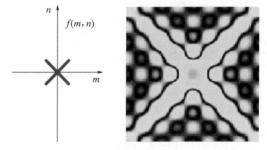

图 3.7　圆形函数及其傅里叶变换幅值谱图像　　图 3.8　交叉函数图形及其傅里叶变换幅值谱图像

事实上，由于上面变换包含的三幅图像中基本只存在水平和垂直的线条，因此导致在输出的频谱中亮线集中存在于水平和垂直方向。具体地说，原图像中的水平边缘对应频谱中的竖直亮线，而竖直边缘则对应频谱中的水平响应。我们也可以这样理解，水平方向的边缘可以看作在竖直方向上的灰度值的矩形脉冲，而这样的矩形脉冲可以分解为无数个竖直方向正弦平面波的叠加，从而对应频率域图像中的垂直亮线；而对于竖直方向的边缘，情况类似。而圆形函数的幅值谱图像也呈现圆心对称。借助幅值谱图像，可以判定一幅图像中每一种可能的频率发生的次数。

3.2　线　性　变　换

由于傅里叶变换在对线性系统的处理中发挥了极大的作用，因此受到了众多技术人员的重视。但傅里叶变换只是可用于数字图像处理的众多离散线性变换中的一种。还有很多其他的离散线性变换可用于实际的图像处理。后面我们将简要介绍这些相关的离散线性变换的性质和应用。

正常情况下图像是以连续形式出现的。由于我们仅限于以连续图像的离散表达形式用计算机对图像进行处理，因此，许多数字图像处理步骤要求我们在处理这些离散数据时要考虑到图像离散化的问题。然而，有一些应用却允许将数字图像看作原本就是离散的，不用特别考虑它原来的图像或对应的连续图像是什么样。其中这样的一种应用就是图像压缩。我们希望将一幅图像以一种更紧凑的数据格式进行编码，同时保持信息不丢失或仅丢失一小部分。在这种情况下，数字图像可以仅被当作一个数据文件来看待。

一幅图像的表示是定义这幅图像的数据的一种特定的体现方式，或一种特定的数据格式。如一幅数字图像可以用一个矩阵或一个向量（通过行堆积）来表示。由此，我们可以借助矩阵或向量理论来讨论图像的变换。

3.2.1　一维离散线性变换

如果 x 是一个 $N \times 1$ 维的向量，T 是一个 $N \times N$ 的矩阵，则利用下式

$$y_i = \sum_{j=0}^{N-1} T_{i,j} x_j \qquad 或 \qquad y = Tx \tag{3.34}$$

定义了向量 x 的一个线性变换（其中 $i = 0, \cdots, N-1$）。矩阵 T 也叫做此变换的核矩阵。

变换的结果是另一个 $N \times 1$ 的向量 y。这个变换被称作线性变换是因为 y 是由输入元素的一阶和构成的。每个元素 y_i 是输入向量 x 和 T 的第 i 行的内积。

T 是非奇异的，则原向量可以通过逆变换

$$x = T^{-1} y \tag{3.35}$$

来恢复。此时，x 的每个元素都是 y 和 T^{-1} 的某一行的内积。

下面讲一下酉变换。

对于一个给定的向量长度 N，有无数个可能用到的变换矩阵 T。然而，更有用处的是具有某些特殊属性的一类变换矩阵。

如果 T 是一个酉矩阵，则：

$$T^{-1} = T^{*t} \qquad 且 \qquad TT^{*t} = T^{*t}T = I \tag{3.36}$$

式中，$*$ 表示对 T 的每个元素取共轭复数；t 表示转置。如果 T 是酉矩阵，且所有元素都是实数，则它是一个正交矩阵，且满足：

$$T^{-1} = T^t \qquad 且 \qquad TT^{*t} = T^tT = I \tag{3.37}$$

注意到 T^t 的第 (i, j) 元素是 T 的第 i 行和第 j 行的内积。上述公式表示：$i = j$ 时，内积为 1；否则内积为 0。所以，T 的各行是一组正交向量。

例如一维 DFT 是酉变换的一个例子，这是由于：

$$F(u) = \frac{1}{N} \sum_{x=0}^{N-1} f(x) \mathrm{e}^{-\mathrm{j}2\pi ux/N} \qquad 或 F = wf \tag{3.38}$$

其中 w 是一个酉矩阵（但不是正交阵），其元素（复数）为：

$$w_{x,u} = \frac{1}{N} \exp\left(-\mathrm{j}2\pi u \frac{x}{N}\right) \tag{3.39}$$

通常，变换矩阵 T 是非奇异的（即 T 的秩为 N），这就使得变换可逆。这样，T 的所有行就构成了一个 N 维向量空间的正交基（一组正交基向量或单位向量）。即任何 $N \times l$ 维的序列都可以用 N 维向量空间中的一个从原点指向某一点的向量来表示。

总之，一个线性酉变换产生一个有 N 个变换系数的向量 y，每个变换系数都是输入向量 x 和变换矩阵 T 的某一行的内积。反变换的计算类似，由变换系数向量和反变换矩阵的行产生一组内积。

正变换通常被看作是一个分解过程，即将信号向量分解成它的各个基元分量，这些基元分量自然以基向量的形式表示。变换系数则规定了在原信号中各分量所占的量。

反变换通常被看作是一个合成过程，通过将各分量相加来合成原始向量。这里，变换系数规定了为精确、完全地重构输入向量而加入的各个分量的大小。

这个过程的一个关键原理是任何一个向量都能唯一地分解成分别具有"合适"幅度的一组基向量，然后通过将这些分量相加可以重构原向量。重要的是变换系数的个数与向量的元素个数是相同的，这样在变换前和变换后自由度的数目是相同的，从而保证了在这个过程中既未引入新的信息，也未破坏任何原有信息。

变换后的向量是原始向量的一种表示。由于它具有与原始向量相同的元素个数（即具有相同的自由度），并且原始向量可以通过它无误差地恢复，因此它可以被当作是表示原始向量的另一种形式。

3.2.2 二维离散线性变换

对于二维情况，将一个 $N \times N$ 矩阵 F 变换成另一个 $N \times N$ 矩阵 G 的线性变换的一般形式为：

$$G_{m,n} = \sum_{i=0}^{N-1} \sum_{k=0}^{N-1} F_{i,k} w(i,k,m,n) \tag{3.40}$$

式中，i、k、m、n 是取值 $0 \sim N-1$ 范围内的离散变量；$w(i,k,m,n)$ 是变换的核函数。

$w(i,k,m,n)$ 可以看作是一个 $N^2 \times N^2$ 的块矩阵，每行有 N 个块，共有 N 行，每个块又是 $N \times N$ 的矩阵。块由 m，n 索引，每个块内（子矩阵）的元素则由 i，k 索引。

如果 $w(i,k,m,n)$ 能被分解成行方向的分量函数和列方向的分量函数的乘积，即如果有：

$$w(i,k,m,n) = T_{\text{row}}(i,m) T_{\text{col}}(k,n) \tag{3.41}$$

则这个变换就叫做可分离的。这意味着此变换可以分两步来完成：先进行行向运算，然后进行一个列向（或反过来）运算：

$$G_{m,n} = \sum_{i=o}^{N-1} \left[\sum_{k=0}^{N-1} F_{i,k} T_{\text{col}}(k,n) \right] T_{\text{row}}(i,m) \tag{3.42}$$

更进一步，如果这两个分量函数相同，也可将这个变换称为对称的。则：

$$w(i,k,m,n) = T(i,m) T(k,n) \tag{3.43}$$

并且式(3.42) 可写为：

$$G_{m,n} = \sum_{i=0}^{N-1} T(i,m) \left[\sum_{k=0}^{N-1} F_{i,k} T(k,n) \right] \qquad \text{或} \qquad G = TFT \tag{3.44}$$

其中 T 是酉矩阵，叫做变换的核矩阵。

反变换为：

$$F = T^{-1} G T^{-1} = T^{*t} G T^{*t} \tag{3.45}$$

它可以精确地恢复 F。

例如，DFT 的核矩阵可表示为：

$$w = \begin{bmatrix} w_{0,0} & \cdots & w_{0,N-1} \\ \vdots & \ddots & \vdots \\ w_{N-1,0} & \cdots & w_{N-1,N-1} \end{bmatrix} \tag{3.46}$$

其中：

$$w_{i,k} = \frac{1}{\sqrt{N}} e^{-j2\pi\frac{ik}{N}} \tag{3.47}$$

由于虚指数的周期性，w 是酉矩阵。

一维时，DFT 的正变换和反变换分别是：

$$F = wf \quad \text{且} \quad f = w^{*t}F \tag{3.48}$$

式中，f 和 F 分别是 $N \times 1$ 的信号向量和谱向量。如果 f 是实的，F 一般说来会有复元素。只有在 f 具有某种合适的对称性时，F 才会是实的。

与傅里叶变换不同的是，许多变换在其核矩阵 T 中只有实元素。元素都是实数的酉矩阵是正交的，这样，反变换也变得简单了。即

$$F = T^t G T^t \tag{3.49}$$

如果 T 是对称矩阵（大部分情况下都是如此），则正变换和反变换相同。因此

$$G = TFT \quad \text{且} \quad F = TGT \tag{3.50}$$

3.3 其 他 变 换

3.3.1 离散余弦变换

实偶函数的傅里叶变换只包含实的余弦项，即在傅里叶级数展开式中，如果函数对称于原点，则其级数中将只有余弦函数项。受到此启示，在实际中构造了一种实数域的变换-离散余弦变换（Discrete Cosine Transforms）。通过研究发现，它除了具有一般的正交变换性质外，其变换阵的基向量近似于 Toeplitz 矩阵的特征向量，具有把图像的重要可视信息都集中在变换的一小部分系数中，体现了人类的语言、图像信号的相关特性。因此，在对语言、图像信号变换的确定变换矩阵的正交变换中，DCT 被认为是一种准最佳变换。在近年颁布的一系列视频压缩编码的国际标准建议中，都把 DCT 作为其中的一个基本处理模块。

设 $N \times N$ 的图像子块为 $f(m, n)$，其离散余弦变换（DCT）可以由下式表示：

$$G_{k,l} = \frac{2}{N} \sum_{m=0}^{N-1} \sum_{n=0}^{N-1} C_{k,l}(m,n) f(m,n) \tag{3.51}$$

其中：

$$C_{k,l}(m,n) = \begin{cases} \dfrac{1}{2} & \text{当 } k=0, l=0 \\ \cos\dfrac{\pi k}{2N}(2m+1)\cos\dfrac{\pi l}{2N}(2n+1) & \text{当 } 1 \leqslant k \leqslant N-1, \quad 1 \leqslant l \leqslant N-1 \end{cases} \tag{3.52}$$

其逆变换为：

$$f(m,n) = \frac{2}{N} \sum_{k=0}^{N-1} \sum_{l=0}^{N-1} C_{k,l}(m,n) G_{k,l} \tag{3.53}$$

DCT 基本函数的水平频率从左至右增长，垂直频率从上到下增长。位于图像左上方的定值基本函数被称为直流（DC）基本函数。像 DFT 一样，DCT 可以用快速算法来计算。与 DFT 不同的是，DCT 是实值的。由于 DCT 相当于对带有中心偏移的偶函数进行二维 DFT，因此，其频谱与 DFT 频谱相差一倍，如图 3.9 所示。

从图中可见，对于 DCT，$(0, 0)$ 处对应低频，$(N-1, N-1)$ 处对应于高频；而同阶的 DFT，$(N/2, N/2)$ 处对应于高频成分。

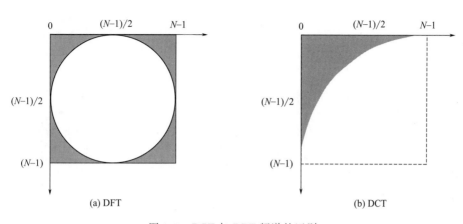

图 3.9　DCT 与 DFT 频谱的区别

由于 DCT 具有能量集中的性质，因此可以用来进行图像的压缩。另外，根据 DCT 对图像变换后的频率分布性质，有选择性地处理频率成分，可以实现图像去噪等处理。

3.3.2　沃尔什-哈达玛变换

在数字图像处理中，图像变换的基函数形式除正弦型函数外，还有一些其他波形。本节要介绍的沃尔什和哈达玛变换，其基函数就是基于方波的。沃尔什和哈达玛变换的实质都是基于沃尔什函数的，只是同一种方波的变形。因此将它们结合起来称为沃尔什-哈达玛变换。

沃尔什-哈达玛变换是对称的、可分离的酉变换，它的核矩阵中只有 $+1$ 和 -1 两种元素。在对图像处理中，矩阵的阶数 N 一般取为 $N=2^n$，其中 n 是整数。

对于 2×2 阶的情况，核矩阵为：

$$H_2=\begin{bmatrix} 1 & 1 \\ 1 & -1 \end{bmatrix} \tag{3.54}$$

对于 $N>2$ 的情况，其核矩阵可以通过块矩阵的形式递推产生：

$$H_N=\begin{bmatrix} H_{N/2} & H_{N/2} \\ H_{N/2} & -H_{N/2} \end{bmatrix} \tag{3.55}$$

例如，对于 $N=8$，其核矩阵为：

$$H_8=\begin{bmatrix} 1 & 1 & 1 & 1 & 1 & 1 & 1 & 1 \\ 1 & -1 & 1 & -1 & 1 & -1 & 1 & -1 \\ 1 & 1 & -1 & -1 & 1 & 1 & -1 & -1 \\ 1 & -1 & -1 & 1 & 1 & -1 & -1 & 1 \\ 1 & 1 & 1 & 1 & -1 & -1 & -1 & -1 \\ 1 & -1 & 1 & -1 & -1 & 1 & -1 & 1 \\ 1 & 1 & -1 & -1 & -1 & -1 & 1 & 1 \\ 1 & -1 & -1 & 1 & -1 & 1 & 1 & -1 \end{bmatrix}\begin{matrix} 0 \\ 7 \\ 3 \\ 4 \\ 1 \\ 6 \\ 2 \\ 5 \end{matrix}$$

矩阵右边的一列数表示相应的矩阵行的符号变化次数。对于每一行这个数都是不同的。这一符号变化的次数被称作这个行的列率。

我们可以通过重新安排各行的次序来使得列率按行号递增，就像傅里叶变换核的频率递增那样。当 $N=8$ 时，有序的变换核矩阵为：

$$H_8 = \begin{bmatrix} 1 & 1 & 1 & 1 & 1 & 1 & 1 & 1 \\ 1 & 1 & 1 & 1 & -1 & -1 & -1 & -1 \\ 1 & 1 & -1 & -1 & -1 & -1 & 1 & 1 \\ 1 & 1 & -1 & -1 & 1 & 1 & -1 & -1 \\ 1 & -1 & -1 & 1 & 1 & -1 & -1 & 1 \\ 1 & -1 & -1 & 1 & -1 & 1 & 1 & -1 \\ 1 & -1 & 1 & -1 & -1 & 1 & -1 & 1 \\ 1 & -1 & 1 & -1 & 1 & -1 & 1 & -1 \end{bmatrix} \begin{matrix} 0 \\ 1 \\ 2 \\ 3 \\ 4 \\ 5 \\ 6 \\ 7 \end{matrix}$$

若用矩阵形式，可表示为：

正变换 $$F_H = \frac{1}{N} H f H$$

反变换 $$f = N H^{-1} F_H H^{-1} = \frac{1}{N} H F_H H$$

从上面正、反变换的公式可以看出，沃尔什-哈达玛正反变换的公式形式是相同的，采用一个程序就可以完成。当输入图像矩阵时，就得到正变换结果；而当输入变换结果时就得到反变换结果。

例如对于均匀分布的数字图像：

$$f = \begin{bmatrix} 1 & 1 & 1 & 1 \\ 1 & 1 & 1 & 1 \\ 1 & 1 & 1 & 1 \\ 1 & 1 & 1 & 1 \end{bmatrix}$$

由于图像是 4×4 矩阵，$n=2$，$N=4$，变换核矩阵为：

$$G_4 = \begin{bmatrix} 1 & 1 & 1 & 1 \\ 1 & 1 & -1 & -1 \\ 1 & -1 & -1 & 1 \\ 1 & -1 & 1 & -1 \end{bmatrix}$$

因此，二维沃尔什-哈达玛变换为：

$$W = \frac{1}{4^2} \begin{bmatrix} 1 & 1 & 1 & 1 \\ 1 & 1 & -1 & -1 \\ 1 & -1 & -1 & 1 \\ 1 & -1 & 1 & -1 \end{bmatrix} \begin{bmatrix} 1 & 1 & 1 & 1 \\ 1 & 1 & 1 & 1 \\ 1 & 1 & 1 & 1 \\ 1 & 1 & 1 & 1 \end{bmatrix} \begin{bmatrix} 1 & 1 & 1 & 1 \\ 1 & 1 & -1 & -1 \\ 1 & -1 & -1 & 1 \\ 1 & -1 & 1 & -1 \end{bmatrix} = \begin{bmatrix} 1 & 0 & 0 & 0 \\ 0 & 0 & 0 & 0 \\ 0 & 0 & 0 & 0 \\ 0 & 0 & 0 & 0 \end{bmatrix}$$

此例表明，二维沃尔什-哈达玛变换具有能量集中的性质，原始图像数据越是均匀分布，变换后的数据越集中于矩阵的边角上。因此，应用二维沃尔什-哈达玛变换可以压缩图像信息，减少存储空间和提高运算速度。沃尔什-哈达玛变换在图像处理中的主要应用是压缩编码。

综上所述，沃尔什-哈达玛变换是将一个函数变换成取值为 +1 或 -1 的基本函数构成的级数，用它来逼近数字脉冲信号时要比傅里叶变换有利。因此，它在图像传输、通信技术和数据压缩中获得了广泛的使用。同时，这种变换是实数，而傅里叶变换是复数。所以对一个给定的问题，这种变换所要求的计算机存储量比傅里叶变换要少，运算速度也快。

3.3.3 小波变换

从傅里叶变换的表达式可以看出，它把信号展开成为一组正弦函数的组合，而正弦函数无论在频率域或时间域均是周期函数。因此也就决定了傅里叶变换不可能在频率域和时间域同时获得良好的局部特性。这一不足给信号分析带来了不便，1946 年 Gabor 提出用窗函数限制傅里叶变换的范围，得到短时傅里叶变换，进一步使小波变换应用到包括图像在内的信号处理中。傅里叶变换仅显示图像的频率特性，而小波变换有利于我们深入了解图像的空间域和频率域特性。

小波变换的特征是变换的基函数与邻接的基函数有部分重叠。所以在抑制块效应时是很有效的。此外，高频部分有较短的基波。所以在抑制小颗粒噪声方面也非常有效。

定义一个正交的离散小波变换，对图像进行多尺度分解。简单起见，设对一维信号 $f(x)$ 进行小波变换。小波变换系数 $F(j,k)$ 可以表示为信号 $f(x)$ 与小波函数 $\psi_{j,k}(x)$ 内积，即

$$F(j,k) = \int_{-\infty}^{\infty} \overline{\psi_{j,k}(x)} f(x) \mathrm{d}x \tag{3.56}$$

式中，$\psi_{j,k}(x)$ 是基本小波［又称为母小波，是构成 $f(x)$ 空间的基函数］。将其在时间轴上平行移动，频率伸缩而得到所有的基波。即

$$\psi_{j,k}(x) = 2^{j/2} \psi(2^j x - k) \tag{3.57}$$

小波逆变换为：

$$f(x) = \sum_j \sum_k F(j,k) \overline{\psi}(2^j x - k) \tag{3.58}$$

式中，j、k 分别表示尺度、位移的参数。

上式二重和中的内项为：

$$g_j(x) = \sum_k F(j,k) \psi(2^j x - k) \tag{3.59}$$

第 j 层的 $f_j(x)$ 有以下的递推形式：

$$f_j(x) = g_{j-1}(x) + f_{j-1}(x) \tag{3.60}$$

函数 $f_j(x)$ 的分辨率为 2^{-j}，如果 $f_j(x)$ 的层数降低一层，则分辨率就变为原来的一半。这个操作反复进行，j 变大，$f(x)$ 的层数依次降低，可构成 $\{f_j(x)\}$ 的分辨率的层次结构。

二维图像信号 $f(x,y)$ 进行正交分解时，可以使用上述的递推分解算法。原离散图像信号称为 0 层分辨率的信号时，用 P_0 表示。P_j 比 P_{j-1} 仅在低频部分有较低的分辨率。P_j 和 P_{j-1} 可分解为图像信号的垂直方向的差分 D_j^1，水平方向的差分 D_j^2，对角方向的差分 D_j^3。

图 3.10 给出了小波变换的分块变换示意图，图像的小波变换是利用滤波器模块进行水

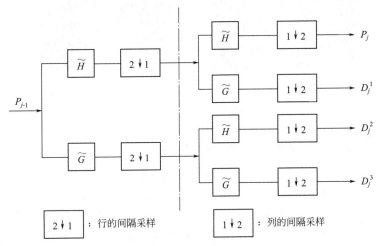

图 3.10　二维小波变换

平、垂直方向的分割。图中的 H 是脉冲响应函数为 $h(x)$ 的低通滤波器部分；G 是脉冲响应函数为 $g(x)$ 的高通滤波器。$\widehat{H}$、$\widetilde{G}$ 分别是由 $\widehat{h}(t)=h(-t)$、$\widetilde{g}(t)=g(-t)$ 给出的对称滤波器。逆变换对于分解后的图像进行反复滤波，直到第 0 层时，完成图像的恢复。图 3.11 给出了两层七个子块的带域分割的多尺度的小波分解。得到的小波变换系数体现了原图像信息的性质，图像信息的局部特征可通过处理系数而得到改变。小波系数经过矢量量化，转换为二进制数，完成图像信息的编码。

P_2 低分辨 率图像	D_2^1	D_1^1 垂直方向的 差分图像
D_2^2	D_2^3	
D_1^2 水平方向的 差分图像		D_1^2 双方向的 差分图像

图 3.11　图像的多尺度表示

虽然对于图像处理来说小波变换还比较新，但它们已经开始应用于实际当中了。比如利用小波变换图像的直方图单峰性进行图像压缩，借助不同方向的分量进行有针对性的图像增强，以及用离散小波变换进行图像融合等。我们可以参阅其他有关小波在图像处理中应用研究的专著，来更深入地学习相关的知识。图 3.12 是一幅简单图像及其小波变换的对应不同方向的图像。

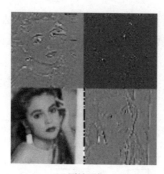

(a) 原始图像　　　　　　　　　　　　(b) 小波变换结果图像

图 3.12　原始图像及其小波变换后图像

3.3.4　基于特征向量的变换

在图像变换中有一类重要的基于图像特征向量的变换，称为 K-L 变换（Karhunen-Loeve Transform），也称为特征向量变换、主分量变换或霍特林（Hotelling）变换。它完全是从图像的统计性质出发实现的变换。它在数据压缩、图像旋转、遥感多光谱图像的特征选择和统计识别等中是很有用的。K-L 变换既有连续的也有离散的。我们这里主要介绍离散的 K-L 变换。

在实际应用中我们可以将图像视作随机变量，例如对应 $N \times N$ 的图像 $f(x, y)$ 的一个图像样本的集合：

$$\{f_1(x,y), f_2(x,y), f_3(x,y), \cdots, f_i(x,y), \cdots, f_M(x,y)\}$$

对第 i 次获得的图像 $f(x, y)$，可用 $N^2 \times 1$ 维向量 X_i 来表示：

$$X_i = [f_i(0,0), \cdots, f_i(0,N-1), f_i(1,0), \cdots, f_i(N-1,0), \cdots, f_i(N-1,N-1)]^T$$

用 $X_{i,j}$ 来表示第 i 次获得的图像 $f_i(x, y)$ 中的第 j 行的 $N-1$ 个分量，则上式为：

$$X_i = [x_{i1}, x_{i2}, \cdots, x_{i(N-1)}]^T \tag{3.61}$$

鉴于图像信号是随机变量，度量随机变量之间的相关程度可用协方差矩阵表示。因此 X 向量的协方差矩阵定义为：

$$C_x = E[(X - m_x)(X - m_x)^T] \tag{3.62}$$

式中，E 表示求期望值；m_x 是 X 的平均值。因为 x_i 是 N^2 维向量，所以 C_x 是 $N^2 \times N^2$ 实对称方阵，其中的元素 C_{kk}（在矩阵对角线上）表示第 K 个分量的方差。C_x 中的元素 C_{k1}（不在矩阵对角线上）表示第 K 个元素和第 1 个元素之间的协方差。

X 向量的均值定义为：

$$m_x = E[X] \tag{3.63}$$

在离散情况下，X 向量的均值 m_x 可以用有限的 M 个样本的平均值来近似表示：

$$m_x \approx \frac{1}{M} \sum_{i=1}^{M} X_i \tag{3.64}$$

X 向量的协方差矩阵 C_x 同样可以用有限的 M 个样本及 m_x 来近似表示：

$$C_x \approx \frac{1}{M} \left[\sum_{i=1}^{M} X_i X_i^T \right] - m_x m_x^T \tag{3.65}$$

式中，m_x 是 N^2 维矩阵，C_x 是 $N^2 \times N^2$ 维矩阵。

由于 C_x 是 $N^2 \times N^2$ 维实对称矩阵，因此总可以找到 N^2 个正交特征向量。设 e_i 和 λ_i 是 C_x 的特征向量和对应的特征值，其中 $i = 1, 2, \cdots, N^2$。并设特征值按递减排序，即 $\lambda_1 > \lambda_2 > \cdots > \lambda_{N^2}$。那么，K-L 变换矩阵 A 的行就是 C_x 的特征值。该变换矩阵为：

$$A = \begin{bmatrix} e_{11} & e_{12} & \cdots & e_{1N^2} \\ e_{21} & e_{22} & \cdots & e_{2N^2} \\ \vdots & \vdots & \vdots & \vdots \\ e_{N^21} & e_{N^22} & \cdots & e_{N^2N^2} \end{bmatrix} \tag{3.66}$$

其中 e_{ij} 表示第 i 个特征向量的第 j 个分量。这样可得 K-L 变换式表示为：

$$Y = A(X - m_x) \tag{3.67}$$

至此，可以说满足上述条件的变换即为 K-L 变换，可以证明：

$$E[Y] = E[A(X - m_x)] = m_y = 0$$

即 Y 的均值为 0，而且 Y 的协方差矩阵可由 A 和 C_x 得到：

$$C_y = AC_xA^T \tag{3.68}$$

C_y 是一个对角阵，它的主对角线上的元素是 C_x 的特征值，即：

$$C_y = \begin{bmatrix} \lambda_1 & & & 0 \\ & \lambda_2 & & \\ & & \ddots & \\ 0 & & & \lambda_{N^2} \end{bmatrix} \tag{3.69}$$

它的主对角线以外的元素为 0，即 Y 的各个元素是互不相关的。因为 λ_i 也是 C_x 的特征值，所以 C_y 和 C_x 有相同的特征值和特征向量。可见经过 K-L 变换所得到的 Y 数据已经解除了各个元素之间的相关性。

和其他变换类似，K-L 变换也有反变换，可以从 Y 来重建 X。因为矩阵 A 的各行都是正交归一化矢量，所以 $A^{-1}=A^T$，由 Y 式可得：

$$X=A^TY+m_x \tag{3.70}$$

上式建立的反 K-L 变换是 X 精确的重建，但在很多场合下，我们可以从 C_x 中取一部分大的特征向量，例如 K 个，来构造 A 的近似矩阵 A_k。由 A_k 可以重建 X 的近似值 X_k。即

$$X_k=A_k{}^TY+m_x \tag{3.71}$$

可以证明 X_k 和 X 之间的均方误差为：

$$\sigma=\sum_{j=1}^{N^2}\lambda_j-\sum_{j=1}^{K}\lambda_j=\sum_{j=K+1}^{N^2}\lambda_j \tag{3.72}$$

上式表明，如果 $K=N^2$，则两者之间的均方误差为 0。由于 λ_i 是单调递减的，因此可以根据误差的要求来控制所取特征值的个数 K。或者说，我们可以通过取不同的 K 值来达到 X_k 和 X 之间的均方误差为任意小的目的。这就是我们常说的 K-L 变换可以做到在均方误差最小意义下的最优变换。

K-L 变换的降维能力使其对于图像压缩非常有用。例如，多光谱图像的每个像素有着多个灰度值，每个灰度值对应一个谱带。这样，一幅 1000×1000 的 24 通道多光谱图像可以被看作是一百万个 24 元随机向量（即像素）的集合。

K-L 变换的降维技术可以用于这个向量集合。由于一幅多谱图像的不同谱带间通常存在着很大的相关性，因此 24 个特征值中有许多值都非常小。这意味着一组 24 幅单色图可以用少量主分量图来表示，且只会有很小的误差。每幅主分量图都可以通过 24 幅单色图的加权和来计算，而且原始的单色图都可以近似地由这少量主分量图的线性组合来重构，由此大大简化了图像的存储量和传输带宽。

通常情况下，二维 K-L 变换的基图像取决于被变换的特定图像的统计特征。如果这幅图像是一阶马尔可夫过程，即像素间的相关性随像素间距离增大而线性递减，则可以用显式形式写出 K-L 变换的基图像。通常遇到的图像都能满足这个马尔可夫假设。另外，相邻像素间的相关系数接近 1 时，K-L 变换的基函数接近离散余弦变换的基函数。因此，对于通常遇到的图像，都可以用更容易计算的离散余弦变换来近似表示 K-L 变换。

第4章　图像视觉质量提升

在我们将获取的图像转换成可用计算机处理的数字图像的整个过程中，种种原因会导致图像的质量出现不尽人意的退化，输入的源图像中常会包含各种噪声或失真。为了抑制使图像退化的各种干扰信号，增强图像中有用信号来使目标变得易于识别，以及将观测到的图像进行质量改善使图像更适合后续处理而采用的图像预处理技术，都可以叫做图像增强。

与其说图像增强是一门科学，不如说它是一门艺术，一个正确图像增强的定义是高度主观化的。图像增强的首要目标是处理图像，使其比原始图像更适合特定的应用。主要目的就是要使增强后的图像具有更好的视觉效果，更适合对图像进行后续的分析和处理。选择的图像增强方法具有很大的针对性和一定的目的性。图像增强的通用理论是不存在的。当图像为视觉解释而进行处理时，由观察者最后判断特定方法的效果。而图像质量的视觉评价又是一种高度主观的过程。例如，某种图像增强的方法可能对于医学 X 射线图像具有很好的增强效果，但它就不一定是增强从遥感传感器获取的地物图像的最好方法。图像增强的方法在突出图像中的某一部分信息的同时，也压制了另一部分信息。

图像增强的方法分为两大类：空间域方法和频率域方法。所谓空间域是指图像平面本身，即组成图像的像素的集合，空间域增强则是直接对图像的像素进行操作的。它又分为两类，一类是对图像作逐点运算，对图像中的某一点的增强只与该点的灰度值有关，故称为点运算。点运算的效果主要是改善图像的对比度。因此很多教材上把这种方法称为图像对比度增强、图像对比度拉伸等。另一类是在与处理像点邻域有关的空间域上进行运算，其中最主要的方法是建立在使用所谓的"模板"基础之上的。从本质上说，"模板"就是一个二维的矩阵（如 3×3 矩阵），在这个矩阵中，矩阵元素的值决定了"模板"的特性。建立在这种方法基础之上的图像增强方法称为"模板"处理、模板滤波、卷积滤波，或称为局部运算。

频率域方法是在图像经过傅里叶变换后得到的变换域上进行处理，增强我们感兴趣的频率分量，然后进行反变换，便得到增强了的图像。它是建立在卷积定理的基础之上的。如果 $g(x,y)$ 是将图像 $f(x,y)$ 与一个二维的线性、空间移不变的函数 $h(x,y)$ 进行卷积的结果，即：

$$g(x,y)=h(x,y)^* f(x,y) \tag{4.1}$$

则根据卷积定理，在空间域的卷积可以用频率域的乘积实现。因此，频率域中有下面的关系成立：

$$G(u,v)=H(u,v) \cdot F(u,v) \tag{4.2}$$

这里的 G、H、F 分别是函数 g、h、f 的二维傅里叶变换。在线性系统理论中，我们称 $H(u，v)$ 为过程的传递函数。这样，频率域中的图像增强问题就可以归结为在给定图像 $f(x，y)$ 的条件下，寻找传递函数 $H(u，v)$，使得处理后的图像的某些特征得到突出。例如，图像的边缘可以通过使用提升高频分量的传递函数而得到增强。

以上讨论主要基于图像是灰度图，但近年来彩色图像得到广泛应用，已有许多针对彩色图像的增强方法。所以，增强技术根据其处理对象也可分为应用于灰度图像的和彩色图像的。鉴于彩色图像处理技术越来越受到重视，我们将在后面的章节中单独进行介绍。

本章首先介绍系统与卷积等涉及的基础理论；然后从技术角度划分，分别介绍图像增强的对比度增强方法、空间域和频率域的图像平滑增强方法、图像锐化增强方法；最后介绍图像二值化处理等。

须请读者注意的是，在进行算法的数学原理描述时，坐标轴的定义遵从数学上的规定；而描述数字图像的模板等时，数字图像的坐标轴与第 2 章中的约定保持一致。

4.1　卷积与卷积滤波

4.1.1　系统与卷积

(1) 系统

系统是指接收一个输入并产生相应输出的任何实体。这种输入和输出可以是一维的，也可以是二维或更高维的。在各种情况下，如果系统的输入是一个或多个变量的函数，则系统产生的输出应是相同变量的另一函数。图 4.1(a)、(b) 分别是对一维和二维线性系统的简单描述。

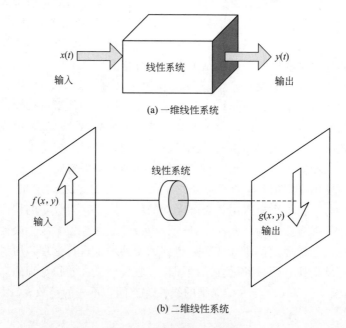

(a) 一维线性系统

(b) 二维线性系统

图 4.1　线性系统示意图

如果系统具有如下性质，则可称之为线性移不变系统。

① 线性：设对某一特定系统，输入 $x_1(t)$ 产生输出 $y_1(t)$，另一输入 $x_2(t)$ 产生输出 $y_2(t)$，即：

$$x_1(t) \Rightarrow y_1(t)$$
$$x_2(t) \Rightarrow y_2(t) \tag{4.3}$$

则此系统当且仅当它具有如下性质时被称为线性的：

$$x_1(t) + x_2(t) \Rightarrow y_1(t) + y_2(t) \tag{4.4}$$

即先前两个信号的和作为输入产生的输出等于先前两个输出的和。任何不满足此约束的系统都是非线性的。

也可以这样描述线性操作。即令 H 是一种算子，其输入和输出都是图像。若对于任意两幅（或两组）图像 F_1 和 F_2 及任意两个标量 a 和 b，都有如下关系成立：

$$H(aF_1 + bF_2) = aHF_1 + bHF_2 \tag{4.5}$$

则称 H 为线性算子。即对两幅图像的线性组合应用该算子与分别应用该算子后的图像在进行同样的线性组合所得到的结果相同，也就是说算子 H 满足线性性质。同样，不符合上述定义的算子即为非线性算子。

② 移不变性：假设对于某个线性系统，有：

$$x(t) \Rightarrow y(t) \tag{4.6}$$

如果现在将输入信号沿 t 轴平移 T 个单位，若

$$x(t - T) \Rightarrow y(t - T) \tag{4.7}$$

即输出信号除平移同样长度外，其他均不变，则系统具有移不变性。这样，对于移不变系统，平移输入信号仅使输出信号也平移同样长度，输出信号的性质保持不变，这就是移不变性。

理想图像处理系统就是一个线性移不变系统。我们可以借助系统分析的一些基本运算来描述对图像的一些处理技术，如卷积滤波等。

(2) 卷积及其相关知识

① 卷积　考察图 4.1 所示的线性系统，若能得到说明输入和输出之间关系的一般表达式，则对于线性系统的分析大有帮助。考虑如下线性函数表达式：

$$y(t) = \int_{-\infty}^{\infty} f(t, \tau) x(\tau) \mathrm{d}\tau \tag{4.8}$$

它能够表达任何线性系统 $x(\tau)$ 和 $y(t)$ 之间的关系。对任何线性系统，必能选择一个二元函数 $f(t, \tau)$ 使上式成立。将线性移不变约束条件加入式(4.8)，有：

$$y(t - T) = \int_{-\infty}^{\infty} f(t, \tau) x(\tau - T) \mathrm{d}\tau \tag{4.9}$$

进行变量替换，将 t 和 τ 同时加上 T，得到：

$$y(t) = \int_{-\infty}^{\infty} f(t + T, \tau + T) x(\tau) \mathrm{d}\tau \tag{4.10}$$

比较 $y(t)$ 的两个表达式可知：

$$f(t, \tau) = f(t + T, \tau + T) \tag{4.11}$$

必须对所有 T 为真。这意味着当两变量增加同样的量时，$f(t, \tau)$ 的值不变，即只要 t 和 τ 的差不变，$f(t, \tau)$ 的函数值也不变。这样，我们就可以定义一个 t 和 τ 之间的函数：

$$g(t - \tau) = f(t, \tau) \tag{4.12}$$

从而 $y(t)$ 可表示为：

$$y(t) = \int_{-\infty}^{\infty} g(t-\tau)x(\tau)d\tau \tag{4.13}$$

这就是著名的卷积积分。它表明，线性移不变系统的输出可通过输入信号与一表征系统特性的函数的卷积而得到。这一表征函数叫做系统的冲激响应。

一维卷积可简单记为：

$$y = g * x \tag{4.14}$$

式中 * 用来表示两个函数的卷积。图 4.2 给出了卷积运算的过程。曲线 $y(t)$ 上的一点可按如下方法得到：将函数 g 关于其原点反折，并向右移动距离 t，计算 x 和反折平移后的 g 在各点的积，并将此积进行积分就得到了在 t 处的输出值。对每个 t 值重复上述计算过程，就得到了输出曲线。当 t 变化时，反折的函数被平移通过静止的输入函数。$y(t)$ 值取决于这两个函数重叠部分的面积。

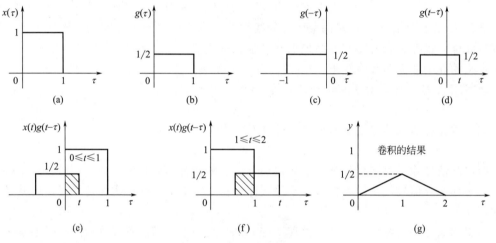

图 4.2　卷积的图解表示

卷积运算具有几个有用的性质。首先，卷积具有交换性，即

$$f * g = g * f \tag{4.15}$$

就是说将任一函数反折，都会得到相同的结果。

此外，卷积还满足对加法的分配律，即

$$f * (g+h) = f * g + f * h \tag{4.16}$$

卷积还满足结合律，并且有其他的一些性质，如卷积定理等。

卷积定理建立了空间域的卷积（或乘积）运算与频率域乘积（或卷积）运算之间的对应关系。定理如下。

若有：

$$f(x) \Leftrightarrow F(u)$$
$$h(x) \Leftrightarrow H(u)$$

则有：

$$f(x) * h(x) \Leftrightarrow F(u)H(u)$$
$$f(x)h(x) \Leftrightarrow F(u) * H(u) \tag{4.17}$$

② 离散卷积　对于离散序列，其卷积可用与连续函数相类似的方法求得。此时自变量变为下标，而乘积则由求和代替。因此，对于两个长度分别为 m 和 n 的序列 $f(i)$ 和 $g(i)$，其卷积输出为：

$$h(i) = f(i) * g(i) = \sum_j f(j)g(i-j) \qquad (4.18)$$

上式给出了一个长度为 $N = m + n - 1$ 的输出序列。

尽管离散卷积和连续卷积是相当不同的运算，但它们具有许多共同的性质。尤其是我们可在数字图像上进行的离散卷积，与连续卷积几乎具有对应的性质，而许多在图像数字化之前和变回连续形式之后对图像施加的影响，都可用连续卷积来描述。这一优点在图像恢复中得到充分利用，图像恢复的目的是扭转业已加在图像上的退化影响。

一维函数的卷积可以推广到二维函数。因此，可以将卷积运算应用到数字图像的处理中来。数字图像的卷积与连续函数情形类似，所不同的仅是其自变量取整数值，双重积分改为双重求和。这样，对于一幅数字图像，有：

$$H = F * G \qquad H(i,j) = \sum_m \sum_n F(m,n)G(i-m, j-n) \qquad (4.19)$$

由于 F 和 G 仅在有限范围内非零，因此求和计算只需在非零部分重叠的区域上进行。离散卷积的计算是将数组 G 旋转 $180°$ 并将其原点移至坐标 (i, j)。然后，将这两个数组逐个元素相乘，并将得到的积求和即得输出值。通常情况下的卷积核矩阵是关于中心对称的（旋转 $180°$ 后不发生变化）。所以可以简单地认为，卷积运算即是原始图像像素值的加权和。

由于图像边界缘处的像素缺乏完整的邻接像素集，因此卷积运算在这些区域需进行特殊处理。这也是卷积运算的图像边界悬挂问题。在计算数字卷积时，对于边界缘处的像素有以下四种可选的处理方法。

a. 通过重复图像边界缘上的行和列，对输入图像进行扩充，使卷积在边界也可计算。

b. 卷绕输入图像（使之成为周期的），即假设第一列紧接着最后一列。

c. 在输入图像外部填充常数（例如零）。

d. 去掉不能计算的行列，仅对可计算的像素计算卷积。

第一种和第三种方法是较为常用的方法。在量化图像时最好使重要信息不要落到距边界缘小于卷积核宽一半的区域内，这样选用何种卷积都不会产生严重的后果。

③ 卷积的应用　卷积运算在图像处理领域中主要有以下几方面的应用。

a. 利用一个卷积去除另一个卷积的影响（去卷积）。即去除不需要的，但已对图像施加了的线性系统的影响。例如，利用卷积恢复由于透镜系统或运动所造成的模糊，这两种影响都可被认为是由线性系统带来的。

b. 去除噪声。即去掉线性叠加在图像上的噪声信号。例如：

• 估计未受噪声污染前的信号。

• 检测噪声背景下是否存在已知特征。

• 去除相干（周期）噪声。

c. 特征增强。即以削弱景物中的其他背景信息为代价来增强指定图像中目标特征的对比度。

4.1.2　卷积滤波

卷积常用来实现对信号或图像进行的线性运算，后面我们要介绍的空间域图像增强技术和频率域增强技术的实现过程，都可以用卷积滤波的方法进行描述。尽管滤波的概念来源于频率域对信号进行处理的傅里叶变换，但其思想同样适用于空间域的处理技术。

在执行线性空间滤波时，我们必须清楚理解两个意义相近的概念。一个是相关，另一个是卷积。相关是指掩模按一定顺序在图像中移动并与相应像素进行运算的过程。从技术上讲，卷积是相同的过程，只是在图像中移动模板前，要将模板以模板中心为原点旋转 $180°$。若滤波器是关于其中心对称，则相关和卷积将产生同样的结果。

（1）平滑滤波

图 4.3 显示了利用卷积平滑受到噪声干扰的函数 $f(x)$ 时的情形。矩形脉冲函数 $g(x)$ 为用于平滑滤波的冲激响应。随着卷积的进行，矩形脉冲从左移到右产生函数 $h(x)$。$h(x)$ 各点的值为 $f(x)$ 在单位长度上的局部平均值。这种局部平均具有压制高频起伏而保留输入函数基本波形的作用。此应用是用具有非负冲激响应的滤波器来平滑有噪声污染的信号的一个典型例子。我们也可用其他脉冲函数（如三角脉冲或高斯脉冲）作为平滑函数。平滑函数不同，对相同的原始函数的处理，也会产生不同的平滑效果。

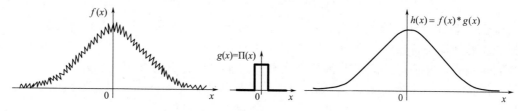

图 4.3 卷积滤波在平滑中的应用

（2）边缘增强

图 4.4 所示为另一种滤波-边缘增强。

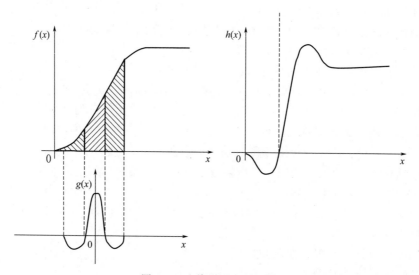

图 4.4 边缘增强卷积滤波

边缘函数 $f(x)$ 缓慢地从低变到高，脉冲响应 $g(x)$ 为一个有着负的旁瓣的正尖峰函数。随着卷积的进行，$g(x)$ 从左移到右，旁瓣和主尖峰依次与边缘相遇，输出结果如 $h(x)$ 显示。

图中的边缘增强滤波器具有两方面的影响。首先，它会增加边缘渐变部分的坡度，使边缘看起来更明显；其次，在边缘渐变部分的两头，它会产生"过冲"或称"振铃"效应。常用的边缘增强滤波器都会有这种现象。如何改进我们将在后面的章节中介绍。

通过上述实例可知，卷积滤波的结果主要取决于卷积操作所采用的核函数。

4.2　图像对比度增强

图像对比度增强又叫作图像对比度拉伸或者直接称为点运算。图像亮度和对比度调整的目的之一是在合适的亮度上提供最大的细节信息，细节纹理的沟纹越深，图像越清晰。一幅图像经过对比度增强处理将产生一幅对应的结果图像，后者的每个像素的灰度值由相应输入像素的灰度值决定，而与该像素所处的邻域无关，但不改变图像内部像素的空间相关关系。它有时被看作强化图像细节或增加图像某些部分对比的图像预处理步骤。

在图像处理中，图像对比度增强是最基本的、原理比较简单却很重要的一类技术。它们能根据用户的要求改变图像数据占据的灰度范围，灰度分布范围越大，图像细节呈现得越清晰，同时对图像辐射分辨率的要求越高。合理调整图像数据占据的灰度范围，可以改善图像的目视效果或为后续处理提供高质量的图像。在很多图像数字化软件和图像显示软件中，该项技术是必不可少的组成部分。因其编程实现比较简单、可视化程度较高，所以我们可以尝试按照自己的意图变换图像。这样既提高了对图像处理的认识和进一步学习的兴趣，又增强了对数字图像处理深奥原理的理解。

图像对比度增强以预定的方式改变一幅图像，由于黑白图像对比度的大小主要取决于图像的灰度级级差，因此为了改善对比度过小的黑白图像的识别效果，就需要扩大图像灰度级之间的级差。当前，扩大图像灰度级级差的方法很多，我们主要对线性增强法、非线性增强法和直方图增强法进行介绍，其他方法如自适应增强法等可参阅有关文献加以了解。

4.2.1　线性增强法

线性增强法是最常见的对图像的可视化质量进行改善的方法，由于它涉及的算法简单且容易实现，并且效果明显，所以它被看成是图像处理软件中基础而且不可缺少的功能模块。线性增强法主要包括基本线性增强方法及其改善方法。

（1）基本算法

线性增强算法的本质是输出灰度级与输入灰度级呈线性关系，这种方法是对整幅图像的所有像素进行同样的处理。若设原图像的灰度级为 x，期望处理后的图像灰度级变为 y，原始图像和期望图像的灰度级的分布范围极值分别为 x_{max}、x_{min} 和 y_{max}、y_{min}。我们期望变换前后的图像对比度保持线性关系，即期望变换前后的图像各个灰度级在图像整个灰度级占有相同的比例。因此线性增强法也叫做比例线性变换。变换前后像素的坐标相同，且应满足下式：

$$\frac{y - y_{min}}{y_{max} - y_{min}} = \frac{x - x_{min}}{x_{max} - x_{min}} \tag{4.20}$$

则与原图像灰度级 x 对应的期望图像的灰度级 y 为：

$$y = \frac{y_{max} - y_{min}}{x_{max} - x_{min}} x - \frac{y_{max} x_{min} - x_{max} y_{min}}{x_{max} - x_{min}} \tag{4.21}$$

对于上式，若令

$$a = \frac{y_{max} - y_{min}}{x_{max} - x_{min}} \tag{4.22}$$

$$b = \frac{x_{max} y_{min} - y_{max} x_{min}}{x_{max} - x_{min}}$$

则可以得到一个直线方程表达式

$$y = ax + b \qquad (4.23)$$

显然，这是一个以 a 为斜率、以 b 为截距的关于输入和输出像素灰度级的线性变换关系式。

分析基本表达式，我们可以发现如下情况，即：

如果 $a=1$ 和 $b=0$，完成的操作是将 x 复制到 y，处理前后图像的直方图形状及分布不会发生变化；

如果 $a>1$，输出图像的对比度将增大，处理后的直方图变宽但幅度相应减少；

若 $0<a<1$，则对比度将减小，处理后的直方图变窄但幅度相应增加；

若 $a=1$ 而 $b\neq0$，操作仅使所有像素的灰度值上移或下移，处理效果是使整个图像在显示时更暗或更亮；当 $b>0$ 时，直方图向右平移；

当 $b<0$ 时，直方图向左平移；

如果 $a<0$，暗区域将变亮，亮区域将变暗，这个运算完成了图像求补并得到原始图像的反转图像（特别适合一些 X 射线图像的处理，在经过反转后图像上更容易发现病变的区域。因为病变部分往往是分布于大片黑色或灰色区域中的少量白色或灰色细节，经过反转和对感兴趣的亮度带进行阈值化处理，便使少量病变部分得到增强）。变换前后图像的直方图左右互换。

图 4.5 是在一般的图像处理工程软件中常见到的用来可视化设置图像线性对比度调整基本参数的对话框。

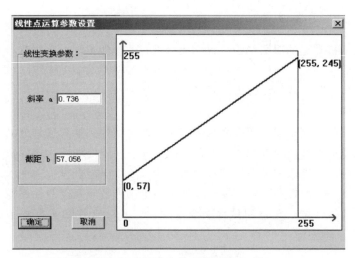

图 4.5　线性点运算参数设置对话框

这个最基本的线性变换算法适用于两个方面：首先是选择结果图像的最大值和最小值，使图像灰度级被限定在有限的范围，得到图像灰度级阈值化效果；其次可以通过对话框在可视化环境下调整图像对比度的大小。这种算法的优点是计算简便，只涉及一次线性方程，适用于对灰度级变化比较平滑图像的整体处理。不足之处是没有考虑图像的特殊情况，有可能受到个别极限灰度级不良影响。

（2）统计量算法

为了避免基本线性增强算法中个别极限灰度级的不良影响，可以考虑整幅图像的一些统计特性。用图像数据的统计数字特征增强图像的对比度。这种方法就是所谓的统计量算法。

一谈到统计特性，我们就应该联想到总体与个体、均值与方差等概念。对于图像来说，图像中像素灰度值的极值往往不代表像素点大多数，而图像数据的均值反映了图像平均灰度值的大小；标准差反映图像的对比度大小；均值和标准差可能反映了整幅图像的总貌。因此，我们可以利用图像数据的均值和标准差对图像进行处理。

若设 $x(i, j)$，μ_x，σ_x 依次表示原图像在像点 (i, j) 处的灰度级、图像灰度级的均值和标准差，$y(i, j)$，μ_y，σ_y 依次表示期望图像在像点 (i, j) 处的灰度级、图像灰度级的均值和标准差，并有：$i=1,2,3,\cdots,M$；$j=1,2,3,\cdots,N$。

则根据统计学中的基本知识，我们可以得到

$$\mu_x = \frac{1}{MN} \sum_{i=1}^{M} \sum_{j=1}^{N} x(i,j)$$

$$\sigma_x^2 = \frac{1}{MN} \sum_{i=1}^{M} \sum_{j=1}^{N} [x(i,j) - \mu_x]^2$$

$$\mu_y = \frac{1}{MN} \sum_{i=1}^{M} \sum_{j=1}^{N} y(i,j) \tag{4.24}$$

$$\sigma_y^2 = \frac{1}{MN} \sum_{i=1}^{N} \sum_{j=1}^{N} [y(i,j) - \mu_y]^2$$

假定 x 和 y 有如下的线性变换关系：

$$y = ax + b \tag{4.25}$$

将此式代入 μ_y 和 σ_y^2 式，可得：

$$\mu_y = \frac{1}{MN} \sum_{i=1}^{M} \sum_{j=1}^{N} [ax(i,j) + b] = a\mu_x + b$$

$$\sigma_y^2 = \frac{1}{MN} \sum_{i=1}^{M} \sum_{j=1}^{N} [ax(i,j) + b - a\mu_x - b]^2 \tag{4.26}$$

$$= \frac{a^2}{MN} \sum_{i=1}^{M} \sum_{j=1}^{N} [x(i,j) - \mu_x]^2 = a^2 \sigma_{x_x}^2$$

于是可得：

$$a^2 = \frac{\sigma_y^2}{\sigma_x^2}; \quad 进一步 \ a = \frac{\sigma_y}{\sigma_x}$$

$$b = \mu_y - \frac{\sigma_y}{\sigma_x} \mu_x \tag{4.27}$$

将 a 和 b 代入 $y=ax+b$ 式，再进行整理得：

$$y(i,j) = \frac{\sigma_y}{\sigma_x} [x(i,j) - \mu_x] + \mu_y \tag{4.28}$$

这就是统计量算法进行图像线性对比度增强的基本关系式。

由上式可以得出如下结论。

① 这种算法基于图像灰度级的均值和标准差的统计特性。因此可以剔除个别极限灰度级的抑制作用，在整体上能较好地保障图像的对比度增强效果。

② 通过 σ_x 和 μ_x 可以调整图像的总貌。

a. σ_y 和 μ_y 是通过统计得到的。

b. σ_y 和 μ_y 是期望的假定值。

c. σ_y/σ_x 直接影响图像的对比度。

d. μ_y 可调节图像的灰度级普遍增加或减少一定值。

此算法得到的结果应该进行 0～255 范围的阈值处理,使变换后图像的灰度值变换到允许的灰度级范围内。

(3) 分段线性变换

上述两种对比度调整方法适用于对整幅图像的对比度进行调整。若想对图像中某个特殊灰度级范围进行单独处理,则首先需要将原始图像进行灰度分段。我们把针对不同灰度段采用不同变换参数的线性变换叫做分段线性拉伸,也叫做灰级窗变换。

这种算法通过选择不同的灰度级值和 a 值来实现,它更适用于有选择性地对图像进行局部线性对比度增强。例如:若想扩大低灰度区的对比度,同时适当降低其他灰度区的对比度,则可选择在感兴趣的低灰度区,使 $a>1$,其他灰度区 $a<1$。变换式与基本线性增强算法原理相同,只是在程序实现时,要针对原始图像像素灰度区间有不同的选择,这也是分段线性变换需要改进之处。

图 4.6 为分段线性拉伸参数设置对话框;图 4.7 为分段变换对应图像。图 4.7(a) 为原始图像;图 4.7(b) 为分段线性拉伸结果图像。

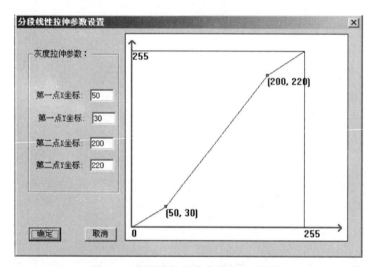

图 4.6　分段线性拉伸参数设置对话框

(a) 原始图像

(b) 分段拉伸结果

图 4.7　分段拉伸对应图像

分段拉伸的一个特例可叫作图像的窗口变换。即变换限定在一个窗口范围，该窗口中的灰度值保持不变；小于该窗口下限的灰度值直接设置为 0；大于该窗口上限的灰度值直接设置为 255。这种变换对具有双峰性的图像进行处理，变换后的结果将有效地消除图像的背景，而突出对目标的表达。

4.2.2　非线性增强法

灰度分布集中在很窄范围内的图像其对比度很低，不容易分辨其细微的灰度级变化。曝光过度或不足的图像都是低对比度图像。处理这些图像需要借助非线性的方法。当灰度变换函数为非线性函数时的对比度增强方法称为非线性点运算，也称为非线性增强。如指数变换、对数变换以及 γ 变换等。图 4.8 是 Photoshop 中的利用用户设置的任意曲线对图像进行灰度调整的对话框。

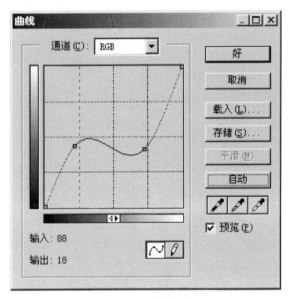

图 4.8　非线性灰度调整对话框

(1) 伽玛变换

伽玛变换又称指数变换或幂次变换，是常用的灰度非线性变换。

设原图像灰度级为 x，变换后对应的灰度级为 y，且 x 与 y 的取值范围均为 $[0, 1]$，则伽玛变换式为：

$$y = (x + esp)^{\gamma} \tag{4.29}$$

式中，esp 为补偿系数；γ 则为伽玛系数。图 4.9 为伽玛变换示意图。

观察上图可知，伽玛变换可以根据 γ 的不同取值有选择性地增强低灰度区域的对比度或是高灰度区域的对比度。

γ 是图像灰度校正中非常重要的一个参数，其取值决定了输入图像和输出图像之间的灰度映射方式，即决定了是增强低灰度区（如阴影）还是增强高灰度区。其中：

$\gamma > 1$ 时，图像的高灰度区域对比度得到增强；

$\gamma < 1$ 时，图像的低灰度区域对比度得到增强；

$\gamma = 1$ 时，灰度变换是线性的，即不改变原图像。

在进行变换时，通常需要先将原始灰度变换到 0~1 的动态范围，然后执行伽玛变换，

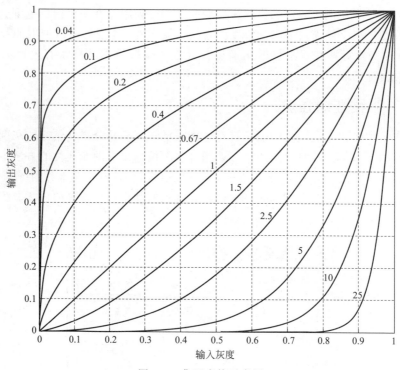

图 4.9 伽玛变换示意图

再恢复原动态范围。

（2）对数函数

设原图像灰度级为 x，变换后对应的灰度级为 y，则对数变换式为：

$$y = c\log(1+x) \tag{4.30}$$

式中，c 为尺度比例常数。对上述求导可知，x 越大，变换后的图像灰度级差 $\mathrm{d}y$ 越小。添置常数 1 的目的是避免对零求导。图 4.10 为对数变换的示意图。

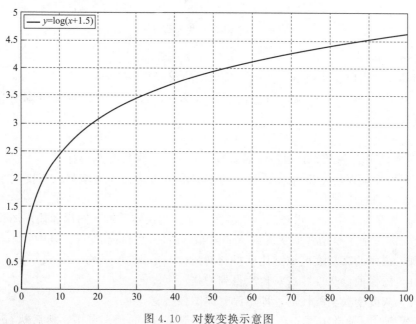

图 4.10 对数变换示意图

观察上图可知，对数变换可以扩展低值灰度，压缩高值灰度，这样可以使低值灰度的图像细节更容易被看清楚。

对数变换的一项主要应用是压缩动态范围。例如，傅里叶频谱的范围为 $[0，10^6]$ 或更高。当傅里叶频谱显示于线性缩放至 8 比特的监视器上时，高值部分占优，从而导致频谱中低亮度值的可视细节丢失。通过对数计算，10^6 左右的动态范围会降至 14，从而就更便于我们处理。

因此，我们就可以有选择性地对非正常图像进行指数或对数变换，使图像的对比度得到调整。

非线性对比度调整可根据其对中间范围的灰度级的运算进行分类。如可增加中间范围像素的灰度级而只使暗像素和亮像素作较小改变，或通过降低较亮或较暗物体的对比度来加强灰度级处于中间范围的物体的对比度，或压低中间灰度级处的对比度而加强在较亮和较暗部分的对比度等等。这些不同类别的点运算，可以通过选择对应的非线性函数来实现。比如若变换函数为正弦函数，其变换结果就是压低图像中间灰度级处的对比度而加强在较亮和较暗部分的对比度。对应直方图的峰值之间的距离增加。

(3) 直方图增强法

直方图增强法是一种常用的非线性图像增强方法。这是一类通过修改图像直方图而改善图像质量的方法。

图像直方图指的是图像灰度级的频率分布图。设变量 r 代表图像中像素点灰度级，假定每一瞬间它们是连续的随机变量，那么就可以用概率密度函数 $p(r)$ 来表示原始图像的灰度分布。如果用直角坐标系的横轴代表灰度级 r，用纵轴代表灰度级的概率密度函数 $p(r)$，这样就可以针对一幅图像在这个坐标系中作出一图形来。这个图形的顶点连线得到的曲线在概率论中就是分布密度曲线。为了有利于数字图像处理，必须引入离散形式。在离散形式下，用 r_k 代表离散灰度级，用 $p(r_k)$ 代表相应灰度级出现的概率，并且有下式成立：

$$p(r_k)=\frac{n_k}{n} \quad (0 \leqslant r_k \leqslant 1; k=0,1,2,\cdots,l-1) \tag{4.31}$$

式中，n_k 为图像中出现 k 这种灰度的像素数，n 是图像中的像素总数；而 $\frac{n_k}{n}$ 就是该灰度级出现的概率。在直角坐标系中作出 r_k 与 $p(r_k)$ 的关系图形，则称此图形为图像的归一化直方图。其总体形状与图像直方图形状分布是一致的。

从直方图上可以看出图像的灰度级的最大值和最小值，以及各灰度级在图像中出现的次数，还可以看出图像对比度的大小以及相邻灰度级之间的级差等。我们也可以利用修改直方图的方法来对图像进行对比度增强处理。

① 图像直方图变换的基本原理　设变量 r 代表图像中像素的灰度级，直方图变换就是假定一个变换式，即

$$s=T(r) \tag{4.32}$$

也就是，通过上述变换，每个原始图像的像素灰度值 r 都对应产生一个 s 值。变换函数 $T(r)$ 应满足下列条件：

a. 在 r 区间内，$T(r)$ 单值单调增加。

b. $T(r)$ 的取值区间与 r 相同。

这里的第一个条件保证了图像的灰度级从白到黑的次序不变；第二个条件则保证了映射

变换后的像素灰度值在允许的范围内。

从 s 到 r 的反变换可用下式表示：

$$r = T^{-1}(s) \qquad (4.33)$$

由概率论理论可知，如果已知随机变量 ξ 的概率密度为 $p_r(r)$，而随机变量 η 是 ξ 的函数，即 $\eta = T(\xi)$，η 的概率密度为 $p_s(s)$。所以可以由 $p_r(r)$ 求出 $p_s(s)$。

$s = T(r)$ 是单调增加的，由数学分析可知，它的反函数 $r = T^{-1}(s)$ 也是单调函数。在这种情况下，$\eta < s$ 且仅当 $\xi < r$ 时发生。所以可以求得随机变量 η 的分布函数为：

$$F_\eta(s) = p(\eta < s) = p[\xi < r] = \int_{-\infty}^{r} p_r(x)\mathrm{d}x \qquad (4.34)$$

对上式两边求导，即可得到随机变量 η 的分布密度函数 $p_s(s)$ 为：

$$p_s(s) = p_r(r)\frac{\mathrm{d}}{\mathrm{d}s}\big[T^{-1}(s)\big] = \left[p_r(r)\frac{\mathrm{d}r}{\mathrm{d}s}\right]_{r = T^{-1}(s)} \qquad (4.35)$$

通过变换函数可以控制图像灰度级的概率密度函数 PDF（PDF，Probability Density Function），从而改变图像的灰度层次。这就是直方图调整技术的基础。

常用的图像直方图增强方法包括直方图的均衡化和直方图规定化。

② 直方图均衡化　通常把为得到均匀直方图的图像增强技术叫做直方图均衡化处理，目的是通过点运算使输入图像转换为在每一个灰度级上都有相同的像素点数的输出图像。并且当原始图像的直方图不同而图像结构性内容相同时，直方图均衡化得到的结果在视觉上几乎是完全相同的，这对于在进行图像比较、替换或分割之前将图像转化为一致的灰度分布是十分有益的。

从灰度直方图的意义上说，如果一幅图像的直方图非零范围占有所有可能的灰度级并且在这些灰度级上均匀分布，那么这幅图像的对比度较高，而且灰度色调较为丰富，从而易于进行判读。直方图均衡化算法恰恰能满足这一要求。

直方图均衡化处理是以累积分布函数变换法为基础的直方图修正法。假定变换函数为：

$$s = T(r) = \int_0^r p_r(\omega)\mathrm{d}\omega \qquad (4.36)$$

式中，ω 是积分变量；而 $\int_0^r p_r(\omega)\mathrm{d}\omega$ 就是 r 的累积分布函数（CDF，Cumulative Distribution Function）。这里，累积分布函数是 r 的函数，并且满足直方图变换的两个条件。

基本微积分学中有莱布尼茨准则，即关于上限的定积分的倒数就是该上限的积分值。故对上式中的 r 求导，则：

$$\frac{\mathrm{d}s}{\mathrm{d}r} = p_r(r) \qquad (4.37)$$

再把结果代入求分布密度函数的公式，则：

$$p_s(s) = \left[p_r(r)\frac{\mathrm{d}r}{\mathrm{d}s}\right]_{r = T^{-1}(s)} = \left[p_r(r)\frac{1}{p_r(r)}\right]_{r = T^{-1}(s)} = 1 \qquad (4.38)$$

由上面的推导可见，在变换后的变量 s 的定义域内的概率密度是均匀分布的。用 r 的累积分布函数作为变换函数，可产生一幅灰度级分布具有均匀概率密度的图像，也就是说落入相应灰度区间的所有像素数目相等。其结果扩展了像素取值的动态范围。

为了对图像进行数字处理，必须引入离散形式的公式。当灰度级是离散值的时候，可用频数近似代替概率值，变换函数的离散形式可表示为：

$$s_k = T(r_k) = \sum_{j=0}^{k} \frac{n_j}{n} = \sum_{j=0}^{k} p_r(r_j) \tag{4.39}$$
$$0 \leqslant r_j \leqslant 1, k = 0, 1, \cdots, l-1$$

其反变换式为：
$$r_k = T^{-1}(s_k) \tag{4.40}$$

利用离散形式对图像进行变换的公式如下：
$$r'_k = (r_{max} - r_{min})s_k + r_{min} \tag{4.41}$$

式中，r'_k代表变换后图像像素的灰度级；r_{max}代表原始图像灰度级的最大值；r_{min}代表原始图像灰度级的最小值。

例如，假定有一幅像素数为64×64，灰度级为8级的图像，其灰度级分布如表4.1所示，对其进行均衡化处理。

表 4.1　图像灰度分布统计

r_k	n_k	$p_r(r_k)$	r_k	n_k	$p_r(r_k)$
$r_0 =$	790	0.19	$r_4 =$	329	0.08
$r_1 =$	1023	0.25	$r_5 =$	245	0.06
$r_2 =$	850	0.21	$r_6 =$	122	0.03
$r_3 =$	656	0.16	$r_7 =$	81	0.02

处理过程如下。

根据变换函数的离散表达式，可得到具体的变换函数及对应的数值如下：

$$s_0 = T(r_0) = \sum_{j=0}^{0} p_r(r_j) = p_r(r_0) = 0.19$$

$$s_1 = T(r_1) = \sum_{j=0}^{1} p_r(r_j) = p_r(r_0) + p_r(r_1) = 0.44$$

$$s_2 = T(r_2) = \sum_{j=0}^{2} p_r(r_j) = p_r(r_0) + p_r(r_1) + p_r(r_2) = 0.65$$

以此类推可得：
$$s_3 = 0.81$$
$$s_4 = 0.89$$
$$s_5 = 0.95$$
$$s_6 = 0.98$$
$$s_7 = 1.00$$

按照变换函数对原始图像的灰度级进行变换，并进行阈值化处理得：
$$r'_0 = (r_{max} - r_{min})s_0 + r_{min} = (7-0) \times 0.19 + 0 = 1.33 \approx 1$$
$$r'_1 = (r_{max} - r_{min})s_1 + r_{min} = (7-0) \times 0.44 + 0 = 3.08 \approx 3$$
$$r'_2 = (r_{max} - r_{min})s_2 + r_{min} \approx 5$$

依次计算变换后灰度级，得：

$$r'_3 \approx 6 \qquad r'_4 \approx 6$$
$$r'_5 \approx 7 \qquad r'_6 \approx 7$$
$$r'_7 \approx 7$$

由上述数值可见，新图像将只有 5 个不同的灰度级别。因为原始图像的 0 灰度级变换后为 1，所以有 790 个像素取 1 这个灰度级；因为原始图像的 1 灰度级变换后为 3，所以有 1023 个像素取 3 这个灰度级；以此类推，有 850 个像素取 5 这个灰度级。但是，因为第 3 和第 4 均映射到 6 这一灰度级，所以有 656＋329＝985 个像素取这个灰度级。同样，有 245＋122＋81＝448 个像素取 7 这个灰度级。可以利用这些新的灰度值得到新的直方图。

由上面的例子可见，利用累积分布函数作为灰度变换函数，经变换后得到的新灰度的直方图虽然不很平坦，但毕竟比原始图像的直方图平坦得多，而且其动态范围也大大地扩展了。因此这种方法对于对比度较弱的图像进行处理是很有效的。

因为直方图是近似的概率密度函数，所以用离散灰度级作变换时很少能得到完全平坦的结果。另外，从上例中可以看出变换后获得的带有小数的不同灰度值，四舍五入取整后会造成灰度级减少，这种现象叫做简并现象。由于简并现象的存在，处理后的灰度级总是要减少的。这是像素灰度有限的必然结果。由上述原因可知，数字图像的直方图均衡只是近似的。

图 4.11 是一幅对比度较差的图像及其直方图和经过直方图均衡化调整后得到图像及直方图的对比。观察变换结果使得我们对直方图均衡化方法能够增强图像的机理有了更深入的认识，即占有较多像素的灰度变换后和前一个灰度级的级差增大，加大了目标与背景的对比度；占有较少像素的灰度变换后和前一个灰度级的级差较小，产生了归并现象。而边界与背景的过渡区域像素数较少，归并现象导致这些像素或变为背景或变为目标，从而使边界变得陡峭，相当于消减噪声。

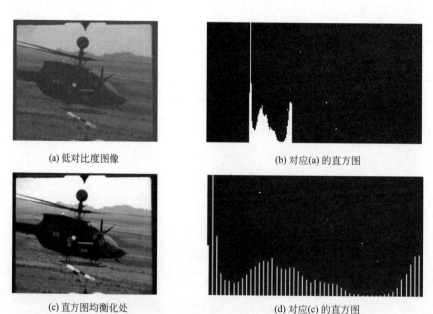

(a) 低对比度图像　　　　　　　　　　(b) 对应(a) 的直方图

(c) 直方图均衡化处　　　　　　　　　(d) 对应(c) 的直方图

图 4.11　图像直方图均衡化处

图 4.11(b) 是原始图像对应的直方图，可以发现灰度级集中在低灰度区，整幅图像偏

暗；图 4.11(d) 是直方图均衡化处理后得到的图像直方图。观察处理后的直方图可以发现，整幅图像的灰度分布得到了改善，尤其是占图像面积较大（即像素个数较多）的部分得到了进一步细分，占图像面积较小的部分则受到压抑和合并。但直方图的顶点连线并不是像我们想象的那样为一条直线。

因为直方图均衡化处理是使变换后的期望图像灰度级概率等于常数，所以对某一确定图像只能产生单一的图像变换结果，缺乏灵活性，而且会导致出现频率低的灰度级的信息损失。在实际处理中，经常希望根据某幅标准图像或已知图像的直方图的形式来修改原图像，有时甚至直接给出直方图的形状，希望找到某个灰度级的变换。为了克服均衡化存在的不足，提出了直方图规定化的图像增强方法。

③ 直方图规定化 　所谓直方图规定化（也叫直方图匹配），就是按照规定的直方图对图像实施灰度变换的方法，从而达到预定的改善图像质量的目的。

直方图规定化即是将均衡化中的常数变为概率模型，由概率模型得到概率累积分布函数，利用概率分布函数进一步确定灰度级的变换函数。因此可以说，规定化的步骤包含了均衡化。

图像直方图规定化处理与直方图均衡化处理相比有两个明显的特点，即：

a. 既能扩大图像信息主体部分的对比度，又能适当调节频率低的图像灰度级的对比度。

b. 能适当调节图像不同灰度级的对比度，以适应人的视觉效应。

还有一些要求更高的对比度增强方法，可以完成图像子块的对比度的线性变换，如自适应增强方法等。也有针对直方图的分布情况对直方图均衡化的改进算法，我们可以参阅相关资料进行学习。

4.3 图像平滑

降低图像细节幅度的图像处理技术叫做图像平滑（Image Smoothing）。其主要目的就是通过减少图像中的高频噪声来改善图像的质量。能够减少甚至消除噪声并保持高频边缘信息是图像平滑算法追求的目标。

图像噪声来自于多方面。有来自于系统外部干扰，如电磁波或经电源串进系统内部而引起的外部噪声，也有来自于系统内部的干扰，如摄像机的热噪声、电器机械运动而产生的抖动噪声等内部噪声。但总体分为独立噪声和非独立噪声，即加性随机噪声和乘性脉冲噪声（椒盐噪声，像胡椒粉和细小的盐粒飘落在画面上）两大类，它们在图像上的分布如图 4.12 所示。关于噪声的详细描述，请参考图像复原一章的相关内容。

4.3.1 空间域平滑

任何一幅原始图像在获取和传输等过程中，都会受到各种噪声的干扰，从而导致图像质量下降、图像模糊，以及细节被淹没等。为了抑制噪声改善图像质量所进行的处理称为图像平滑或去噪。一个较好的平滑方法应该是既能消除噪声的寄生效应，又不使图像的边缘轮廓和线条细节变模糊。图像平滑可以在空间域进行，也可以在频率域中进行。如下首先介绍几种空间域的平滑方法。

（1）邻域平均法

邻域平均法，也可以叫做等权平均法。它是一种简单的局部空间域线性处理的算法。假设图像是由许多灰度值近似相等的小块组成，相邻像素间存在很高的空间相关性，而且噪声

(a) 加性随机噪声

(b) 椒盐噪声

图 4.12　噪声分类

是统计独立的，则可用像素邻域内的各个像素的灰度平均值代替该像素原来的灰度值来实现图像的平滑。它是将每个输入的像素值及其某个邻域的像素值结合处理而得到输出像素值的过程。

如果邻域含有奇数行和列，那么中心像素就是邻域的中心；如果行或列中有一个为偶数，那么中心像素将位于中心偏左或偏上方，即对于 $m \times n$ 大小的邻域，利用向下取整函数可得中心像素点坐标为：

$$\text{Floor}(([m\ n]+1)/2)$$

由于偶数尺寸的模板不具有对称性，因而很少被使用，而 1×1 大小的模板操作不考虑邻域信息，退化为图像的点运算。

设一幅图像 $f(x，y)$ 为 $N \times N$ 的阵列，平滑后的图像为 $g(x，y)$，它的每个像素的灰度级由包含 $(x，y)$ 邻域的 M 个像素的灰度级的平均值所决定，即用下式得到平滑的图像：

$$g_m(x,y)=\frac{1}{M}\sum_{(i,j)\in s}f(i,j) \tag{4.42}$$

式中，$x，y=0，1，2，\cdots，N-1$；S 是以 $(x，y)$ 点为中心的邻域的集合；M 是 S 内坐标点的总数。

当考虑 3×3 的邻域时，如下所示的模板称为 Box 模板，即

$$\frac{1}{9}\begin{bmatrix}1 & 1 & 1 \\ 1 & 1 & 1 \\ 1 & 1 & 1\end{bmatrix}$$

设图像中的噪声是随机不相关的加性噪声，窗口内各点噪声是独立分布的，经过上述平滑后，信号与噪声的方差比可提高 M 倍。

这种算法优点是简单、处理速度快；主要缺点是在降低噪声的同时使图像产生模糊，特别是在边缘和细节处。邻域越大，在去噪能力增强的同时模糊程度越严重。

为了适当减少上述平滑算法带来的负效应，在邻域平均的基础上可以采用阈值法，也就是根据下列准则形成平滑图像。即：

$$f(x,y)=\begin{cases}g_m(x,y) & \text{当} |g(x,y)-g_m(x,y)>T| \\ g(x,y) & \text{其他}\end{cases} \tag{4.43}$$

式中，T 是一个规定的非负阈值，当一些点和它们邻值的差值不超过规定的阈值时，仍保留这些点的像素灰度值。这样平滑后的图像比直接采用无阈值限制的邻域平均方法处理的模糊度减少。当某些点的灰度值与各邻点灰度的均值差别较大时，它很可能是噪声，则取其邻域平均值作为该点的灰度值，它的平滑效果仍然是很好的。这里的关键是阈值的选择。

（2）梯度倒数加权平滑

一般情况下，在同一个区域内的像素灰度变化要比在区域之间的像素灰度变化小，相邻像素灰度差的绝对值在边缘处要比区域内部要大。相邻像素灰度值差的绝对值称为梯度。在一个较小的窗口内（若恰好含有两个或多个区域，区域之间的像素形成边缘），若把中心像素与其相邻像素之间的梯度倒数定义为各相邻像素的权，则在区域内部的相邻像素的权值最大，而在噪声处的相邻像素权值最小。考虑边缘和细节的局部连续性，此处相邻像素的权值应位于最大值与最小值之间。采用梯度倒数加权平均值作为中心像元的输出值，在使图像平滑的同时，一定程度上可以保持边缘和细节。

设点 $(x，y)$ 的灰度值为 $f(x，y)$。在 3×3 的邻域内的像素梯度倒数为：

$$g(x,y;i,j)=\frac{1}{|f(x+i,y+j)-f(x,y)|} \tag{4.44}$$

这里，$i，j=-1，0，1$，表示考虑中心像元的 8 邻域像素。当相邻像素的灰度值相等时，定义上式值为 2。因此 $g(x，y；i，j)$ 的值域为 $(0，2]$。考虑中心像元灰度值对均值的影响程度及权系数矩阵归一化，规定归一化后中心像素的权值为 $1/2$，其余 8 邻域像素权值和为 $1/2$，这样使各元素总和等于 1。

于是可得归一化的权矩阵为：

$$W=\begin{bmatrix} w(x-1,y-1) & w(x-1,y) & w(x-1,y+1) \\ w(x,y-1) & \frac{1}{2} & w(x,y) \\ w(x+1,y-1) & w(x+1,y) & w(x+1,y+1) \end{bmatrix} \tag{4.45}$$

利用上述权矩阵和原始影像进行加权卷积，实现对图像的平滑操作。上述权矩阵的确定，也可以考虑利用像素之间的距离完成设计。

（3）中值滤波

前面讨论的平滑方法，能够有效地去除图像中均匀分布的随机噪声。在对整个图像进行平滑的同时，一定程度上使得图像中本来存在的一些边缘和较尖锐的细节模糊化。但对椒盐噪声其处理效果是有限的。如果我们的目的是要通过处理去除图像中的噪声而尽量减少图像的模糊化，则一个可以替换的方法是所谓的中值滤波。

中值滤波是统计排序滤波器的一种。在这种方法中，像素的值用该像素周围某邻域内像素的中间值而不是平均值来代替。尽管中值滤波也是对中心像素的邻域进行处理，但并不求以某些系数为权的加权和，无法用一个线性表达式得到处理的结果。因此它是一种非线性滤波。如果图像的噪声包括强烈的毛刺状成分，并且所要保持的图像特征是边缘和图像的锐度，这种方法特别有效。因为噪声点几乎都是邻域像素的极值，而边缘往往不是。

对图像中任一像素，为了在其某一邻域内实现中值滤波，我们首先对该像素及其邻域内像素的灰度值进行排序，决定其中间值，然后将这一中间值赋予该像素。中值滤波的步骤如下。

① 模板在图像中漫游，将模板中心与图中某个像素位置重合。

② 读取模板下各对应像素的灰度值。

③ 灰度值从小到大排序。

④ 找出中间值。

⑤ 将中间值赋给对应模板中心位置的像素。

比如，在一个 3×3 的邻域内，中间值是该邻域内 9 个像素值从大到小排列的第 5 个灰度值，在一个 5×5 的邻域内，中值为该邻域内 25 个像素灰度值从大到小排列的第 13 个灰度值。当邻域中的几个像素具有相同的灰度值时，所有相等的值成组地存放在相邻位置。例如，假设在一个 3×3 的邻域内，像素的灰度值：（10，20，20，20，15，20，20，25，100）。这些灰度值必须按如下的方式进行存储：（10，15，20，20，20，20，20，25，100）。最后我们得到该邻域内像素灰度的中值为 20。假设窗口（指一个点的特定长度或形状的邻域）有 9 点，其灰度值分别为 80，85，90，96，200，110，120，115，113，那么此窗口内 9 个点的中值为 110，中值滤波器的结果就是将中间的灰度值由原来的 200 换为 110。因此，中值滤波的最主要的功能是使得那些与邻近像素显著不同的像素具有与其邻近像素更加相似的强度，达到消除模板下图像的孤立毛刺的目的。

在实际使用模板窗口时，窗口的尺寸一般先用 3×3 再取 5×5 逐渐增大，直到其滤波效果满意。对于有缓变的较长轮廓线物体的图像，采用方形或圆形窗口为宜；对于包含尖顶角物体的图像，适宜用十字形窗口。使用二维中值滤波最值得注意的是保持图像中有效的细线状物体。从总体上来说，中值滤波器能够很好地剔除图像中的脉冲噪声（椒盐噪声），并较好地保留原图像中的跃变部分。

常用的窗口模板有线形、方形、十字形、圆形和环形等，如图 4.13 所示。

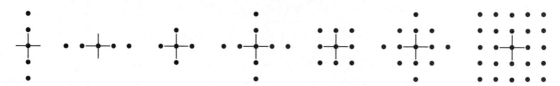

图 4.13　中值滤波常用窗口模板形

Max-Min 算法是在中值滤波基础上的改进。对图像中任一像素，为了在其某一邻域内实现 Max-Min 滤波，我们首先对除中心像素以外的邻域内像素的灰度值进行最大值最小值的确定，然后将中心像素灰度值与上述极值进行比较。若中心像元的灰度值大于邻域像素值的最大值，则用该最大值作为中心像元的灰度值；若中心像元的灰度值小于邻域像素值的最小值，则用该最小值作为中心像元的灰度值；若中心像元的灰度值位于最大值和最小值之间，则保持中心像元的原始灰度值不变。

Max-Min 算法同样能有效地去除图像中的椒盐噪声（脉冲噪声），但其保持边缘和细节的能力比中值滤波还要好，原因是它能客观地保持原始图像中的像素值。

（4）多幅图像平均

多幅图像平均法是利用对同一景物的多幅图像取平均来消除噪声产生的高频成分。设原图像为 $f(x, y)$，图像噪声为加性噪声 $n(x, y)$，则有噪声的图像 $g(x, y)$ 可表示为：

$$g(x,y)=f(x,y)+n(x,y) \tag{4.46}$$

若图像噪声是互不相关的加性噪声，且均值为 0，则：

$$f(x,y)=E[g(x,y)] \tag{4.47}$$

其中 $E[g(x,y)]$ 是多幅有噪声图像的期望值，对 M 幅有噪声的图像经平均后有：

$$f(x,y)=E[g(x,y)]\approx \overline{g}(x,y)=\frac{1}{M}\sum_{i=1}^{M}g_i(x,y) \qquad (4.48)$$

及有方差表达式：

$$\sigma^2_{\overline{g}(x,y)}=\frac{1}{M}\sigma^2_{n(x,y)} \qquad (4.49)$$

式中，$\sigma^2_{\overline{g}(x,y)}$ 和 σ^2_n 是 $\overline{g}$ 和 n 在点 (x,y) 处的方差。上式表明对 M 幅图像平均可把噪声方差减小 $1/M$；当 M 增大时，平均后的图像更接近于理想图像。

多幅图像取平均处理常用于摄像机的视频图像中，用以减少电视摄像机光电摄像管或 CCD 器件所引起的噪声。这时对同一景物连续摄取多幅图像并数字化，再对多幅图像取平均，一般选用八幅图像取平均。这种方法在实际应用中的最大困难是需要把多幅图像配准起来，以便使相应的像素能正确地对应排列。

（5）空间低通滤波

从信号频谱角度来看，信号的缓慢变化部分在频率域属于低频部分，而信号的迅速变化部分在频率域是高频部分。对图像来说，它的边缘以及噪声干扰的频率分量都处于频率域较高的部分。因此可以采用低通滤波的方法来去除噪声，只要适当地设计空间域系统的单位冲激响应矩阵就可以达到滤除噪声的效果。即采用式(4.50)：

$$g(x,y)=\sum_{m=0}^{L}\sum_{n=0}^{L}f\left(x+m-\frac{L}{2},y+n-\frac{L}{2}\right)h(m,n) \qquad (4.50)$$

式中，g 为 $N\times N$ 滤波结果图像阵列；f 为 $N\times N$ 的图像阵列；h 为 $L\times L$ 低通滤波阵列。

下面是几种用于噪声平滑的系统单位冲激响应阵列：

$$h_1=\frac{1}{9}\begin{bmatrix}1&1&1\\1&1&1\\1&1&1\end{bmatrix} \qquad h_2=\frac{1}{10}\begin{bmatrix}1&1&1\\1&2&1\\1&1&1\end{bmatrix} \qquad h_3=\frac{1}{16}\begin{bmatrix}1&2&1\\2&4&2\\1&2&1\end{bmatrix}$$

矩阵 h 又叫低通卷积模板。归一化到单位加权，以免处理后的图像中引起亮度出现偏差的现象。如上所示的 h_1 同均值平滑的 Box 模板；h_2 类似于采用距离加权的平滑；而 h_3 称为 Gauss 模板。

平均平滑对邻域内的像素一视同仁，为了减少平滑处理中的模糊，得到更自然的平滑效果，则会很自然地想到适当地加大模板中心点的权重。随着远离中心点，权重迅速减小，从而可以确保中心点看起来更接近与它距离更近的点。基于这种考虑得到的模板即为上述的 Gauss 模板。

高斯模板名字的由来是二维高斯函数，即我们熟悉的二维正态分布密度函数，一个均值为 0，方差为 σ^2 的二维高斯函数为：

$$\phi(x,y)=\frac{1}{2\pi\sigma^2}\exp\left(-\frac{(x^2+y^2)}{2\sigma^2}\right)$$

当 $\sigma=1$ 时，二维高斯函数的三维示意图如图 4.14 所示。

当标准差 σ 取不同的值时，二维高斯函数的形状会有很大变化。因而在实际应用中选择合适的 σ 值非常重要。如果 σ 取值过小，偏离中心的所有像素权重将会非常小，相当于加权和响应基本不考虑邻域像素的作用，这样滤波操作退化为图像的点运算，无法起到平滑噪声的作用；如果 σ 取值过大，而邻域相对较小，这样在邻域内高斯模板将退化为平均模板；只

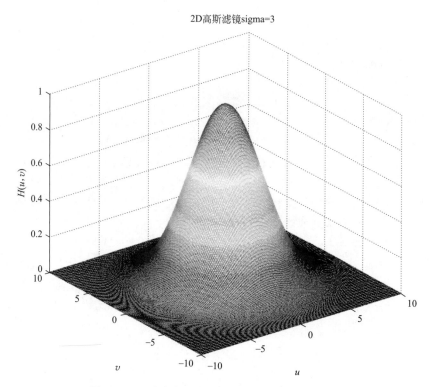

图 4.14 二维高斯函数三维示意图（见文后彩插）

有当 σ 取合适的值时，才能得到一个像素值的较好估计。在实际应用中，通常对 3×3 的模板取 σ 为 0.8 左右，对于更大的模板，可以适当增加 σ 的值。

需要注意的是，在滤波器子图像中的值是权系数，而不是像素值。对于不同的模板，其中心点或邻域的重要程度也不相同。因此，应根据问题的需要选取合适的模板。模板尺寸越大，对图像平滑的效果越好，但可能产生的模糊效应越强烈。不管采用什么模板，都必须保证全部权系数之和为单位值；和为 1 时，称滤波器系数满足归一化条件。目的是保持输出图像仍然在原来图像的灰度值范围内。

4.3.2　频率域平滑

对于一幅图像，它的细节边缘灰度跳跃部分以及噪声都代表图像的高频分量，而大面积的背景区和缓慢变化部分则代表图像的低频分量。对于许多信号，低频成分相当重要，它常蕴含着信号的特征，而高频成分则给出信号的细节或差异。例如，人的语言如果除去高频成分，听起来则有所不同，但仍能知道所说的内容；然而，若除去足够的低频成分，则听到的是一些无意义的声音。

噪声属于高频成分。因此，只要能用频域低通滤波法去除其高频分量就能去掉噪声，从而使图像得到平滑。利用卷积定理可知：

$$G(u,v) = H(u,v)F(u,v) \tag{4.51}$$

式中，$F(u,v)$ 对应含噪声图像 $f(x,y)$ 的傅里叶变换；$G(u,v)$ 是平滑后图像的傅里叶变换；$H(u,v)$ 是低通滤波器传递函数。利用 $H(u,v)$ 使 $F(u,v)$ 的高频分量得到衰减，得到 $G(u,v)$ 后，再经过反变换就得到所希望的图像 $g(x,y)$ 了。

不管是频率域平滑还是后面要谈到的频率域高通滤波，实际操作时都应该遵循如下的步骤，只是滤波器的选择不同而已。根据频域滤波公式进行频域滤波的步骤如下。

① 原始图像 $f(x，y)$ 的离散傅里叶变换，得到 $F(u，v)$。

② 将频谱 $F(u，v)$ 的零频点移动到频谱图的中心位置。

③ 计算滤波器函数 $H(u，v)$ 与 $F(u，v)$ 的乘积 $G(u，v)$。

④ 将频谱 $G(u，v)$ 的零频点移回到频谱图的左上角位置。

⑤ 计算上步计算结果的傅里叶反变换 $g(x，y)$。

⑥ 取 $g(x，y)$ 的实部作为最终滤波后的结果图像。

下面介绍几种常用的低通滤波器。

(1) 理想低通滤波器（ILPF）

一个理想的低通滤波器的传递函数 $H(u，v)$ 由下式表示：

$$H(u,v)=\begin{cases}1 & D(u,v)\leqslant D_0 \\ 0 & D(u,v)>D_0\end{cases} \tag{4.52}$$

其中，$D(u，v)=\sqrt{u^2+v^2}$ 是在频谱面上点 $(u，v)$ 到原点的距离。D_0 是一个规定的正值，称为理想低通滤波器的截止频率。图 4.15 描述了截止频率的两次选择范围。频率域滤波器越窄，通过的低频成分就越少，相应地，滤除的低频成分就越多，只有非常接近原点的低频成分能够通过。因此图像越模糊。在空间域，这意味着滤波器越宽，模板就越大。截止频率越高，通过的频率成分就越多，图像模糊的程度越小，所获得的图像也就越接近原图像。

理想低通滤波器频率特性曲线如图 4.16 所示。该滤波器的频率特性在截止频率处十分陡峭，无法用硬件实现，这也是我们称其为"理想"的原因。

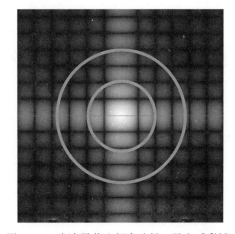

图 4.15　滤波器截止频率选择（见文后彩插）

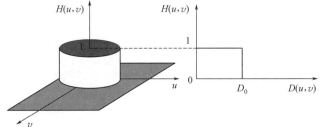

图 4.16　ILPF 特性

理想低通滤波器平滑处理的概念是清楚的，但它在处理过程中会产生较严重的模糊和振铃效应（Ringing Effect）。振铃效应的典型表现是在图像灰度剧烈变化的邻域出现"类吉布斯"分布的振荡，产生的直接原因是图像退化过程中高频信息的丢失，从而造成图像高频特性的混淆。而理想低通滤波器产生这些现象的主要原因是 $H(u，v)$ 在 D_0 处由 1 突变到 0，这种理想的 $H(u，v)$ 对应的冲激响应函数 $h(x，y)$ 在空间域中表现为同心环的形式，并且此同心环半径与 D_0 成反比。D_0 越小，同心环半径越大，模糊程度越厉害。正是由于理想低通滤波存在此"振铃"现象，因此其平滑效果下降。

图 4.17 为原始图像、图 4.18 为图像经过理想低通滤波器处理后产生了"振铃"效应。彩图见文后彩插。

图 4.17　原始图像（见文后彩插）

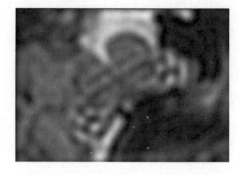

图 4.18　"振铃"效应（见文后彩插）

（2）巴特沃思低通滤波器（BLPF）

巴特沃思低通滤波器又称作最大平坦滤波器。与理想高通滤波器不同，它的通带与阻带之间没有明显的不连续性。因此，它的空间域响应没有"振铃"现象发生，模糊程度减少，一个 n 阶巴特沃思滤波器的传递函数为：

$$H(u,v) = \frac{1}{1 + [D(u,v)/D_0]^{2n}} \tag{4.53}$$

或

$$H(u,v) = \frac{1}{1 + (\sqrt{2}-1)[D(u,v)/D_0]^{2n}} \tag{4.54}$$

从它的传递函数特性曲线 $H(u,v)$ 可以看出，在它的尾部保留有较多的高频。所以对噪声的平滑效果不如 ILPE。一般情况下，常采用下降到 $H(u,v)$ 最大值的 $1/\sqrt{2}$ 那一点为低通滤波器的截止频率点。当 $D(u,v) = D_0$、$n = 1$ 时，利用上面两式得到：$H(u,v) = 1/2$ 和 $H(u,v) = 1/\sqrt{2}$，说明两种 $H(u,v)$ 具有不同的衰减特性，可以视需要来确定。图 4.19 为原始图像、图 4.20 为图像经巴特沃思低通滤波器处理后没有产生"振铃"效应。彩图见文后彩插。

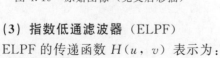

图 4.19　原始图像（见文后彩插）

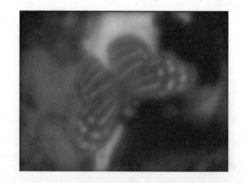

图 4.20　BLPF 效果（见文后彩插）

（3）指数低通滤波器（ELPF）

ELPF 的传递函数 $H(u,v)$ 表示为：

$$H(u,v)=\exp\left\{-\left[\frac{D(u,v)}{D_0}\right]^n\right\} \tag{4.55}$$

或

$$H(u,v)=\exp\left\{-\ln\frac{1}{\sqrt{2}}\left[\frac{D(u,v)}{D_0}\right]^n\right\} \tag{4.56}$$

当 $D(u,v)=D_0$、$n=1$ 时，利用上面两式得到：$H(u,v)=1/e$ 和 $H(u,v)=1/\sqrt{2}$，说明两者的衰减特性仍有不同。由于 ELPF 具有比较平滑的过滤带，因此经此平滑后的图像没有振铃现象，而 ELPF 与 BLPF 相比，前者具有更快的衰减特性。ELPF 滤波的图像比 BLPF 处理的图像稍微模糊一些。

上述三种低通滤波器的频率特性比较可见图 4.21。

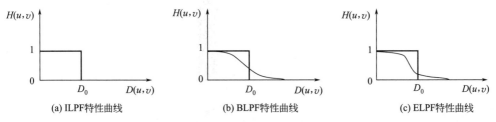

(a) ILPF特性曲线　　　　　(b) BLPF特性曲线　　　　　(c) ELPF特性曲线

图 4.21　三种低通滤波器的特性曲线

除了上述三种低通滤波器可以实施对图像的平滑处理外，还可以通过分析图像的频谱，确定噪声的特性来有选择性地进行带阻（或带通）滤波器的设计。

4.4　图像锐化

用以增强图像细节的图像处理技术叫做图像锐化（Image Sharpening）。图像锐化处理的目的是突出图像中的细节或者增强被模糊了的细节。但针对引起图像模糊的原因而采取去模糊的方法是图像复原所讨论的问题，将在后面图像复原中介绍。图像锐化处理的方法多种多样，其中也包括多种应用，从电子印像和医学成像到工业检测和军事系统的制导等。本节仅介绍一般的图像锐化处理的方法。

图像的模糊实质上就是受到平均或积分运算，从逻辑角度可以断定，对图像进行平均或积分的逆运算如微分运算，就可以使图像清晰。从频谱角度来分析，图像模糊的实质是其高频分量被衰减。因而可以用高频加重滤波来使图像清晰。

但要注意的是图像微分增强了边缘和其他突变（如噪声）并削弱了灰度变化缓慢的区域。因此能够进行锐化处理的图像必须具有较高的信噪比，否则，图像锐化后，加强噪声成分使图像信噪比更低。因为锐化将使噪声受到比信号还强的增强，故必须小心处理。一般须先去除或减轻干扰噪声，然后才能进行锐化处理。

4.4.1　微分算子

首先让我们回顾一下数学中微分的某些基本性质。我们最感兴趣的微分性质是恒定灰度区域（平坦段）、突变的开始点与结束点（阶梯和斜坡突变）及沿着灰度级斜坡处的特性。这些类型的突变可以用来对图像中的噪声点、细线与边缘模型化。图像特性过渡期的微分性质也很重要。

数学函数的微分可以用不同的术语定义，也有各种方法定义这些差别，然而对于一阶微分的任何定义，都必须保证以下几点。

① 在平坦段（灰度不变的区域）微分值为零。

② 在灰度阶梯或斜坡的起始点处微分值非零。

③ 沿着斜坡的微分值非零（nonzero）。

任何二阶微分的定义也类似，即：

① 在平坦区微分值为零。

② 在灰度阶梯或斜坡的起始点处微分值非零。

③ 沿着斜坡的微分值为零（zero）。

因为我们处理的是数字图像，所以其最大灰度级的变化也是有限的，变化发生的最短距离是在两相邻像素之间。对于一元函数 $f(x)$，用一个前向差分的差值运算表达一阶微分的定义：

$$\frac{\partial f}{\partial x} = f(x+1) - f(x) \tag{4.57}$$

为了与对二元图像函数求微分时的表达式保持一致，这里使用了偏导数符号。对于二元函数，我们将沿着两个空间轴处理偏微分。

类似地，用如下差分定义二阶微分：

$$\frac{\partial^2 f}{\partial x^2} = f(x+1) + f(x-1) - 2f(x) \tag{4.58}$$

考虑图 4.22 的像素值排列、一阶微分序列和二阶微分序列，其中由左至右表示斜坡、平坦段、孤立点、平坦段、细线、平坦段和阶梯。

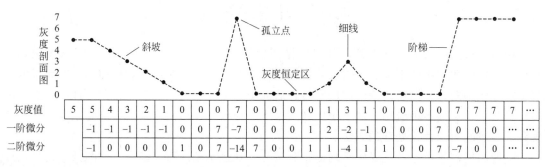

图 4.22　灰度分布及各阶微分

首先，我们注意到，沿着整个斜坡，一阶微分值都不是零，而经过二阶微分后，非零值只出现在斜坡的起始处和终点处。因为在图像中，斜坡状边缘就是类似这种类型的过渡，由此得出结论，一阶微分对应斜坡产生较粗的边缘，而二阶微分则细得多（特别值得注意的是，边缘是由某些导数值的像素组成，是一个像素及其直接邻域的局部性质，是一个有大小和方向属性的矢量）。

其次，对于孤立的噪声点，二阶微分比一阶微分的响应强得多。

最后，阶梯灰度处的两种微分结果相同。但二阶微分有一个过渡，即从正到负（由 7 直接到 −7）。这种性质叫零交叉（Zero-Crossing）。在一幅图像上，该现象表现为双线，即出现双边缘效果。

总之，通过比较一阶微分处理与二阶微分处理的响应，可得到以下结论。

① 一阶微分处理通常会产生较宽的边缘。

② 二阶微分处理对细节（如细线和孤立点）有较强的响应。

③ 一阶微分处理一般对阶梯灰度有较强的响应。

④ 二阶微分处理对阶梯灰度级变化产生双响应。

图像模糊的实质就是图像受到平均或积分运算，为实现图像的锐化，必须用它的反运算"微分"，微分运算是求信号的变化率，有加强高频分量（细节和孤立噪声）的作用，从而使图像轮廓清晰。

为了把图像中间任何方向伸展的边缘和轮廓的模糊变清晰，希望对图像的某种导数运算是各向同性的。各向同性（Isotropy）亦称均质性，原指物体具有的物理性质不随量度方向变化的特性，它能够保证沿物体不同方向所测得的性能显示出同样的数值。而沿物体不同方向所测得的性能显示出不同数值的特性，我们称之为物体的各向异性（Anisotropy）。具有各向同性的算子的响应与其作用的图像的突变方向无关，即各向同性算子是旋转不变的，将原始图像旋转后进行处理给出的结果与先对图像处理再旋转的结果相同。联系图像中的边界或线条，无论边界或线条走向如何，只要幅度相同，则各向同性算子就给出相同的输出。

可以证明偏导数的平方和运算是各向同性的，梯度和拉普拉斯运算也符合上述条件。而且，任意阶的微分都是线性操作。

(1) 简单梯度算子

对于图像函数 $f(x，y)$，它在点 $(x，y)$ 处的梯度是一个与方向有关的矢量，定义为：

$$G[f(x,y)] = \nabla f = \begin{bmatrix} G_x \\ G_y \end{bmatrix} = \begin{bmatrix} \dfrac{\partial f}{\partial x} \\ \dfrac{\partial f}{\partial y} \end{bmatrix} \tag{4.59}$$

梯度的两个重要性质如下。

① 梯度向量的方向在函数 $f(x，y)$ 最大变化率的方向上。可对矢量求导并令其等于零得出。

② 梯度向量的幅度即模值用 $\|G[f(x,y)]\|$ 表示，并由下式算出：

$$\|G[f(x,y)]\| = \sqrt{\left(\dfrac{\partial f}{\partial x}\right)^2 + \left(\dfrac{\partial f}{\partial y}\right)^2} \tag{4.60}$$

由上式可知，梯度的数值就是 $f(x，y)$ 在其最大变化率方向上的单位距离所增加的量。简化起见，我们将用符号 $G[f(x,y)]$ 代替梯度的幅度。对于数字图像而言，用差分代替微分，且梯度的幅度可以近似表示为：

$$G[f(x,y)] = \sqrt{[f(i,j)-f(i,j+1)]^2 + [f(i,j)-f(i+1,j)]^2} \tag{4.61}$$

或在实际操作中近似简化为：

$$G[f(x,y)] \approx |f(i,j)-f(i,j+1)| + |f(i,j)-f(i+1,j)| \tag{4.62}$$

以上计算梯度的方法只涉及中心像元的水平和垂直方向的邻域像素。所以又称为水平垂直差分法。用模板表示为：

$$\nabla_1 = \begin{bmatrix} 1 & -1 \\ 0 & 0 \end{bmatrix}, \quad \nabla_2 = \begin{bmatrix} 1 & 0 \\ -1 & 0 \end{bmatrix}$$

式中各像素的位置如图 4.23 所示。

另一种计算梯度的方法叫作罗伯茨（Roberts）交叉梯度法。它是由 Roberts 在 1965 年提出的一种交叉差分计算方法。用模板表示为：

$$\nabla_1 = \begin{bmatrix} -1 & 0 \\ 0 & 1 \end{bmatrix}, \quad \nabla_2 = \begin{bmatrix} 0 & -1 \\ 1 & 0 \end{bmatrix}$$

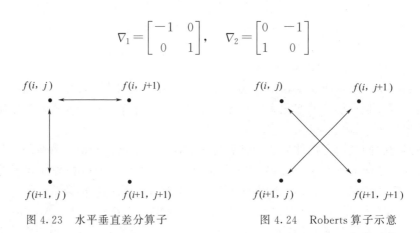

图 4.23　水平垂直差分算子　　　　图 4.24　Roberts 算子示意

图形表示如图 4.24 所示。

其数学表达式为：

$$G[f(x,y)] = \sqrt{[f(i+1,j+1) - f(i,j)]^2 + [f(i+1,j) - f(i,j+1)]^2} \qquad (4.63)$$

或简化为：

$$G[f(x,y)] = |f(i,j) - f(i+1,j+1)| + |f(i+1,j) - f(i,j+1)| \qquad (4.64)$$

以上两种梯度近似算法在图像的最后一行和最后一列的各像素的梯度无法求得，一般就用前一行和前一列的梯度值近似代替。

由梯度的计算可知，在图像中灰度变化较大的边缘区域其梯度值大，在灰度变化平缓的区域其梯度值较小，而在灰度均匀区域其梯度值为零。但在灰度平坦区域中增强小突变的能力是所有梯度处理的一项重要特性。

图 4.25 是一幅原始图像采用水平垂直差分法计算的结果显示。由此可见，图像经过梯度运算后，留下灰度值急剧变化的边缘处的点。

图 4.25　原始图像及双方向差分后梯度图像

Roberts 算子利用局部差分算子寻找边缘，边缘定位精度较高，但容易丢失一部分边缘，同时由于图像没经过平滑处理，因此不具备抑制噪声的能力。该算子对具有陡峭边缘且含噪声小的图像效果较好。

当梯度计算完之后，可以根据不同需要生成不同的梯度增强图像。由于梯度算子可以突出图像上目标边缘的信息，因此，我们可以借助梯度增强图像研究边缘灰度的变化，以及边缘所在的位置等，为进一步利用和分析图像奠定基础。

（2）有向加权梯度算子

采用梯度微分锐化图像，同样使噪声、条纹等得到增强，梯度加权算子则在一定程度上克服了这个问题，因为加权平均具有均值化平滑噪声的功能。假设有一个 3×3 的图像子块，如图 4.26 所示。

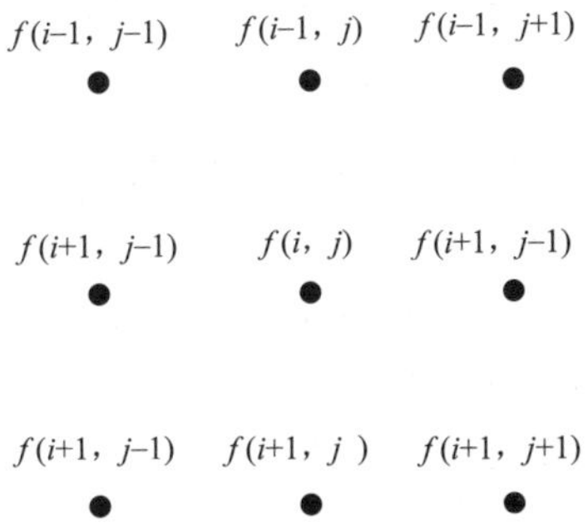

$f(i-1, j-1)$ $f(i-1, j)$ $f(i-1, j+1)$

●   ●   ●

$f(i+1, j-1)$ $f(i, j)$ $f(i+1, j-1)$

●   ●   ●

$f(i+1, j-1)$ $f(i+1, j)$ $f(i+1, j+1)$

●   ●   ●

图 4.26 图像子块

按下述算法变换图像的灰度，变换后像素 $f(i, j)$ 的灰度值由下式给出：

$$g=\sqrt{s_x^2+s_y^2} \tag{4.65}$$

式中：

$$s_x=[f(i-1,j-1)+2f(i-1,j)+f(i-1,j+1)]-[f(i+1,j-1)+2f(i+1,j)+f(i+1,j+1)]$$
$$s_y=[f(i-1,j+1)+2f(i,j+1)+f(i+1,j+1)]-[f(i-1,j-1)+2f(i,j-1)+f(i+1,j-1)]$$
$$\tag{4.66}$$

或用模板表示为：

$$\nabla_1=\begin{bmatrix} 1 & 2 & 1 \\ 0 & 0 & 0 \\ -1 & -2 & -1 \end{bmatrix} \quad \nabla_2=\begin{bmatrix} -1 & 0 & 1 \\ -2 & 0 & 2 \\ -1 & 0 & 1 \end{bmatrix} \tag{4.67}$$

为了简化计算，用 $g=|s_x|+|s_y|$ 来代替变换后灰度值的计算，从而得到锐化后的图像。∇_2 是经过将 ∇_1 顺时针旋转 $90°$ 而得，目的是使计算的边缘与实际边缘方向一致。有时也将 ∇_1 称为加强水平边缘的竖直梯度检测模板（直观上边缘线是沿水平分布的，但沿垂直方向发生灰度变化），相应地将 ∇_2 称为水平梯度检测模板。模板系数之和为零，表明灰度恒定区域的响应为零。采用上述模板对图像进行锐化处理的算子叫做索贝尔（Sobel）算子。图 4.27 和图 4.28 分别为一幅原始图像及经过该算子处理后的结果对比。

图 4.27 原始图像

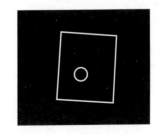

图 4.28 Sobel 处理结果

从上面的讨论可知，Sobel 算子不像普通梯度算子那样用两个像素之差值，而用两列或两行加权和之差值，其优点如下。

① 由于引入了平均因素，且中心元素的取值为 2，通过突出中心点的作用而达到平滑的目的，因而对图像中的随机噪声有一定的平滑作用。

② 由于它是相隔两行或两列之差分，故边缘两侧之元素得到了增强。故边缘显得粗而亮。

若将 Sobel 算子的模板稍加变化：

$$\nabla_1 = \begin{bmatrix} 1 & \sqrt{2} & 1 \\ 0 & 0 & 0 \\ -1 & -\sqrt{2} & -1 \end{bmatrix} \qquad \nabla_2 = \begin{bmatrix} -1 & 0 & 1 \\ -\sqrt{2} & 0 & \sqrt{2} \\ -1 & 0 & 1 \end{bmatrix}$$

结合上述两个模板和 Sobel 算子的计算公式，便可得到 Isotropic Sobel 算子。与普通 Sobel 算子相比，Isotropic Sobel 算子位置加权系数更为准确，在检测不同方向的边沿时响应均相等，即不同方向的边沿梯度的幅度一致。

还有很多类似于 Sobel 算子的一阶微分算子，如蒲瑞维特（Prewitt）算子、卡修（Kirsch）算子等。它们基于的原理很相近，只是模板中各元素权值的定义有一定的区别，需要综合考虑各个模板的响应确定梯度的幅值。但由于图像中边缘分布的随机性，这些算子不具备普适性。

4.4.2　拉普拉斯算子

拉普拉斯算子是常用的各向同性（isotropy，也称均质性，沿不同方向测得的性能为同样的数值。）的二阶导数边缘增强处理算子，一个二元图像函数 $f(x, y)$ 的拉普拉斯变化定义为：

$$\nabla^2 f = \frac{\partial^2 f}{\partial x^2} + \frac{\partial^2 f}{\partial y^2} \tag{4.68}$$

对数字图像来讲，$f(x, y)$ 的二阶偏导数可表示为如下差分形式：

$$\begin{aligned} \frac{\partial^2 f}{\partial x^2} &= \nabla_x f(i+1, j) - \nabla_x f(i, j) \\ &= [f(i+1, j) - f(i, j)] - [f(i, j) - f(i-1, j)] \\ &= f(i+1, j) + f(i-1, j) - 2f(i, j) \end{aligned} \tag{4.69}$$

$$\frac{\partial^2 f}{\partial y^2} = f(i, j+1) + f(i, j-1) - 2f(i, j)$$

为此，拉普拉斯算子 $\nabla^2 f$ 为：

$$\nabla^2 f = \frac{\partial^2 f}{\partial x^2} + \frac{\partial^2 f}{\partial y^2} = f(i+1, j) + f(i-1, j) + f(i, j+1) + f(i, j-1) - 4f(i, j) \tag{4.70}$$

以模板形式表示为：

$$\begin{bmatrix} 0 & 1 & 0 \\ 1 & -4 & 1 \\ 0 & 1 & 0 \end{bmatrix} \tag{4.71}$$

可见数字图像在某点的拉普拉斯算子，可以由中心像素点灰度级值和邻域像素灰度级值通过加权运算来求得，它们给出了以 90°旋转的各向同性的结果。模板中所有权系数之和为零，目的也是使处理后图像对图像灰度的平坦区域产生零响应。

图 4.29 及图 4.30 所示分别为原始图像及其采用拉普拉斯锐化以后的结果。

图 4.29　原始图像

图 4.30　拉普拉斯算子处理结果

对角线方向也可以加入到离散拉普拉斯变换的定义中。这种掩模对 45°增幅的结果是各向同性的。模板表示为：

$$\begin{bmatrix} 1 & 1 & 1 \\ 1 & -8 & 1 \\ 1 & 1 & 1 \end{bmatrix}$$

另外，如下所示的两个掩模在实践中也经常使用。这两个掩模也是以拉普拉斯变换定义为基础的。但是，当拉普拉斯滤波后的图像与其他图像加减合并时，必须考虑符号上的差别。即：

$$\begin{bmatrix} 0 & -1 & 0 \\ -1 & 4 & -1 \\ 0 & -1 & 0 \end{bmatrix} \qquad \begin{bmatrix} -1 & -1 & -1 \\ -1 & 8 & -1 \\ -1 & -1 & -1 \end{bmatrix}$$

由于拉普拉斯是一种微分算子，它的应用强调图像中灰度的突变及降低灰度缓慢变化的区域。这将产生一幅图像中的浅灰色边线和突变点叠加到暗背景中的图像。将原始图像和拉普拉斯图像叠加在一起的简单方法可以保护拉普拉斯锐化处理的效果，同时又能复原背景信息。如图 4.31 和图 4.32 所示。

图 4.31　原始图像

图 4.32　运算结果与原图叠加

同样，用原始图像减去图像拉普拉斯运算的结果图像，也可以使原始图像中的高频信息得到进一步提升，得到 Laplacian 增强算子。其对应数学表达式为：

$$g(i,j)=f(i,j)-\nabla^2 f$$
$$=f(i,j)-[f(i+1,j)+f(i-1,j)+f(i,j+1)+f(i,j-1)-4f(i,j)]$$
$$=5f(i,j)-f(i+1,j)-f(i-1,j)-f(i,j+1)-f(i,j-1) \tag{4.72}$$

用模板可表示为：

$$\begin{bmatrix} 0 & -1 & 0 \\ -1 & 5 & -1 \\ 0 & -1 & 0 \end{bmatrix}$$

这个增强算子的特点如下。

① 由于灰度均匀的区域或斜坡中间 $\nabla^2 f(x,y)$ 为 0，因此，Laplacian 增强算子不产生响应。

② 在斜坡或低灰度一侧形成"下冲"；而在斜坡顶或高灰度一侧形成"上冲"，说明 Laplacian 增强算子具有突出边缘的特点。

由于锐化在增强边缘和细节的同时往往也增强了噪声，因此如何区分开噪声和边缘是锐化过程中要解决的一个核心问题。

基于二阶微分的拉普拉斯算子对于细节（细线和孤立点）能产生更强的响应，并且各向同性。因此在图像增强中较一阶的梯度算子更受到我们的青睐。然而，它对噪声点的响应也更强。为了在取得更好锐化效果的同时把噪声干扰降到最低，可以先对带有噪声的原始图像进行平滑滤波，再进行锐化增强边缘和细节。Marr 和 Hildreth 在 1980 年撰写的 "Theory of Edge Detection" 一文中提出了 LoG 算子，即 Laplacian of Gaussian 算子，也叫 Marr 算子。该算子将在平滑领域表现更好的高斯平滑算子同锐化领域表现突出的拉普拉斯锐化结合起来。

考虑高斯型函数：

$$h(r)=-\mathrm{e}^{-\frac{r^2}{2\sigma^2}} \tag{4.73}$$

式中，$r^2=x^2+y^2$；σ 为标准差。

图像经该函数滤波将产生平滑效应，且平滑的程度由 σ 决定。进一步计算的拉普拉斯算子，即求 h 关于 r 的二阶导数，从而得到著名的高斯-拉普拉斯算子。如式(4.74)：

$$\nabla^2 h(r)=-\left[\frac{r^2-\sigma^2}{\sigma^4}\right]-\mathrm{e}^{-\frac{r^2}{2\sigma^2}} \tag{4.74}$$

其对应的 5×5 模板为：

$$\begin{bmatrix} 0 & 0 & -1 & 0 & 0 \\ 0 & -1 & -2 & -1 & 0 \\ -1 & -2 & 16 & -2 & -1 \\ 0 & -1 & -2 & -1 & 0 \\ 0 & 0 & -1 & 0 & 0 \end{bmatrix}$$

4.4.3 频率域高通滤波

图像中的边缘或线条等细节部分与图像频谱的高频分量相对应。因此采用高通滤波让高频分量顺利通过，使图像的边缘或线条等细节变得清楚，也实现图像的锐化。

类似于低通滤波器，高通滤波亦可在频率域中实现，也有 3 种常见的主要类型。简单起见，现将它们的传输函数公式列出如下，它们所对应的频率域滤波特性可见图 4.33。

（1）理想高通滤波器（IHPF）

$$H(u,v) = \begin{cases} 1 & D(u,v) > D_0 \\ 0 & D(u,v) \leqslant D_0 \end{cases} \tag{4.75}$$

（2）巴特沃思高通滤波器（BHPF）

$$H(u,v) = \frac{1}{1 + [D_0/D(u,v)]^{2n}} \tag{4.76}$$

或

$$H(u,v) = \frac{1}{1 + (\sqrt{2}-1)[D_0/D(u,v)]^{2n}} \tag{4.77}$$

（3）指数高通滤波器（EHPF）

$$H(u,v) = \exp\{-[D_0/D(u,v)]^n\} \tag{4.78}$$

或

$$H(u,v) = \exp\left\{-\left[\ln\left(\frac{1}{\sqrt{2}}\right)\right][D_0/D(u,v)]^n\right\} \tag{4.79}$$

图 4.33 是三种高通滤波的特性曲线对比图。

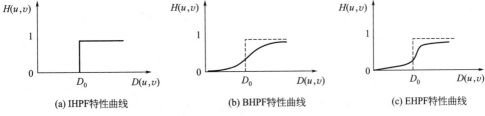

    (a) IHPF特性曲线   (b) BHPF特性曲线   (c) EHPF特性曲线

图 4.33　三种高通滤波器的特性曲线

第5章 图像复原与超分辨率重建

5.1 引 言

对三维客观世界中物体的二维投影会损失物体的真三维信息，同时也会受到各种干扰因素的影响，如光照条件不理想、摄影系统不稳定等，导致图像质量的下降。图像复原就是尽可能地减少或去除在获取数字图像过程中发生的图像质量的下降（退化，Degrade），恢复被退化图像的本来面目的一种图像处理技术。有时也被称为图像恢复。

与前面我们介绍的图像增强相似，图像复原的目的也是改善图像质量，提高图像的目视效果，以利于后续的图像处理及应用。但是图像复原是试图利用退化过程的先验知识使已退化的图像恢复本来面目。图像增强不考虑图像质量下降或退化的原因，只将图像中感兴趣的特征有选择性地突出，衰减那些不需要的信息，增强后的图像也不一定去逼近原始图像，且有一定的主观性。而图像复原则要弄清楚使图像产生退化的原因，分析引起退化的环境因素，建立相应的数学模型来设法进行补偿，并沿着使图像降质的逆过程去恢复真实图像。

实际上，在各种具体应用时，成像过程的每一个环节都有可能引起退化。一些退化因素只影响一幅图像中某些个别点的灰度；而另外一些退化因素则可以使一幅图像中的一个空间区域变得模糊起来。前者称为点退化，后者称为空间退化。此外还有数字化器、显示器、时间、彩色，以及化学作用引起的退化。例如，在宇航、遥感、天文和侦察照片中，退化可能是由大气扰动、光学系统的像差、相机和对象之间的相对运动等引起的；发生在电子显微图片中的退化，常常是由电子透镜的球面像差引起的；医学射线图片的退化，则是由射线图像系统本身特性所导致的低分辨率和低对比度引起的等。

要去掉退化，首先须弄清楚与退化现象有关的某些知识（先验的或者后验的），然后用相反的过程去掉它。就是说，首先要建立起退化图像的数学模型，并了解使原图像退化的等效系统模型。

对于图像复原，一般可采用两种方法。一种方法是适用于缺乏图像先验知识情况下的复原，可对退化过程（模糊和噪声）建立数学模型，进行描述，并进而寻找一种去除或削弱其影响的过程。另一种方法是事先已经知道是哪些退化因素引起的图像降质，并对原始图像有比较足够的了解，可对原始图像的退化过程建立一个数学模型并根据它对图像退化的影响进行拟合。

当然，在进行图像复原时，既可以用离散数学的方法来求解，也可以用连续数学的方法进行处理。在空间域通过空间域的卷积运算，在频率域用频率域的相乘来实现。但在许多情况下，不同的方法最后给出同样的复原技术，然而效果最好的复原技术还是取决于问题本身，针对实际应用的复原方法是最为有效的。

而图像超分辨率重建的概念是在20世纪60年代提出的，当初针对的都是单幅图像的超分辨率重建。由于在实际应用中效果不甚理想，研究初期并未得到广泛的认可。随后，在很长的一段时间内，人们将单幅图像的超分辨率重建称为"超分辨率神话"。直到20世纪80年代，人们又提出了利用多幅低分辨率卫星图像重建一幅高分辨率图像的方法之后，超分辨率重建技术开始得到日益广泛的研究。不同的学者对图像超分辨率重建的定义不尽相同，较为普遍的定义为：图像超分辨率重建是通过对一幅或多幅具有互补信息的低分辨率图像进行处理，重建一幅高分辨率图像的技术。

为了实现超分辨率重建，需要对图像获取中的退化过程进行分析和建模。在图像获取过程中，很多因素都会导致图像退化，造成图像的模糊和变形。尽管在不同成像过程中，图像的降质过程和模糊的效果不完全相同，需要用不同的数学模型对其进行刻画，但总的来讲，可以用几何变形、不同类型的模糊以及欠采样这三个相对独立的步骤对低分辨率图像的退化过程进行描述。这样的话，影响图像的超分辨重建效果的主要因素包括不同低分辨率图像之间的运动参数、系统退化函数、噪声抑制方法、低分辨率图像的数量以及它们之间的辐射亮度差异等。

图像超分辨率重建与图像复原之间既有联系又有区别。图像复原是利用退化模型，通过恢复图像的本来面貌来改善图像质量，是一个客观的过程。复原后图像的尺寸没有改变，也没有突破成像系统固有的分辨率。图像超分辨率重建是一种分辨率改进技术，目的是获得比成像系统更高的分辨率。图像经过超分辨率重建后，在单位空间的像素数比原来有所增加，图像的尺寸变大，恢复了更多的图像细节和纹理。图像复原与超分辨率重建是相关性很强的领域，很多超分辨重建方法都是从单幅图像复原中引入的。所以有时候人们把超分辨率重建称为"第二代图像复原"。

由于图像复原和图像超分辨率重建问题是图像处理中的重要课题，涉及原理比较复杂，技术难度较大，因此本章将讨论图像降质的一般数学模型，以及在实际应用中典型的图像复原技术，并对图像超分辨率重建原理加以简要介绍。另外，考虑图像的几何变换可以复原图像的几何形状，将几何变换的内容放在这里，旨在使读者对图像辐射及几何处理有一个全面的了解。

5.2　图像降质的数学模型

图像复原处理的关键问题在于建立退化模型。该问题中遇到的一个主要的退化是图像模糊。由场景和传感器两者产生的模糊可以用空间域或频率域的低通滤波来建模。另一个重要的退化模型是在图像获取时传感器和场景之间的均匀线性运动而产生的图像模糊。

输入图像 $f(x, y)$ 经过某个退化系统后的输出是一幅退化的图像。为了讨论方便，把噪声引起的退化即噪声对图像的影响作为加性噪声来考虑是比较有效的，这与许多实际应用情况相一致。如图像数字化时的量化噪声、随机噪声等就是可以作为加性噪声，即使不是加性噪声而是乘性噪声，也可以用对数方式转化为加性噪声形式。

输入图像 $f(x，y)$ 在通过成像系统 H 时，在像平面所得图像为 $H[f(x,y)]$。如果再有加性噪声 $n(x，y)$，则实际所得退化图像 $g(x，y)$ 可用下列模型表示：

$$g(x,y)=H[f(x,y)]+n(x,y) \tag{5.1}$$

其中 $H[\cdot]$ 是综合所有退化因素的函数。$n(x，y)$ 是一种具有统计性质的噪声信息。在实际应用中，往往假设是白噪声，即它的频谱密度为常数，并且与图像不相关。

在不考虑噪声的一般情况下，连续图像经过退化系统 H 后的输出为：

$$g(x,y)=H[f(x,y)] \tag{5.2}$$

一幅连续的图像可以看作是由一系列点源组成的，我们可以把物平面分布函数分解成 δ 函数加权积分的形式，即：

$$H[f(x,y)]=H\left[\iint_{-\infty}^{+\infty}f(\alpha,\beta)\delta(x-\alpha,y-\beta)\mathrm{d}\alpha\,\mathrm{d}\beta\right] \tag{5.3}$$

当 $H[f(x,y)]$ 是线性算子时，则有：

$$
\begin{aligned}
H[f(x,y)]&=H\left[\iint_{-\infty}^{+\infty}f(\alpha,\beta)\delta(x-\alpha,y-\beta)\mathrm{d}\alpha\,\mathrm{d}\beta\right]\\
&=\iint_{-\infty}^{+\infty}H[f(\alpha,\beta)\delta(x-\alpha,y-\beta)]\mathrm{d}\alpha\,\mathrm{d}\beta\\
&=\iint_{-\infty}^{+\infty}f(\alpha,\beta)H[\delta(x-\alpha,y-\beta)]\mathrm{d}\alpha\,\mathrm{d}\beta\\
&=\iint_{-\infty}^{+\infty}f(\alpha,\beta)h(x,y;\alpha,\beta)\mathrm{d}\alpha\,\mathrm{d}\beta
\end{aligned}
\tag{5.4}
$$

其中 $h(x，y；\alpha，\beta)=H[\delta(x-\alpha，y-\beta)]$ 称为该退化系统的点扩散函数（PSF，Point Spread Function），或叫系统的冲激响应函数。考虑线性空间移不变系统，如果 $H[\cdot]$ 满足：

$$H[f(x-\alpha,y-\beta)]=g(x-\alpha,y-\beta) \tag{5.5}$$

即具备空间位移不变性，则：

$$h(x,y;\alpha,\beta)=h(x-\alpha,y-\beta) \tag{5.6}$$

因此，对于空间移不变系统，考虑到加性白噪声的污染，则退化模型可描述为：

$$
\begin{aligned}
g(x,y)&=\iint_{-\infty}^{+\infty}f(\alpha,\beta)h(x-\alpha,y-\beta)\mathrm{d}\alpha\,\mathrm{d}\beta+n(x,y)\\
&=f(x,y)*h(x,y)+n(x,y)
\end{aligned}
\tag{5.7}
$$

在频率域，上式可以写成：

$$G(u,v)=H(u,v)F(u,v)+N(u,v) \tag{5.8}$$

上式 $G(u，v)$、$F(u，v)$、$N(u，v)$ 分别是退化图像 $g(x，y)$、原图像 $f(x，y)$、噪声信号 $n(x，y)$ 的傅里叶变换。$H(u，v)$ 是系统的点冲激响应函数 $h(x，y)$ 的傅里叶变换，有时称为光学传递函数（OTF，Optical Transform Function），该名词来源于光学系统的傅里叶分析。图像复原是在已知 $g(x，y)$ 和 $h(x，y)$、$n(x，y)$ 的一些先验知识的条件下，求得 $f(x，y)$。实际的复原过程是设计一个滤波器，使其能从降质图像 $g(x，y)$

中计算得到真实图像的估值 $\hat{f}(x, y)$，使其根据预先规定的误差准则，最大限度地接近真实图像 $f(x, y)$。

广义上讲，图像复原是一个求逆问题，逆问题经常存在非唯一解，甚至无解。为了得到逆问题的有用解，需要有先验知识以及对解的附加约束条件。

5.3 噪声分析

从现实生活中获得的图像一般都会由于某些原因而含有一定程度的干扰，我们将其统称为噪声，即"妨碍人们感觉器官对所接收的信源信息理解的因素"。理论上，噪声定义为"不可预测的，只能用概率统计方法来认识的随机误差"。所以把图像噪声看成多维随机过程是比较恰当的，进而可以借用随机过程及其概率分布函数和概率密度函数来描述噪声。但在很多情况下，这种描述噪声的方法很复杂，甚至不可能，而且在实际应用中也没有必要。所以通常用其数字特征，即均值、方差、相关函数等来表征噪声，我们将其称为噪声模型。噪声模型的建立是有效去除噪声的重要前提，噪声和图像息息相关。通过自然图像的统计性质建立图像噪声模型对图像去噪是十分有意义的。

现实生活中噪声的产生有以下三种原因。

① 当我们在摄取图像时传感器本身会产生一定的噪声。

② 图像由光信号转换为数字电信号是一个统计过程，每个像素点表示的是一个小区域的平均值，这个求均值的统计过程也会引入一些噪声。

③ 图像的放大和传输过程中会引入一定量的热噪声。

一般情况下，图像中的噪声具有以下三个特点：

① 噪声在图像中的分布和大小不规则。

② 噪声与图像之间具有相关性。

③ 噪声具有叠加性。

5.3.1 噪声分类

根据不同分类方式可以将噪声进行不同的分类。

(1) 依噪声产生原因分类

按噪声产生的原因可将其分为外部噪声和内部噪声。

外部噪声是指系统外部干扰，如电磁波或经过电源进入系统内部而引起的噪声。

内部噪声一般可以分为四种：第一种是由光和电的基本性质所引起的噪声。因为电流的产生是由电子或空穴粒子运动所形成的，所以这些粒子运动的随机性就形成了颗粒噪声。图像是由光量子所传输，而光量子密度随时间和空间变换就形成了光量子噪声等。第二种是由电器的机械运动产生的噪声，例如各种接头因抖动引起电流变化产生的噪声，磁头、磁带等抖动引起的抖动噪声等。第三种是由元器件材料本身引起的噪声，如正片负片的表面颗粒性和磁带磁盘表面缺陷所产生的噪声，随着材料科学的发展，这些噪声有望不断减少。第四种是由系统内部设备电路所引起的噪声，如电源引入的交流电、偏转系统和箱位电路引起的噪声等。

(2) 按统计理论观点分类

按统计理论观点可将噪声分为平稳和非平稳噪声两种。统计特性不随时间变化的噪声称为平稳噪声；统计特性随时间变化的噪声称为非平稳噪声。

（3）按噪声幅度分布形状分类

按噪声幅度分布形状可以分为高斯噪声、泊松噪声和颗粒噪声。泊松噪声一般出现在照度非常小及高倍电子线路放大的情况下，椒盐噪声可看成是泊松噪声，其他情况通常都是加性高斯噪声；而颗粒噪声可看成是一个白噪声过程，在密度域中是高斯分布的加性噪声，在强度域中是乘性噪声。

（4）按噪声频谱形状分类

频谱分布均匀的叫白噪声；频谱与频率成反比的称为 $\dfrac{1}{f}$ 噪声；而与频率平方成正比的称为三角噪声。

（5）按噪声和信号之间的关系分类

按噪声和信号之间的关系可以分为加性噪声和乘性噪声。加性噪声和图像信号强度是不相关的，如图像在传输过程中引进的"信道噪声"、电视摄像机扫描图像的噪声等。这类带有噪声的图像可看成为无噪声图像 f 和噪声 n 之和，即：

$$g = f + n \tag{5.9}$$

乘性噪声和图像信号强度是相关的，往往随图像信号的变化而变化，如飞点扫描图像中的噪声、电视扫描光栅、胶片颗粒噪声等，这类噪声和图像的关系是：

$$g = f + fn \tag{5.10}$$

（6）按影响图像质量的噪声源分类

① 记录在感光片上的图像会受到感光颗粒噪声的影响形成感光片颗粒噪声。

② 图像从光学到电子形式的转换是一个统计过程（因为每个图像元素接收到的光子数目是有限的），这个过程中形成光电子噪声。

③ 处理信号的电子放大器会引入热噪声，即电子噪声。

5.3.2　噪声模型

人们对噪声模型进行了大量的研究，但至今尚无法完全弄明白其中的物理机理，只好用一些特定分布的随机过程来模拟和逼近污染图像的信号，我们称之为随机噪声。下面将介绍几种图像处理中经常用到的噪声模型。

① 按照噪声的概率分布情况，有短拖尾噪声、中拖尾噪声和长拖尾噪声。它们的噪声分布形式的概率密度函数 $f(z)$ 如下所示。

典型的短拖尾噪声-均匀分布噪声：

$$f(z) = \begin{cases} \dfrac{1}{b-a} & a \leqslant z \leqslant b \\ 0 & 其他 \end{cases} \tag{5.11}$$

概率密度函数的均值 μ 和方差 σ^2 为：

$$\mu = \frac{a+b}{2} \tag{5.12}$$

$$\sigma^2 = \frac{(b-a)^2}{12} \tag{5.13}$$

典型的中拖尾噪声-高斯分布噪声：

$$f(z) = \frac{1}{\sqrt{2\pi}\sigma} \exp\left(-\frac{(z-\mu)^2}{2\sigma^2}\right) \tag{5.14}$$

式中，z 表示灰度值；μ 表示 z 的平均值或期望值；σ 表示标准差；σ^2 表示 z 的方差。

典型的长拖尾噪声-双指数分布噪声：

$$f(z) = \begin{cases} a\exp(-az) & z \geqslant 0 \\ 0 & z < 0 \end{cases} \tag{5.15}$$

其中，$a > 0$，概率密度函数的均值 μ 和方差 σ^2 为：

$$\mu = \frac{1}{a} \tag{5.16}$$

$$\sigma^2 = \frac{1}{a^2} \tag{5.17}$$

② 加性噪声、脉冲噪声和乘性噪声的噪声模型。受加性噪声污染的图像模型为：

$$x_n(i,j) = x(i,j) + n(i,j) \tag{5.18}$$

受脉冲噪声污染的图像模型为：

$$x_n(i,j) = \begin{cases} n(i,j) & p \\ x(i,j) & 1-p \end{cases} \tag{5.19}$$

受乘性噪声污染图像的退化模型为：

$$x_n(i,j) = x(i,j) + x(i,j)n(i,j) \tag{5.20}$$

式中，$x_n(i,j)$ 为噪声污染图像信号；$x(i,j)$ 为图像原始信号；$n(i,j)$ 为噪声；p 为脉冲噪声的概率。

需要指出的是，为了分析处理方便，往往将乘性噪声近似认为是加性噪声，而且总是假定信号和噪声是互相统计独立的。

通常情况下对噪声去除算法进行的实验，采用的也是针对与信号无关的白噪声，主要包括不同噪声密度的椒盐噪声和高斯白噪声。

椒盐噪声是由图像传感器、传输信道、解码处理等产生的黑白相间的亮暗点噪声，另外，打雷闪电、大功率设备的突然启动、胶片的物理损伤也会产生椒盐噪声。它的特征是噪声点亮度与其邻域的图像亮度具有明显的不同，在图像上造成黑白亮暗点干扰，严重影响了图像的质量。用于工程方面的图像，往往对质量要求非常高，图像的细节应尽可能地保持完整清晰，以便能够进一步对图像进行分割、特征提取、识别等操作。因此，如何能够有效地去除图像中的椒盐噪声，又尽可能地不让图像变模糊，保存完整的细节信息，成了图像处理中极为重要的技术问题。

简单分析加性椒盐噪声的理论模型。椒盐噪声又称为脉冲噪声，满足下列公式：

$$p(x) = \begin{cases} p_a & x = a \\ p_b & x = b \\ 0 & \text{其他} \end{cases} \tag{5.21}$$

其中，如果 $b > a$，灰度值 b 在图像中将显示为一个暗点；反之，将显示为一个亮点。如果 p_a 或 p_b 为零，则噪声变成为单极脉冲。

高斯噪声的产生源于电子电路噪声和由低照明度或高温带来的传感器噪声，高斯噪声满足公式：

$$f(x) = \frac{1}{\sqrt{2\pi}\sigma}\exp\left(\frac{-(x-\mu)^2}{2\sigma^2}\right) \tag{5.22}$$

式中，x 为灰度值；μ 为期望值；σ 为标准差。高斯白噪声是一种均值恒定，方差为零，符合高斯分布的噪声，即它的幅度分布服从高斯分布，且它的功率谱密度又是均匀分布的。

对标准灰度图像直接添加高斯白噪声或者椒盐噪声得到噪声图像。通过调整所加噪声的程度，可以获得各种不同噪声密度的图像作为实验噪声图像。图 5.1(a) 和图 5.1(b) 给出了添加不同密度高斯白噪声的 Lena 噪声图像。图 5.2(a) 和图 5.2(b) 给出了添加不同密度椒盐噪声的 Lena 噪声图像。

(a) 噪声密度为0.02　　　　　　　　　(b) 噪声密度为0.06

图 5.1　添加不同密度高斯白噪声的 Lena 图像

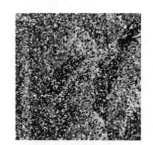

(a) 噪声密度为0.4　　　　　　　　　(b) 噪声密度为0.7

图 5.2　添加不同密度的椒盐噪声的 Lena 图像

5.4　退化函数辨识

退化函数 $h(x,y)$ 描述了图像形成过程中受到模糊程度影响的大小。因此模糊系统辨识在图像复原中发挥着重要作用。常见的模糊系统函数有三种：线性运动模糊函数、Gauss 模糊函数和散焦模糊函数。模糊函数 $h(x,y)$ 满足以下基本先验条件。

① 非负性：$h(x,y) \geqslant 0$。

② 能量守恒：$\int_{\Omega} h(x,y) = 1$。

③ 有意义：$h(x,y)$ 定义域 Ω 为有限区域。

在某些实际问题中还存在更多的先验知识，比如对称性、Gauss 函数分布型等。

(1) 线性运动模糊

通常认为线性运动模糊是均匀模糊，即对局部相邻像素取平均。其主要形成的原因是成像系统与拍摄物体之间发生相对匀速直线移动。线性运动模糊函数可以表示为：

$$h(x,y)=\begin{cases} \dfrac{1}{d} & 0\leqslant|x|\leqslant d,y=x\tan\theta \\ 0 & \text{其他} \end{cases} \qquad (5.23)$$

式中，d 为运动距离；θ 是方向角度。当 $\theta=0$ 时，运动方向为水平方向；当 $\theta=\dfrac{\pi}{2}$ 时，运动方向为竖直方向。

（2）Gauss 模糊

Gauss 模糊函数是许多光学测量系统和成像系统最常见的模糊函数。当退化因素过多时，综合的结果总是使退化函数 $h(x,y)$ 趋于 Gauss 型分布函数。Gauss 模糊函数可以表示为：

$$h(x,y)=\frac{1}{2\pi\sigma^2}\mathrm{e}^{-\left(\frac{i^2+j^2}{2\sigma^2}\right)} \qquad (5.24)$$

式中，σ 表示 Gauss 模型的标准差，也是 Gauss 模糊的半径。σ 的大小决定了模糊的程度，σ 越大，Gauss 半径越大，模糊程度越大。

（3）散焦模糊

几何光学分析表明，当物距、像距和焦距不能满足成像公式时，也就是常说的对焦不准，会出现光学系统散焦，此时点光源所成的像就不再是一个点，而是一个均匀分布的圆形光斑。散焦模糊函数可以表示为：

$$h(x,y)=\begin{cases} \dfrac{1}{\pi R^2} & \sqrt{x^2+y^2}\leqslant R \\ 0 & \text{其他} \end{cases} \qquad (5.25)$$

式中，R 是散焦半径，R 越大，散焦越严重。

添加不同模糊的 Lena 图像见图 5.3。

(a) Lena原图像

(b) 运动模糊(d=15,θ=π/4)

(c) Gauss模糊(σ=7)

(d) 散焦模糊(R=10)

图 5.3　添加不同模糊的 Lena 图像

5.5　图像复原方法

前面已经提及，对于图像复原，主要目的是在退化图像 $g(x,y)$ 给定的情况下，根据我们对退化系统 H 和 $n(x,y)$ 的某些了解或假设，估计出原始图像的值 $\hat{f}(x,y)$，使得与某种事先所确定的误差准则间差距为最小。不同的误差准则会得出不同的复原方法。从 $\|n\|^2$ 最小的准则也就是常用的最小二乘方准则函数，可以推出一种无约束的图像复原方法，被称为逆滤波法或反向滤波法。也可以推出满足某种约束条件的有约束图像复原方法，如维纳滤波等。

5.5.1　逆滤波

根据前面的叙述，逆滤波是要确定在噪声项的范数最小准则下的复原方法。数学理论及最小二乘方面的推导可以参阅有关文献，这里我们只介绍一般概念上的逆滤波方法。

（1）基本原理

图像退化模型可简单表示为下式：

$$g(x,y)=f(x,y)*h(x,y)+n(x,y) \tag{5.26}$$

利用傅里叶变换从上式可得：

$$G(u,v)=H(u,v)F(u,v)+N(u,v) \tag{5.27}$$

其中 G、H、F、N 分别为 g、h、f、n 的傅里叶变换，而 $H(u,v)$ 则为系统的传递函数。

忽略噪声的影响，退化模型的傅里叶变换为：

$$G(u,v)=H(u,v)F(u,v) \tag{5.28}$$

如果已知系统的传递函数 $H(u,v)$，则根据：

$$F(u,v)=G(u,v)/H(u,v) \tag{5.29}$$

可得复原图像的谱，经傅里叶反变换即可得到复原图像。

实际应用逆滤波复原方法时会存在病态的问题，即在 $H(u,v)$ 等于零或非常小的数值点上，$F(u,v)$ 将变成无穷大或非常大的数。此外，系统中存在噪声时退化模型的傅里叶变换为：

$$G(u,v)=H(u,v)F(u,v)+N(u,v) \tag{5.30}$$

或写成逆滤波复原的方式：

$$F(u,v)=\frac{G(u,v)}{H(u,v)}-\frac{N(u,v)}{H(u,v)} \tag{5.31}$$

由于噪声分布在很宽的频率空间，因此即使数值很小也会因为 $H(u,v)$ 等于零或非常小的数值点上使得上式右侧第二项变得很大，噪声影响将被放大，导致图像复原模型的病态性质。实际上，为了避免 $H(u,v)$ 的值太小，一种改进的方法是在 $H(u,v)$ 等于零的那些频谱点及其附近，人为地设置 $H(u,v)$ 值，使得在这些点附近，噪声不会对理想图像的估值产生太大的影响。这种方法有时被称为伪逆滤波。

实验证明，当退化图像的噪声较小，即轻度降质时，采用逆滤波复原的方法可以获得较好的结果。通常，$H(u,v)$ 在离频率平面原点较远的地方数值较小或为零。因此图像复原在原点周围的有限区域内进行，即将退化图像的傅里叶谱限制在 $H(u,v)$ 没出现零点而且数值又不是太小的有限范围内。

（2）运动模糊图像的逆滤波复原

作为逆滤波图像复原的应用实例，下面讨论如何去除由匀速直线运动引起的图像模糊。这种复原问题在实际中会经常遇到，如拍摄快速运动的物体，照相机镜头在曝光瞬间的偏移引起照片的模糊等。

当成像传感器与被摄景物之间存在足够快的相对运动时，所摄取的图像就会出现"运动模糊"。运动模糊是场景能量在传感器拍摄瞬间（T）内在像平面上的非正常积累。假定 $f(x, y)$ 表示无运动模糊的清晰图像，相对运动用 $x_0(t)$ 和 $y_0(t)$ 表示，则运动模糊图像 $g(x, y)$ 是曝光时间内像平面上能量的积累：

$$g(x,y) = \int_0^T f[x - x_0(t), y - y_0(t)]\mathrm{d}t \tag{5.32}$$

对上式进行傅里叶变换得到：

$$
\begin{aligned}
G(u,v) &= \int_{-\infty}^{+\infty}\int_{-\infty}^{+\infty} g(x,y)\exp[-2\pi\mathrm{j}(ux+vy)]\mathrm{d}x\,\mathrm{d}y \\
&= \int_{-\infty}^{+\infty}\int_{-\infty}^{+\infty}\left\{\int_0^T f[x-x_0(t), y-y_0(t)]\mathrm{d}t\right\}\exp[-2\pi\mathrm{j}(ux+vy)]\mathrm{d}x\,\mathrm{d}y \\
&= F(u,v)\int_0^T \exp\{-2\pi\mathrm{j}[ux_0(t)+vy_0(t)]\}\mathrm{d}t
\end{aligned}
\tag{5.33}
$$

定义：

$$H(u,v) = \int_0^T \exp\{-2\pi\mathrm{j}[ux_0(t)+vy_0(t)]\}\mathrm{d}t$$

则有：

$$G(u,v) = H(u,v)F(u,v) \tag{5.34}$$

可见 $H(u, v)$ 即为由匀速直线运动所造成图像模糊系统的传递函数。非匀速直线运动在某些条件下可以看成是匀速直线运动的合成结果。

在 $x_0(t)$、$y_0(t)$ 已知时，便可求得 $H(u, v)$。进行傅里叶反变换就可以恢复出 $f(x, y)$。

5.5.2　维纳滤波

维纳滤波（N. Wiener 最先在 1942 年提出的方法）是一种最早也最为人们熟知的线性图像复原方法。在大部分图像中，邻近的像素是高度相关的，而距离较远的像素其相关性却较弱。由此，可以认为典型图像的自相关函数通常随着与原点的距离增加而下降。由于图像的功率谱是其自相关函数的（实、偶）傅里叶变换，因此可以认为图像的功率谱随着频率的升高而下降。

一般地，噪声源往往具有平坦的功率谱，即使不是如此，其随频率升高而下降的趋势也要比典型的图像功率谱慢得多。因此，可以料想功率谱的低频部分以信号为主，而高频部分则主要被噪声所占据。由于去卷积滤波器的幅值通常随着频率的升高而升高，因此会增强高频处的噪声。具有二维传递函数的维纳去卷积滤波是一种使估值图像 $\hat{f}(x, y)$ 与理想图像 $f(x, y)$ 之间的均方差为最小的图像复原方法。因此，又称它为最小二乘法滤波。

维纳滤波的先验假设是图像与噪声均属于平稳随机场，噪声的均值为零，且与图像无关。如果设维纳滤波的脉冲响应函数为 $p(x, y)$，则估值图像表示为：

$$\hat{f}(x,y) = \iint_{-\infty}^{\infty} g(\alpha,\beta) p(x-\alpha, y-\beta) \mathrm{d}\alpha \mathrm{d}\beta \tag{5.35}$$

按照均方误差最小的准则，应满足：

$$e^2 = E\{[f(x,y) - \hat{f}(x,y)]^2\} = \min \tag{5.36}$$

把估值公式带入上式，得到：

$$e^2 = E\left\{\left[f(x,y) - \iint_{-\infty}^{\infty} g(\alpha,\beta) p(x-\alpha, y-\beta) \mathrm{d}\alpha \mathrm{d}\beta\right]^2\right\} = \min \tag{5.37}$$

由此可见，维纳滤波的关键是，在满足上式的条件下推算滤波函数 $p(x, y)$，然后按照估值公式计算估值图像。

理论上已经证明，当满足以下的关系时，即：

$$E\left\{\left[f(x,y) - \iint_{-\infty}^{\infty} g(\alpha,\beta) p(x-\alpha, y-\beta) \mathrm{d}\alpha \mathrm{d}\beta\right] g(s,t)\right\} = 0 \tag{5.38}$$

误差公式就能得到满足。

最后可以得到维纳滤波器的传递函数为：

$$p(u,v) = \frac{H^*(u,v) P_f(u,v)}{|H(u,v)|^2 P_f(u,v) + P_n(u,v)} \tag{5.39}$$

式中，P_f 和 P_n 分别为信号和噪声的功率谱；$H(u, v)^*$ 为 $H(u, v)$ 的共轭。

由上式可以看出，当没有噪声时，维纳滤波器就与逆滤波器相同；在有噪声的情况下，维纳滤波器也是用信噪功率比作为修正函数对逆滤波器进行修正，但它是在均方误差最小的准则上提供最佳的图像复原。

通常采用下式近似计算传递函数：

$$p(u,v) = \frac{1}{H(u,v)} \frac{|H(u,v)|^2}{|H(u,v)|^2 + K} \tag{5.40}$$

式中，K 是根据信噪比的某种先验知识适当确定的常数。

维纳滤波提供了一种在有噪声情况下导出去卷积传递函数的最优方法，但有三个问题限制了它的有效性。首先，当图像复原的目的是供人观察时，均方误差（MSE）准则并不是特别好的优化准则。这是因为 MSE 准则对所有误差（不管其在图像中的位置）都赋予同样的权，而人眼则对暗处和高梯度区域的误差比其他区域的误差具有较大的容忍性。由于均方误差最小化，维纳滤波器以一种并非最适合人眼的方式对图像进行了平滑。其次，经典的维纳去卷积不能处理具有空间可变点扩散函数的情形。最后，这种技术不能处理有着非平稳信号和噪声的一般情形。大多数图像都是高度非平稳的，有着被陡峭边缘分开的大块平坦区域。此外，许多重要的噪声源是与局部灰度有关的。

5.6 几何畸变校正

图像的几何畸变校正（也叫几何变换）是图像复原中通过对图像的像素之间的空间位置关系加以修改来校正像素的几何变形的技术。几何变换常用来实现图像配准。图像配准就是取两张相同场景的图像并加以对准，从而可以将它们合并，以便目测或者进行定量比较。

图像的平移、旋转和长宽尺度变换等都是常见的图像坐标变换。它们均需要借助图像的几何变换来实现。几何变换可改变图像中各物体之间的空间关系，并常被应用于几何畸变图像的校正、图像配准、地图投影及特殊视觉特技效果的生成等。

一个几何变换由两个独立的算法组成。首先，需要一个算法来定义空间变换本身，用它描述每个像素如何从它的初始位置"移动"到终止位置，即每个像素的"运动轨迹"，我们把这一部分算法称为空间变换；同时，图像变换前后像素数及其属性值（颜色值或灰度值等）需要确定相关关系。在一般情况下，输入图像的各个像素位置坐标为整数，而几何变换的输出图像各个像素的位置坐标就不一定为整数。因此，一个完整的几何变换还应包括灰度插值的算法。

5.6.1 空间变换

在大多数应用中，要求保持图像中曲线型特征的连续性和各物体的连通性。我们可以逐点指定图像中每个像素的运动，但即使对于尺寸较小的图像也会让人厌烦。更方便的是用数学方法来描述输入、输出图像点之间的空间关系。几何变换的一般定义为：

$$g(x,y)=f[a(x,y),b(x,y)] \tag{5.41}$$

式中，$f(x,y)$ 表示输入图像；$g(x,y)$ 表示输出图像；函数 $a(x,y)$ 和 $b(x,y)$ 唯一地描述了空间变换。若它们是连续的，则连通关系将在图像中得到保持。

在一般定义的等式中，若我们令：

$$a(x,y)=x, \quad b(x,y)=y \tag{5.42}$$

则可以得到一个仅仅是把 $f(x,y)$ 拷贝到 $g(x,y)$ 而不加任何改动的恒等运算。

若我们令：

$$a(x,y)=x+x_0, \quad b(x,y)=y+y_0 \tag{5.43}$$

则我们得到平移运算，其中，点 (x_0,y_0) 被平移到原点，而图像中的各特征（点）则移动了 $\sqrt{x_0^2+y_0^2}$。采用称为齐次坐标的表达方式，可将上式写成简洁的矩阵形式如下：

$$\begin{bmatrix} a(x,y) \\ b(x,y) \\ 1 \end{bmatrix} = \begin{bmatrix} 1 & 0 & x_0 \\ 0 & 1 & y_0 \\ 0 & 0 & 1 \end{bmatrix} \begin{bmatrix} x \\ y \\ 1 \end{bmatrix} \tag{5.44}$$

令

$$a(x,y)=x/c, \quad b(x,y)=y/d \tag{5.45}$$

则会使图像在 x 轴方向放大 c 倍，在 y 轴方向放大 d 倍。图像原点（通常取左上角）在图像几何变换时保持不动。在齐次坐标系中，可写作：

$$\begin{bmatrix} a(x,y) \\ b(x,y) \\ 1 \end{bmatrix} = \begin{bmatrix} 1/c & 0 & 0 \\ 0 & 1/d & 0 \\ 0 & 0 & 1 \end{bmatrix} \begin{bmatrix} x \\ y \\ 1 \end{bmatrix} \tag{5.46}$$

令 $c=-1$，会产生一个关于 y 轴对称的映像：

$$a(x,y)=-x, \quad b(x,y)=y \tag{5.47}$$

类似地，对于 d 和 x 轴也有同样性质。

最后，若令

$$a(x,y)=x\cos\theta-y\sin\theta \tag{5.48}$$

和

$$b(x,y)=x\sin\theta+y\cos\theta \tag{5.49}$$

将产生一个绕原点的顺时针 ϑ 角旋转。上式在齐次坐标系中可写为：

$$\begin{bmatrix} a(x,y) \\ b(x,y) \\ 1 \end{bmatrix} = \begin{bmatrix} \cos\theta & -\sin\theta & 0 \\ \sin\theta & \cos\theta & 0 \\ 0 & 0 & 1 \end{bmatrix} \begin{bmatrix} x \\ y \\ 1 \end{bmatrix} \tag{5.50}$$

显然，我们可以把平移和放大级联起来，以使图像围绕一个不是原点的其他点进行变换。类似地，我们可以把平移和旋转相结合，以产生围绕任一点的旋转。

齐次坐标系为确定级联变换公式提供了一个简单的方法。例如，围绕点 (x_0, y_0) 的旋转可由下式实现：

$$\begin{bmatrix} a(x,y) \\ b(x,y) \\ 1 \end{bmatrix} = \begin{bmatrix} 1 & 0 & x_0 \\ 0 & 1 & y_0 \\ 0 & 0 & 1 \end{bmatrix} \begin{bmatrix} \cos\theta & -\sin\theta & 0 \\ \sin\theta & \cos\theta & 0 \\ 0 & 0 & 1 \end{bmatrix} \begin{bmatrix} 1 & 0 & -x_0 \\ 0 & 1 & -y_0 \\ 0 & 0 & 1 \end{bmatrix} \begin{bmatrix} x \\ y \\ 1 \end{bmatrix} \tag{5.51}$$

这里首先将图像进行平移，从而使位置 (x_0, y_0) 成为原点，然后，旋转 θ 角度，再平移回其原点。上述等式中的矩阵乘法运算可产生适当的变换等式。其他的复合变换可类似地构造出来。在等式右边，运算是按从左至右的顺序进行的。

5.6.2 灰度级插值

空间变换只是完成了像素空间位置的对应，之后需要进行灰度级插值。通过灰度级插值，可为空间变换后图像中像素灰度级进行赋值，也才能将变换图像进行表达或加以存储。在输入图像 $f(x,y)$ 中，灰度值仅在整数位置 (x,y) 处被定义。但变换后的结果图像 $g(x,y)$ 的灰度值一般由处在非整数坐标上的 $f(x,y)$ 的值来决定。所以，如果把几何变换看成是一个从 $f(x,y)$ 到 $g(x,y)$ 的映射，则 $f(x,y)$ 中的一个像素会映射到 $g(x,y)$ 中非整数位置，即位于四个输入像素之间。因此，若要决定与该位置相对应的灰度值，必须进行插值运算。常用的内插方法有以下三种。

① 最邻近内插法（NN：Nearest Neighbor）。如图 5.4(a) 所示，最简单的插值方法是所谓零阶插值或最近邻插值，即令输出像素的灰度值等于离它所映射到的位置最近的输入像素的灰度值。最近邻插值计算十分简单，运算量最小，处理速度快，并且不破坏原来的像素值。在许多情况下，其结果也可令人接受。然而，当图像中包含像素之间灰度级有变化的细微结构时，最近邻插值法会在图像中产生人工的痕迹。该方法最大可产生半个像素的位置误差。

② 双线性内插法（BL：Bi-linear）。如图 5.4(b) 所示，这种方法使用内插点周围的四个相关点的像素值，对所求的像素值进行线性内插。

可以如此理解线性算子。令 H 是一种算子，其输入和输出都是图像。如果对于任何两幅图像 f 和 g 及任何两个标量 a 和 b 有如下关系，则称 H 为线性算子：

$$H(af+bg) = aH(f) + bH(g) \tag{5.52}$$

所有不满足上述公式的运算皆是非线性的。如取两个数差值的绝对值算子则是非线性的。

双线性内插可描述如下。令 $f(x,y)$ 为两个变量的函数，其在单位正方形顶点的值已知。假设我们希望通过插值得到正方形内任意点的 $f(x,y)$ 值，我们可令由双线性方程

$$f(x,y) = ax + by + cxy + d \tag{5.53}$$

来定义一个双曲抛物面与四个已知点拟合。

从 a 到 d 这四个系数须由已知的四个顶点的 $f(x,y)$ 值来选定。有一个简单的算法可产生一个双线性插值函数，并使之与四个顶点的 $f(x,y)$ 值拟合。首先，我们对上端的两

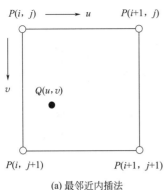
(a) 最邻近内插法

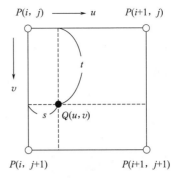
(b) 双线性内插法

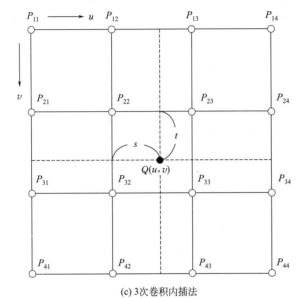
(c) 3次卷积内插法

图 5.4　灰度级插值方法

个顶点进行线性插值可得：

$$f(x,0)=f(0,0)+x[f(1,0)-f(0,0)] \tag{5.54}$$

类似地，对于底端两个顶点进行线性插值有：

$$f(x,1)=f(0,1)+x[f(1,1)-f(0,1)] \tag{5.55}$$

最后，我们做垂直方向的线性插值，以确定：

$$f(x,y)=f(x,0)+y[f(x,1)-f(x,0)] \tag{5.56}$$

将相关等式代入上式，展开等式并合并同类项可得：

$$
\begin{aligned}
f(x,y)=&[f(1,0)-f(0,0)]x+[f(0,1)-f(0,0)]y\\
&+[f(1,1)+f(0,0)-f(0,1)-f(1,0)]xy+f(0,0)
\end{aligned} \tag{5.57}
$$

通过验证可知，合并后的等式确实满足已知的单位正方形四个顶点的 $f(x，y)$ 值，并且确实是双线性的。

双线性插值可直接通过综合等式来实现，也可通过分式经三次线性插值等式来完成。因为综合等式需用到四次乘法、八次加（或减）法运算，而通过分式计算的方法只需要三次乘法和六次加（减）法，所以几何处理程序一般选择通过分式计算实现。

一阶插值（或称双线性插值法）和零阶插值法相比可产生更令人满意的平均化的滤波效

果。该方法的缺点是破坏了原来的数据。

③ 三次卷积内插法（CC：Cubic Convolution）。如图 5.4（c）所示，该方法使用内插点周围的 16 个观测点的像素值，用三次卷积函数对所求像素值进行内插。该方法的缺点同样是破坏了原来的数据，但具有图像的均衡化和清晰化的效果，可得到较高的图像质量。其具体公式可参阅相关书籍的介绍。

如果选择双线性或三次卷积内插来缩小一张图像，则应在插值操作之前调用低通滤波器（图像平滑滤波器）对图像进行滤波。这样可以在一定程度上消除重采样过程中出现的波纹影响。

5.6.3　几何变换的实现

有了空间变换和灰度级插值算法，我们就可以开始实施一个几何变换。几何变换有时被称为橡皮变换。通常，商用的计算机图像处理软件中会有几种固定的灰度级插值算法，而用来定义空间变换的算法随任务不同而不同。

当实现一个几何变换时，可采用如下两种方法：一种是把几何变换想象成将输入图像的灰度像素一个一个地转移到输出图像中。如果一个输入像素被映射到四个输出像素之间的位置，则其灰度值就按插值算法在四个输出像素之间进行分配。我们称之为像素移交或向前映射法［见图 5.5(a)］。

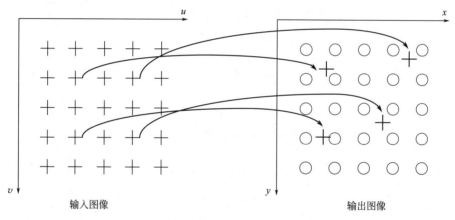

(a) 输入图像的各要素在输出图像上的投影

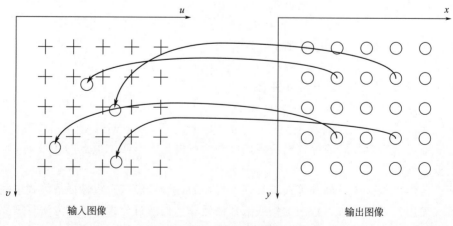

(b) 计算输出图像上的各要素在输入图像上的位置

图 5.5　像素映射原理

另一种更有效的达到目的的方法是像素填充或向后映射算法。在这里输出像素一次一个地映射回到输入图像中，以便确定其灰度级。如果一个输出像素被映射到四个输入像素之间，则其灰度值由灰度级插值决定［见图 5.5(b)］，向后空间变换是向前变换的逆。

由于许多输入像素可能映射到输出图像的边界之外，故向前映射算法有些浪费。而且，每个输出像素的灰度值可能要由许多输入像素的灰度值来决定。因而要涉及多次计算。如果空间变换中包括缩小处理，则会由四个以上的输入像素来决定一个输出像素的灰度值。如果有放大处理，则一些输出像素可能被漏掉（若没有放大处理，则输入像素被映射到它们附近位置）。

而向后映射算法是逐像素、逐行地产出输出图像。每个像素的灰度级由最多四个像素参与的插值所唯一确定。当然，输入图像必须允许按空间变换所定义的方式随机访问。因而可能有些复杂。虽然如此，像素填充法对一般的应用更为切实可行。

5.7 超分辨率重建的概念

图像分辨率是评价图像质量的一项关键性指标，在实际问题中，希望获取的图像具有更高的分辨率、更好的质量是十分自然的。然而，在许多应用中，一方面由于成像系统受其固有传感器阵列排列密度的限制，图像的分辨率不可能很高；另一方面，由于受到成像过程中的相对运动、散焦、大气、噪声的影响，成像产生模糊和降质，降低分辨率。对此，除了改善成像设备硬件条件以外，采用基于信号处理的软件方法对图像的空间分辨率进行提升，即超分辨率重建是一项经济有效的途径。

5.7.1 图像的尺寸与分辨率

在数字图像处理中，图像尺寸与图像分辨率是两个经常使用而又相辅相成的概念。图像的尺寸就是图像水平采样数与竖直采样数的乘积，而普通数码相机的分辨率也定义为其水平方向与竖直方向像元数的乘积。因此对于普通数码相机而言，其分辨率与其拍摄的数字图像的尺寸是相等的。

图像分辨率是成像系统对输出图像细节分辨能力的一种度量，也是图像中目标细微程度的指标，它刻画景物信息的详细程度。习惯上人们常常根据对"图像细节"的不同理解方式将其归结为不同的分辨率度量准则，如对图像光谱细节的分辨能力用光谱分辨率诠释；图像成像过程中对光辐射度的最小可分辨差异称为辐射分辨率；把对同一目标的序列图像成像的时间间隔称为时间分辨率；把图像能辨识的最小灰度级别称为灰度分辨率；把图像中可分辨的最小空间细节尺寸称为空间分辨率。图像的空间分辨率越大，可以分辨的空间细节尺寸越小，图像也就越清晰。因此，人们习惯上理解的图像分辨率是与图像清晰度等同的一个概念，实质上指的就是空间分辨率。

值得注意的是，图像尺寸越大并不意味着图像越清晰，也就是图像的（空间）分辨率就越高。例如，将一幅图像尺寸为 200×235 的图像，利用最邻近内插的方法放大 2 倍，获取一幅大小为 400×470 的图像，尽管图像的尺寸变大，原来无法辨识的目标在放大后的插值图像上仍然不能分辨，如图 5.6 中倒数第二行字母的方向，从这个角度上看，其空间分辨率并没有改变。以上分析说明，由于缺乏必要的信息，要想从单幅图像出发，仅通过内插放大的方法来提高图像的（空间）分辨率是行不通的。

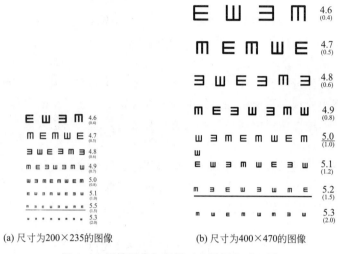

(a) 尺寸为200×235的图像　　　　　(b) 尺寸为400×470的图像

图5.6　原始图像与最邻近内插图像对比图

5.7.2　低分辨率图像成像的数学模型

对于空间移不变系统和连续场景的目标成像，考虑加性白噪声的污染，多幅低分辨率图像成像过程可描述为如下数学模型：

$$g_k(x,y) = D(x,y) * T_k(x,y) * h(x,y) * f(x,y) + n_k(x,y) \tag{5.58}$$

式中，$D(x,y)$ 表示欠采样函数；$T_k(x,y)$ 表示第 k 幅图像的几何变形函数；$h(x,y)$ 表示点扩散模糊函数；$f(x,y)$ 表示原始高分辨连续图像；$n_k(x,y)$ 表示第 k 幅图像的噪声，并假设为不相关的零均值加性噪声。上式离散处理以后表示为：

$$g_k = D * T_k * h * f + n_k \quad (k \geqslant 1) \tag{5.59}$$

式中，g_k 表示第 k 幅低分辨率数字退化图像矩阵；D 表示欠采样矩阵；T_k 表示第 k 幅图像的几何变形矩阵；h 表示点扩散模糊矩阵；f 表示原始高分辨数字图像；n_k 表示第 k 幅图像的零均值加性噪声矩阵。具体退化成像过程如图 5-7 所示。

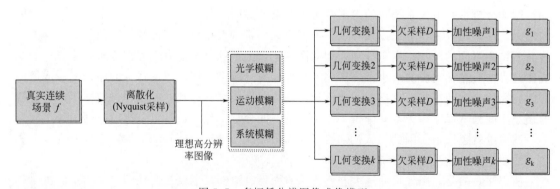

图5.7　多幅低分辨图像成像模型

图像超分辨率重建就是利用已有的观测数据 g_k 和其他相关信息，比如采样矩阵 D、几何变形矩阵 T_k、点扩散模糊矩阵 h 以及噪声类型等，求解高分辨率图像 f。因此，图像超分辨率重建过程就是图像成像过程的逆过程。即：

$$f = h^{-1} * T_k^{-1} * D^{-1} * (g_k - n_k) \quad (k \geqslant 1) \tag{5.60}$$

由于噪声 n_k 的随机性，卷积"$*$"运算的特殊性，矩阵 D、T_k、h 对应逆矩阵 D^{-1}、T_k^{-1}、h^{-1} 的存在性等问题，超分辨率重建问题与图像复原一样，是一个典型的求逆问题，也就是不适定的数学反问题，因此，超分辨重建的基础就是数学反问题的求解理论。

5.8 超分辨率重建的方法

超分辨率技术已经被广泛应用于多个领域，如视频监控、医学成像、高清晰度电视、遥感、手机与数码相机等。单幅图像输入和多幅图像输入是超分辨率重建面临的两种不同情况。多幅图像输入意味着输入的是一系列低分辨率图像，这些图像间有着不同的亚像素平移，每幅图像之间都包含着高度相关的信息。实际中，很多情况下无法获取多幅低分辨率相关图像，这就需要研究基于单幅图像的超分辨率方法。

5.8.1 单幅图像超分辨率重建

单幅图像超分辨率重建就是要利用一幅图像中包含的丰富信息以及从样本图像中得到的视觉先验。因此，单幅图像超分辨率重建的挑战主要包括：识别重要的视觉线索，填充细节，并尽可能忠实地呈现真实景物。目前单图像的超分辨率重建一般可分为两类：基于重建的方法和基于样本学习的方法。

(1) 基于重建的方法

单幅图像退化过程为：

$$g = D * T * h * f + n \tag{5.61}$$

由于图像超分辨率重建问题是不适定的数学问题，可用的图像数量有限，因此，在重建过程中往往需要利用图像的先验信息。单图像超分辨率重建就是要利用一幅图像中包含的丰富信息以及从样本图像中得到的视觉先验。为了保证上式解的存在性，首先就需要克服噪声的随机性，数学上利用 2-范数约束的方法，将单幅图像超分辨率重建问题转化为如下优化问题：

$$\hat{f} = \arg\min_f \| g - D * T * h * f \|_2^2 \tag{5.62}$$

上述优化问题存在最优解，但是最优解不唯一，这就需要加入更多的先验信息：

$$\hat{f} = \arg\min_f \| g - D * T * h * f \|_2^2 + \lambda J(f) \tag{5.63}$$

式中，λ 为正参数；$J(f)$ 为先验条件。不同的成像过程，存在着不同的先验信息。利用不同的方法求解上述优化问题就是超分辨率重建过程。比如：全变分方法、凸集投影方法、迭代反投影算法等等。基于重建的超分辨率方法优点是简单、计算量低，但无法处理自然图像中的复杂图像结构。

(2) 基于学习的方法

基于样本学习的方法可分为基于样本的方法和字典学习方法。前者直接从样本图像块中寻找类似的实例，后者则是对样本图像中的大量实例通过学习的方法得到图像的先验信息。基于样本学习的方法都是针对图像块学习先验知识。因此，重建约束变为：

$$\hat{F} = \arg\min_F \| G - D * T * h * F \|_2^2 + \lambda J(F) \tag{5.64}$$

式中，F 为待重建的高分辨率图像块；G 为输入的退化的图像块；$J(F)$ 为基于图形块的先验条件。

由于样本图像中含有丰富的高频信息，这些信息可用于重建超分辨率图像中的高频分量。基于样本的方法没有训练阶段，在重建过程中对样本集搜索足够的实例来完成重建。因此需要较高的计算量。目前常见的有基于样本学习和基于字典学习的两种超分方法。基于样本学习的方法有两个优点：一是通过对样本图像中多种图像块训练学习，可以得到各种复杂图像结构而不仅仅是边缘的先验知识；二是利用包含在样本中的高频分量在重建过程中可以生成高频信息丰富的高分辨率图像。

5.8.2　多幅图像超分辨率重建

多幅图像超分辨率重建技术旨在整合多个低分辨率图像得到一个高分辨率图像。其前提是多幅低分辨率图像之间存在着亚像素的位置偏移，并且这些低分辨率图像都是从一个成像设备上得到的。多幅图像超分辨率重建技术包括三项内容：图像配准、图像插值和图像复原。配准参数估计对超分辨率图像的重建效果至关重要，也是引入重建误差和伪信息的主要环节之一。因为图像复原主要是一个解卷积的过程，所以退化函数的辨析是该问题的前提。每个环节根据不同图像的先验知识都有不同的方法。

（1）频率域重建方法

频率域法通常不考虑噪声，并假设多低分辨率图像之间只存在全局平移运动。其基本思想是将多幅低分辨率图像变换到频率域，经过平移叠加、解模糊和傅里叶逆变换重构高分辨率图像。这种非迭代算法具有较大的局限性，鲁棒性不强。鉴于此国内外学者提出了几种改进的频率域重建算法，比如 Papoulis-Gerchberg 引入观测约束，提出了多幅图像 PG 迭代频率域重建算法。PG 算法假设观测图像只存在水平方向和竖直方向的平移，配准简单。其计算流程如下。

① 利用频率域相位相关法估计水平方向和竖直方向的运动参数。

② 建立高分辨率网格。

③ 用 shift and add 算法将配准后的低分辨率序列图像 g_i 映射到高分辨率网格，得到的初值 $\hat{f}_0$。

④ 对 $\hat{f}_0$ 进行快速傅里叶变换，得到其频谱信息 $\hat{f}_0$-FFT。

⑤ 将 $\hat{f}_0$＿FFT 高频设置为 0 后进行傅里叶反变换得到 $\hat{f}_1$。

⑥ $\hat{f}_0$ 高分辨率网格中有效的灰度值 $\hat{f}_1$ 替代中对应的灰度值。

⑦ 重复迭代③～⑥步骤，输出的 $\hat{f}_n$ 即为高分辨率图像。

（2）统计学重建方法

统计观测模型认为图像中地物场景具有确定性，而成像过程地物场景到像空间的映射，是一个随机过程。基于概率密度函数最大化思想，统计学重建算法同样是施加一定的先验附加条件将超分辨率重建问题转化为适定问题。通常假设高分辨率图像服从高斯分布，观测噪声服从零均值高斯白噪声。最典型的统计学超分辨率重建方法是最大后验概率（Maximum a posteriors）方法。

根据贝叶斯理论，在已知多幅低分辨率图像 g_k 的条件下，原始景物 f 的概率可写成为：

$$P(f|g_k) = \frac{P(g_k|f)P(f)}{P(g_k)} \tag{5.65}$$

这里 $P(f|g_k)$ 低分辨率图像 g_k 为高分辨率图像 f 的概率，也称后验概率；$P(g_k|f)$ 高分辨率图像 f 为低分辨率图像 g_k 的概率，也称条件概率；$P(f)$ 和 $P(g_k)$ 分别表示高

分辨图像 f 和低分辨率图像 g_k 的先验概率。高分辨率重建过程就是求解最大后验概率密度函数 $P(f|g_k)$，即：

$$\hat{f}_{\text{MAP}} = \text{argmax}[P(f|g_k)] = \text{argmax}\left[\frac{P(g_k|f)P(f)}{P(g_k)}\right] \tag{5.66}$$

由于 $P(g_k)$ 与 f 无关，上式超分辨率重建简化为：

$$\hat{f}_{\text{MAP}} = \text{argmax}[P(g_k|f)P(f)] \tag{5.67}$$

因此，高分辨率图像的最大后验概率等价于以下两项之积：

① 已知理想高分辨率图像的前提下，低分辨率视频序列出现的条件概率 $P(g_k|f)$。

② 理想高分辨率图像的先验概率 $P(f)$。

显然，MAP 重建算法的估算结果取决于条件概率与先验概率密度函数两部分的影响。所以对这两者的建模成为该算法实现的关键。

（3）空间域重建算法

空间域重建算法模型灵活多样，且不受全局运动建设限制，主要方法有非规则空间内插、迭代反向投影、凸集投影、全变分等方法。

① 凸集投影算法　凸集投影（POCS，Projection Onto Convex Sets）算法是在估计出配准参数后，利用参数值同时解决超分辨率图像重建和插值问题。该算法将重建图像连续地投射到不同凸集当中，每一个集合代表对重建图像作出的假设和图像所需具备特征的约束，比如数据保真度、平滑度和尖锐度等等。在每一个约束凸集 C_i 上定义投射算子 T_i。问题简化为在高分辨率图像空间中给定一点，迭代地求其闭型解，这个解就是所有凸集约束 C_i 的交点。迭代收敛过程如下式所示：

$$f^{n+1} = T_i f^n \Rightarrow f^{n+1} = T_m T_{m-1} \cdots T_2 T_1 f^n \ (n = 0, 1, 2, \cdots) \tag{5.68}$$

这种交替迭代方法主要的优点是可以方便地引入解的先验知识；缺点是解不唯一，收敛慢和计算量大。

② 迭代反投影算法　该算法先对重建图像作出初始估计 f_0，比如利用最邻近内插的方法放大其中任一幅低分辨率图像；利用成像模型从 f_0 下采样出低分辨率图像 g^*；分别计算低分辨率图像 g^* 与实际低分辨率图像 g_k 的差并求均值；利用投影算子 k^{bp} 投影到对图像初始的估计 f_0 上，更新高分辨率图像估计值，反复迭代使误差最小化，迭代公式如下：

$$f_n = f_{n-1} + \frac{1}{k}\sum_{i=1}^{k} A^{\text{bp}}(g_i - g^*) \tag{5.69}$$

由于超分问题的病态性，该算法没有引入先验信息作为约束项，使得迭代次数不易控制，其解自然也不唯一。

③ 全变分正则化算法　正则化方法是求解不适定数学问题的有效方法，其基本思想就是在不适定问题上加上某些正则条件，形成如下适定的无约束优化问题：

$$\hat{f} = \arg\min_f\left\{\frac{1}{2}\sum_{i=1}^{k}\|D*T_k*h*f-g\|_2^2 + \lambda\|J(f)\|_p^p\right\} \tag{5.70}$$

式中，$\hat{f}$ 为超分辨率重建图像；λ 为正则参数；J 为正则算子；p 为非负常数；$\|\cdot\|_p^p$ 表示 p 范数。当 $0 \leqslant p \leqslant 1$ 时，就是非凸优化问题；当 $p > 1$ 时，就是凸优化问题。当 $p = 0$ 时，就是 l_0 范数正则化优化问题，又称为基于稀疏表示理论的正则化优化问题；当 $p = 2$ 时，Tikhonov 正则化优化问题，又称为最小二乘凸优化问题，即

$$\hat{f} = \arg\min_f\left\{\frac{1}{2}\sum_{i=1}^{k}\int(D*T_k*h*f-g)^2 + \lambda\int[J(f)]^2\right\} \tag{5.71}$$

全变分算子是一种非线性正则化算子，它在抑制噪声的同时不给解添加平滑约束，在有界变差数学理论框架下，该优化问题存在唯一的稳定解。全变分正则化图像超分辨率重建定义如下优化问题：

$$\hat{f} = \arg\min_f \left\{ \frac{1}{2} \sum_{i=1}^{k} \parallel D * T_k * h * f - g \parallel_2^2 + \lambda \sum \sqrt{f_x^2 + f_y^2} \right\} \tag{5.72}$$

利用变分原理可以将上述优化问题转换为 Euler-Lagrange 方程来求解：

$$\sum_{i=1}^{k} h^T * T_k^T * D^T * (D * T_k * h * f - g_k) - \lambda \frac{\nabla f}{|\nabla f|} = 0 \tag{5.73}$$

式中，h^T、T^T、D^T 是 h、T、D 的共轭转置，也是 h、T、D 的逆过程。为了加速收敛，引入共轭梯度迭代算法，上式的迭代过程可以表示为：

$$f_n = f_{n-1} + \sum_{i=1}^{k} h^T * T_k^T * D^T * (D * T_k * h * f_{n-1} - g_k) + \lambda \frac{\nabla f_{n-1}}{|\nabla f_{n-1}|} \tag{5.74}$$

除了以上超分辨率重建方法以外，基于学习的多幅图像超分辨率重建算法也是一个研究热点。该类方法一般针对特定类型的图像进行处理，比如人脸图像或文本图像。算法先通过学习训练库中对应的低分辨率和高分辨率图像，获取关于退化的先验信息以及高低分辨率图像之间的关联参数，然后在训练库中搜索与输入图像最相似的同类图像，并假设两者具有相同的退化模型和先验知识，利用学习得到的信息对输入低分辨率图像进行重建，构造对应高分辨率图像。

第6章　图像压缩编码

近年来，随着计算机与数字通信技术的迅速发展，特别是网络和多媒体技术的兴起和不断成熟，图像作为信息获取和信息交流的最直观载体之一，其处理和应用技术越来越受到重视，图像编码与压缩作为数据压缩的一个分支，受到越来越多的关注。图像信息量需求的急剧增加，对图像的存储和传输效率的要求越来越高，而大数据量的图像信息会给存储器的存储容量、通信干线信道的带宽以及计算机的处理速度造成极大的压力。而且图像数据文件通常包含着数量可观的冗余信息和自相关信息。图像压缩（或称图像压缩编码）就是通过删除或减少冗余的或不需要的信息而对大量的原始图像信息进行有效压缩的技术。

数据压缩最初是信息论中的一个重要课题，在信息论中数据压缩被称为信源编码。从本质上说，图像也是数据的一种，图像编码与压缩就是对图像数据按一定的规则进行变换和组合，从而达到以尽可能少的代码（符号）来表示尽可能多的信息的目的。

图像压缩编码的方法多种多样，有文献统计有近 200 种，但至今对这些方法的分类并不统一。若按照对编码进行解压再重建后的图像和原始图像之间是否具有误差，可分为无失真编码（或称为信息保持编码、无损编码）和限失真编码（或称为非信息保持编码、有损编码）；无损编码中删除或减少的仅仅是图像数据中冗余的数据，经解码重建后图像和原始图像失真很小，常用于复制、保存十分珍贵的历史、文物图像等场合；有损编码常指高压缩比的编码方法，解码重建的图像与原始图像相比有失真，不能精确地复原，但在视觉效果上差异不大，数字电视、图像传输和多媒体技术等常采用这类编码方法。若按照编码长度（即一个码字含有的码符号的个数），可分为等长编码和变长编码；按照目前通用的方案又可分为熵编码、预测编码、变换编码（如 K-L 、DCT 和 DST 编码），以及其他编码（如基于小波理论、分形理论和神经网络理论的压缩编码）等。

图 6.1 为常见的对图像压缩编码技术的分类。

实际上，各种编码方法不是绝对分开的，在应用中要针对具体要求和图像数据的不同情况将各种方法有效结合使用。同时，对图像文件的编码和解码、压缩速度和压缩比之间的关系、有损与无损之间的折中都需要进

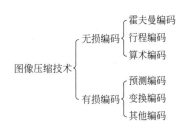

图 6.1　图像压缩编码技术的分类

行考虑。

编写本章的基本思想是简要介绍图像压缩编码中的基础知识和一些图像数据压缩的经典方法。主要内容包括图像数据的冗余度分析、图像保真度准则分析、图像无损压缩编码、有损压缩编码和变换编码等。

6.1 图像冗余分析

一般说来，一幅数字图像的数据量通常是比较大的，尤其是包括多媒体信息的图像更是如此。例如一幅 $23\text{cm} \times 23\text{cm}$ 的黑白航空相片，如果数字化时取样间隔设定为 $25\mu\text{m}$，采用 256 个灰度级，那么其数字化后的数据量将近 83M。如果对同样大小的彩色相片按相同的取样间隔数字化其数据量将达到 248M。而利用各种航天遥感手段获得的遥感影像（如成像光谱仪）数据量则更大，一景高分辨率全色影像的数据量约为 1.5G。图像数据通常包含大量的冗余信息且像素间存在一定的相关性，图像抽样值本身有一些内在的联系和规律。例如，图像的同一行相邻像素之间、相邻行像素之间，以及活动图像相邻帧的对应像素之间往往存在很强的相关性。建立在信息论基础上的经典图像编码方法就是利用图像信号这种固有的统计特性，通过去除相关性来对图像信息进行压缩处理的。压缩前后两个数据文件的大小之比（压缩比）确定了对图像数据的压缩程度。

目前主流的图像压缩技术是通过去除或减少三个基本数据冗余中的一个或多个来实现的。图像数据冗余主要包括以下方面。

① 编码冗余。当所用的码字大于最佳编码长度（即最小长度）时，会出现编码冗余。人们经常提出的一个问题是，表示一幅图像的灰度级到底需要多少比特？换言之，是否能够得到在不丢失信息的条件下充分描绘一幅图像的最小数据量？例如，一幅二值图像用 256 灰度级编码则肯定存在大量的编码冗余。

② 像素间冗余。即一幅图像像素间的相关性所造成的冗余。图像信息存在着很大的冗余度，数据之间存在着相关性，任何一幅图像中的像素都可以合理地从它们的相邻像素值来预测，这些单独像素所携带的信息相对较少。单一像素的视觉贡献对一幅图像来说大部分是多余的，应该能够在其相邻像素值的基础上推测出这些像素值。这些相关性是像素间冗余潜在的基础。为了减少像素间的冗余，我们通常必须把由人观察和解释的二维像素数组变换为更有效的格式。比如，邻近像素点之间的差值可以用来表示一幅图像。

③ 心理视觉冗余。即源于人类视觉系统对数据忽略的冗余（也就是视觉上不重要的信息）。人的视觉对于边缘急剧变化不敏感，人眼具有对图像的亮度变化敏感度高、对色度变化敏感度低的特点。

图像压缩主要就是根据上述图像中固有特征进行的。一种是将相同的或相近的数据或数据特征归类，使用较少的数据量描述原始数据，达到减少数据量的目的，这种一般称为无损压缩；另一种是利用人眼的视觉特性有针对性地简化不重要的数据，即有损压缩。只要损失的数据不太影响人眼主观接受的效果，便可采用。

6.2 图像保真度准则

在图像压缩编码中，解码图像与原始图像可能会有差异。因此，需要评价压缩后图像的质量。描述解码图像相对原始图像偏离程度的测度一般称为保真度（逼真度）准则。常用的准则可分为两大类：客观保真度准则和主观保真度准则。

6.2.1 客观保真度准则

最常用的客观保真度准则是原图像和解码图像之间的均方根误差和均方根信噪比（Signal Noise Ratio，简称信噪比 SNR）。令 $f(x，y)$ 代表大小为 $M \times N$ 的原图像，$\hat{f}(x，y)$ 代表解压后得到的图像。对任意 x 和 y，$f(x，y)$ 和 $\hat{f}(x，y)$ 之间的误差定义为：

$$e(x,y) = \hat{f}(x,y) - f(x,y) \tag{6.1}$$

则均方根误差 e_{rms} 为：

$$e_{\text{rms}} = \sqrt{\frac{1}{MN}\sum_{x=0}^{M-1}\sum_{y=0}^{N-1}[\hat{f}(x,y)-f(x,y)]^2} \tag{6.2}$$

如果将 $\hat{f}(x，y)$ 看作是原始图像 $f(x，y)$ 和噪声信号 $e(x，y)$ 的和，那么解压图像的均方根信噪比 SNR_{rms} 为：

$$SNR_{\text{rms}} = \sqrt{\sum_{x=0}^{M-1}\sum_{y=0}^{N-1}\hat{f}(x,y)^2 / \sum_{x=0}^{M-1}\sum_{y=0}^{N-1}[\hat{f}(x,y)-f(x,y)]^2} \tag{6.3}$$

实际中常将 SNR_{rms} 归一化并用分贝（dB）表示。令

$$\overline{f} = \frac{1}{MN}\sum_{x=0}^{M-1}\sum_{y=0}^{N-1}f(x,y) \tag{6.4}$$

则有

$$SNR = 10\lg\left\{\frac{\sum_{x=0}^{M-1}\sum_{y=0}^{N-1}[f(x,y)-\overline{f}]^2}{\sum_{x=0}^{M-1}\sum_{y=0}^{N-1}[\hat{f}(x,y)-f(x,y)]^2}\right\} \tag{6.5}$$

如果令

$$f_{\text{max}} = \max[f(x,y)] \tag{6.6}$$

则可得到峰值信噪比 $PSNR$ 为：

$$PSNR = 10\lg\left\{\frac{f_{\text{max}}^2}{\sum_{x=0}^{M-1}\sum_{y=0}^{N-1}[\hat{f}(x,y)-f(x,y)]^2}\right\} \tag{6.7}$$

另外，还可用峰值均方差（PMS，Peak Mean Square Error）、绝对差（NAE，N. Absolute Error）、N 均方差（NMSE，N. Mean Square Error）等来对图像客观保真度进行评价。

6.2.2 主观保真度准则

尽管客观保真度准则提供了一种简单、方便的评估图像信息损失的方法，但很多解压图像最终是提供给人们观看的。对具有相同客观保真度的不同图像，人可能产生不同的视觉效果。这是因为客观保真度是一种统计平均意义下的度量准则，对于图像中的细节无法反映，而人的视觉能够察觉。这种情况下，用主观的方法来评价图像的质量更为合适。图像主观评价的尺度往往是根据观察者对图像技术的熟悉情况来进行选择。对非专业人员来说，多采用质量尺度，而对图像专业人员多采用干扰尺度。目前，图像质量的主观评价方法多采用国际

上规定的 CCIR（Consultative Committee of International Radio）五级评分质量尺度和妨碍尺度。下表给出了 CCIR500（Consultative Committee of International Radio-500）推荐的图像质量评价五级质量标准。

表 6.1　CCIR500 推荐标准

等级	妨碍尺度	质量尺度	等级	妨碍尺度	质量尺度
5	丝毫看不出图像质量变坏	非常好	2	对观看有妨碍	差
4	能看出图像质量变化但并不妨碍观看	好	1	非常严重地妨碍观看	非常差
3	清楚看出图像质量变坏对观看稍有妨碍	一般			

6.3　无损压缩编码

图像数据文件通常包含着数量可观的冗余信息，另外还有大量的不相干的信息，这就为现代数据压缩技术提供了可能。无损压缩编码所采用的算法只是删除了图像数据中的冗余信息，可以在解压缩时精确地恢复原始图像。这种方法可以分为两类：基于字典的技术（如行程编码）和基于统计的方法（如 Huffman 编码等）。基于字典的技术生成的文件包含的是定长码，每个码代表原文件中数据的一个特定序列。基于统计的方法通过用较短代码代表频繁出现的字符，用较长代码代表不常出现的字符，从而实现数据的压缩。

6.3.1　行程编码

行程编码（xingcheng bianma，Run length Encoding，RLE。或称游程编码）是最简单的基于字典的图像数据压缩技术。它是以具有相同灰度值的像素数结合灰度值标记来表示的，编码中要包含像素灰度值标记及其持续的长度（运行长度）。

对于那些只包含很少几个灰度级的图像，其中经常包含一些较大的区域，它们是由具有相同灰度或颜色的相邻像素组成的。在一个逐行存储的图像中，具有相同灰度值的一些像素组成的序列，称为一个行程。我们可以先存储一个代表灰度值的码，紧接着存储行程的长度（即具有相同灰度值的相邻像素个数），而不必将同样的灰度值存储很多次。它对有单一颜色背景下的物体的图像可以达到很高的压缩比，但对其他类型的图像压缩比就很低。

因此，行程编码一般不直接应用于多灰度图像，它比较适合用于二值图像的压缩编码。

6.3.2　基于统计的编码

在讨论统计编码技术之前，我们先熟悉一下经典信息论中的有关基本概念，再介绍基于统计的编码方法。

（1）信息与信息量

从字面上看，信息代表的是某个消息或者某个具体的事件，是对事物的运动状态或者存在形式的具体内容的描述。

1948 年，在概率论的基础上，香农博士发表了著名的论文《通信的数学原理》（A Mathematic Theory of Communication）建立起一套完整的理论，将世界的不确定性和信息联系了起来，这就是信息论。信息论不仅是通信的理论，也给人们提供了一种看待世界和处理问题的新思路。香农除了给出对信息和互信息的量化度量之外，还给出了相关信息处理和通信的最基本的定律，即香农第一定律和香农第二定律。有学者认为，这两个定律，对于信息时代的作用堪比牛顿力学定律对机械时代的作用。

信息论中关于信息的概念和日常生活中人们对信息的理解是不同的，它是对事物的运动状态或者存在形式的不确定性的描述。

一个信息传输系统由三大部分组成：信源、信道和信宿。信息由信源发出，借助信道传输，在信宿接收信息。在这个过程中，对于信源来说，所发出的消息总是确定的，但是对于信宿来说，在收到某条消息之前，究竟将会收到什么消息是不确定的。当收到某个信息时，被消除的不确定性越多，则获得的信息量越大。因此，信息量是指当获得某个信息时，该信息被消除的不确定性的大小。所谓信息的不确定性就是随机性，而随机性的测度就是概率。因此可以用概率来度量消息的这种不确定性。也就是说，可以用被消除的事件发生的概率来度量事件发生时的信息量。

由事件的传递过程可知，在收信端被消除的事件发生的概率取决于该事件在发信端发生的概率（事件发生的先验概率）以及信道对该事件的影响。在信道无影响的情况下，在收信端被消除的事件发生的概率完全取决于事件发生的先验概率。因此事件、事件的先验概率以及在收信端收到该事件时获得的信息量之间的关系可以表示为：

$$I(x_i) = f[p(x_i)] \tag{6.8}$$

式中，x_i 表示事件；$p(x_i)$ 表示事件的先验概率；$I(x_i)$ 表示信息量。

Shannon 定义了一种信息的度量标准，它与符号 x_i 在消息中出现的概率有以下关系：

$$I(x_i) = \lg \frac{1}{p(x_i)} \tag{6.9}$$

之所以这样定义，是因为出现概率越小的符号，对于消息的信息量的贡献越大；整个消息的信息量是构成它的那些字符中对于信息量有贡献的那部分之和。信息量的单位取决于上式中对数的底数。如果采用以 2 为底的对数，则信息量的单位为比特。为了书写简便经常把底数 2 省略不写。

如果信源在传输的过程中受到信道的干扰，那么当信源发出某个事件 x_i 之后，收信端将收到一个受干扰的事件 y_i。这种情况下信息量可以用条件概率 $p(x_i|y_i)$ 来度量。因此有：

$$I(x_i, y_i) = \lg \frac{1}{p(x_i)} - \lg \frac{1}{p(x_i|y_i)} \tag{6.10}$$

即：

$$I(x_i, y_i) = \lg \frac{p(x_i|y_i)}{p(x_i)} \tag{6.11}$$

这就是有信号干扰时信息量的计算式。无噪声干扰时的信息量叫做自信息量；有噪声干扰时的信息量叫做互信息量。在某些时候，噪声也可以被看成是一种信息。因此，互信息也是信息论中的一个重要概念。

（2）图像的信息熵及其计算

自信息是对某个具体的消息说的，它是指信源发出那个消息时该消息携带的信息量，而不是信源所能提供的信息量。为了度量信源所能提供的信息量的大小，信息论中引进了信息熵（Information Entropy）的概念，并且定义信源的信息熵为自信息量的数学期望，即消息的平均信息量：

$$H(X) = E\left[\lg \frac{1}{p(x_i)}\right] = -\sum_{i=1}^{q} p(x_i)\lg p(x_i) \tag{6.12}$$

有学者认为，关于信息熵的计算公式是概括人类最高文明成就的三个公式之一（另外两个是爱因斯坦提出的质能转换公式和量子力学中的测不准原理公式）。信息熵大，意味着不确定性也大。例如在中文信息处理时，汉字的静态平均信息熵比较大，中文是 9.65 比特，英文是 4.03 比特。这表明中文的复杂程度高于英文，反映了中文词义丰富、行文简练，但处理难度也大。因此，我们应该深入研究以寻求中文信息处理的深层突破。不能盲目地认为汉字是世界上最优美的文字，从而就引申出汉字最容易处理的错误结论。

在图像的压缩编码中，数字图像被看作是离散的信源，而且使用平稳的马尔可夫随机场作为图像的统计模型。因此，一幅 256 灰度级的数字图像的信息熵可按下式计算，即：

$$H = -\sum_{i=0}^{255} p_i \lg p_i \tag{6.13}$$

式中，p_i 是图像灰度级的概率。图像熵的单位由自信息量的单位决定，通常采用比特为单位。显然，信息熵从平均意义上表征了信源的一个总体特征，即信源发出的各种消息中每一消息所能提供的平均信息量。在无噪声干扰时，收信端所获得的平均信息量等于信源的信息熵。

按某种编码方法编码后仍留在信息中的冗余量，就是该编码的平均码长与信息之间的差别，也就是：

$$R = E\{L_w(x_i)\} - H \tag{6.14}$$

式中，$L_w(x_i)$ 用来代表符号 x_i 的码字长度（对二进制编码来说，以位为单位）。如果某种编码方法产生的平均字长等于信息源的熵，那么，它必定除去了一切冗余的信息。

常用的基于统计的编码方法很多，如霍夫曼（Huffman）编码、香农（Shannon）编码、费诺（Fano）编码、B 码编码、移位码编码等等，在此，我们只进行部分介绍。

（3）霍夫曼编码

根据香农第一定律，对于信源发出的所有信息设计一种编码方法，编码的平均长度一定大于该信源的信息熵，并且一定存在一种编码方式，使得编码的平均长度无限接近于它的信息熵。作为对香农第一定律的补充，霍夫曼于 1952 年提出了一种编码方法，它完全依据信源字符出现的概率大小来构造码字，这种编码方法形成的平均码字长度最短。实现霍夫曼编码的基本步骤如下。

第 1 步：将信源符号出现的概率按由大到小的顺序排列。

第 2 步：将两处最小的概率进行组合相加，形成一个新概率。并按第 1 步方法重排，如此重复进行直到只有两个概率为止。

第 3 步：分配码字，码字分配从最后一步开始反向进行，对最后两个概率一个赋予"0"码字，另一个赋予"1"码字。如此反向进行到开始的概率排列，在此过程中，若概率不变则采用原码字。

下面举例说明霍夫曼编码的方法。设原始图像的灰度级及其出现的概率为：

$$X: \quad x_1 \quad x_2 \quad x_3 \quad x_4 \quad x_5$$
$$p(x): \quad 0.4 \quad 0.2 \quad 0.2 \quad 0.1 \quad 0.1$$

按照上述步骤，编码过程如图 6.2 所示。

它的平均码长为：

$$L = \sum_{i=1}^{5} p(x_i) l_i = 0.4 \times 1 + 0.2 \times 2 + 0.2 \times 3 + 0.1 \times 4 + 0.1 \times 4 = 2.2$$

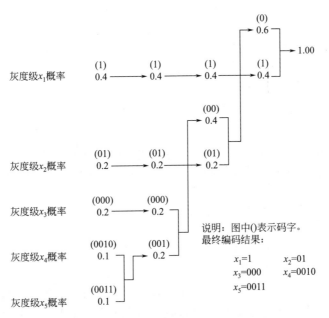

图 6.2　霍夫曼变长编码过程示意图

图像信息熵为：

$$H = -\sum_{i=1}^{5} P_i \lg P_i = 2.12$$

编码效率为：

$$\eta = \frac{H(x)}{L} = \frac{2.12}{2.2} = 96\%$$

霍夫曼编码得到的码并不是唯一的。因为在编码过程中，赋给两个最小概率对应的灰度级的码元既可以是 0 和 1，也可以是 1 和 0。当采用不同的赋值方式时，必然得到不同的码字。另外，在每步的排序中，对于概率相同的灰度级，究竟哪一个排在前，哪一个排在后，编码过程中也是任意的。当概率不同的灰度级排列的先后次序不同时，也必然得到不同的码字。将合并后的灰度级尽量排在前面的位置得到的码，与前面所述具有相同的平均码长和相同的编码效率，但是具体赋给每个灰度级的码长却不完全相同。一般采用后面这种排序方法。

理论上已经证明，霍夫曼编码是一种最佳保熵编码方法，因为它的平均码长十分接近它的信息熵。但还有几个问题需要讨论。

① Huffman 编码是最佳的，但构造出来的码不是唯一的，可是其平均码长却是相同的。所以并不影响编码效率和数据压缩性能。

② 由于 Huffman 码的码长参差不齐，因此存在一个输入、输出速率匹配问题。解决的方法是设置一定容量的缓冲存储器。

③ Huffman 码在存储或传输过程中，如果出现误码，可能会引起误码的连续传播，1 比特的误码可能把一大串码字全部破坏。因此，限制了 Huffman 码的使用。这是因为采用异前束码来分割码序列，一旦在传送中出现误码，某个码字的前置部分可能成为另一个码字，所以错译为一个符号，而剩下的部分又与后面的码字的一部分译成某一符号。这样可能要经过一段信息被错译后，才可正确地分割码字。

④ Huffman 编码对不同信源其编码效率也不尽相同。当信源概率是 2 的负次幂时，其编码效率达到 100%；当信源概率相等时，其编码效率最低。这就告诉我们，在使用 Huffman 方法编码时，只有当信源概率分布很不均匀时，Huffman 码才会收到显著的效果。

⑤ Huffman 编码应用时，均需要与其他编码结合起来使用，才能进一步提高数据压缩比。

⑥ 进行 Huffman 编码后，对信源中的每一个符号都给出一个码字，这样就形成 Huffman 编码表。编码表是必需的，因为在解码时，必须参照这一 Huffman 编码表来正确译码。

（4）费诺编码法

费诺编码法是另外的一种变长编码法。它充分利用信源的统计特性，将概率大的灰度级对应短码字，概率小的灰度级对应长码字。因此它也是一种相当好的编码方法。费诺码的编码步骤如下。

第 1 步：将图像的灰度级概率按照从大到小的顺序排列。如设：

$$p(x_1) \geqslant p(x_2) \geqslant \cdots \geqslant p(x_n)$$

然后将排列好的灰度级分成两个子集，使每个子集的概率之和近似相等。

第 2 步：用码元 0 和 1 分别赋给两个子集中的灰度级。

第 3 步：重复第一步操作，将两个子集再各自细分为两个子集，并且同样也使它们的概率和近似相等。然后重复第 2 步。依次进行直到每个子集只剩下一个灰度级。再对每个灰度级所赋过的值依次排列出来就构成了各个灰度级的费诺码。

下面举例说明费诺码的编码方法。设原始图像的灰度级及其概率为：

$$X:\quad x_1 \quad x_2 \quad x_3 \quad x_4 \quad x_5 \quad x_6 \quad x_7 \quad x_8$$
$$p(x):\quad 1/4 \quad 1/4 \quad 1/8 \quad 1/8 \quad 1/16 \quad 1/16 \quad 1/16 \quad 1/16$$

按照上述步骤，编码过程如表 6.2 所示。

它的平均码长为：$L = \sum_{i=1}^{8} p(x_i)l_i = 2.75$ 比特

信息量为：$H = -\sum_{i=1}^{8} P_i \lg P_i = 2.75$

编码效率为：$\eta = \dfrac{H(x)}{L} = 1$

由此可见，费诺编码是一种高效的编码法。如果在编码中对两个子集赋值时，对应与概率大的子集赋 0，对应与概率小的子集赋 1，那么费诺码具有数值递增的特点，即从概率大到概率小的灰度级的码字看，它的十进制值是递增的。这种特点可以用来缩短编码和译码的时间。

表 6.2　费诺编码过程

灰度级	概　率	编　码　过　程				码　字	码长/比特
x_1	1/4	0	0			00	2
x_2	1/4	0	1			01	2
x_3	1/8	1	0	0		100	3
x_4	1/8	1	0	1		101	3
x_5	1/16	1	1	0	0	1100	4
x_6	1/16	1	1	0	1	1101	4
x_7	1/16	1	1	1	0	1110	4
x_8	1/16	1	1	1	1	1111	4

（5）香农编码法

香农编码也是一种变长编码。其编码步骤如下。

第 1 步：将图像的灰度级概率按照从大到小的顺序排列。其中概率相等的可以任意颠倒排列位置。

第 2 步：按照下式计算不同概率的各个灰度级的码长 l_i。即：

$$-\lg p(x_i) \leqslant l_i < -\lg p(x_i) + 1$$

第 3 步：计算与各个概率对应的累加概率 a_i。即：

$$a_1 = 0 \qquad a_i = \sum_{k=1}^{i-1} p(x_k) \quad i = 2, 3, \cdots, n$$

第 4 步：把各个累加概率 a_i 由十进制数转化为二进制数。

第 5 步：取二进制表示的累加概率的小数部分的位 l_i，就得到灰度级 x_i 的香农码的码字。

下面举例说明香农码的编码方法。设原始图像的灰度级及其概率为：

$$X: \quad x_1 \quad x_2 \quad x_3 \quad x_4 \quad x_5 \quad x_6 \quad x_7 \quad x_8$$
$$p(x): \quad 0.40 \quad 0.18 \quad 0.10 \quad 0.10 \quad 0.07 \quad 0.06 \quad 0.05 \quad 0.04$$

编码结果如表 6.3 所示。

表 6.3　香农编码过程

灰度级 x_i	概率 $P(x_i)$	码长/比特	累加概率	二 进 制	香 农 码				
x_1	0.40	2	0.00	0.00000000	0	0			
x_2	0.18	3	0.40	0.01100110	0	1	1		
x_3	0.10	4	0.58	0.10010100	1	0	0	1	
x_4	0.10	4	0.68	0.10101110	1	0	1	0	
x_5	0.07	4	0.78	0.11000111	1	1	0	0	
x_6	0.06	5	0.85	0.11011001	1	1	0	1	1
x_7	0.05	5	0.91	0.11101000	1	1	1	0	1
x_8	0.04	5	0.96	0.11110101	1	1	1	1	0

它的平均码长为：$L = \sum_{i=1}^{8} p(x_i) l_i = 3.17$ 比特

信息量为：$H = -\sum_{i=1}^{8} P_i \lg P_i = 2.55$

编码效率为：$\eta = \dfrac{H(x)}{L} = 80.4\%$

由此可见，香农编码法的效率比霍夫曼编码法要低一些。

还有很多基于统计的编码方法，如 B 码和移位码等。

6.4　有损压缩编码

有损数据压缩除删除图像数据的冗余信息外，还利用相邻像素之间的相关性来减少数据量。因此解压时只能对原图像进行近似的重构，而不是精确的复原。

6.4.1　预测编码

预测编码是有损压缩的一种。它是建立在图像局部范围内像元灰度级高度相关基础上的一种压缩图像数据量的方法。它利用图像局部范围内像元灰度级高度相关的特性，在已知前面一些像元灰度级的基础上，预测当前被考虑的像元灰度级。通过这种预测，在图像编码中不是对像元灰度级自身进行编码，而是对像元实际灰度级与其预测值之间的差值进行编码。

典型的有损预测编码系统将图像按行扫描进行编码。在扫描到某一像素前，首先用此像素前面的一些像素值对其值进行预测估计，其次，与实际像素值进行比较，用实际值减去预测估值得到差值信号；再次，将此差值信号量化；最后，进行编码和传输，在接收端用量化的差值信号重建图像。这就是有损预测编码的基本原理。

在预测编码系统中，由于预测函数的不同，常见预测模型有线性预测、非线性预测和自适应预测等。其中线性预测算法简单，容易用硬件实现。

对有损压缩编码的效率评价，可以借助率失真函数理论进行。率失真理论（Rate Distortion Theory）旨在寻求一种联系定字长的编码策略的失真度（重构的误差）和编码时的数据率（如每像素的位数）。由于该理论假定输入图像是连续的，因此在有限数据率的条件下，由于存在量化误差，失真度永远不为零。尽管它没有确定最优的编码器，率失真函数理论还是提供了达到最佳效果的一些条件。

当使用有损压缩方法时，重构的图像 $g(x,y)$ 将与原始图像 $f(x,y)$ 不同。两者的差别（失真度）可以很方便地由重构的均方误差来定量确定：

$$D = E\{[f(x,y) - g(x,y)]^2\} \tag{6.15}$$

如果我们定义一个最大容许失真量 D^*，那么编码时对应的比特率的下限 $R(D^*)$ 为 D^* 的单调递减函数。$R(D^*)$ 称为率失真函数。反函数 $D(R)$ 单调的失真率函数有时也会用到。

重构误差的熵由下式给出：

$$H[f(x,y) - g(x,y)] \leqslant \frac{1}{2}\log(2\pi e D^*) \tag{6.16}$$

等号成立的条件是，差图像的像素在统计上是互相独立的，而且具有高斯型的概率密度函数。这就告诉我们，最好的编码方法产生的误差图像只包含高斯白噪声。这样，主观上可以评价图像编码器的好坏，方法是考察原始图像和编码后的图像之间的差别。在差图像中的任何可识别的结构都说明编码器不是最佳的。

6.4.2　变换编码原理

在空间上具有强相关的信号，反映在频率域上是在某些特定的区域中能量集中在一起，或者是系数矩阵的分布具有某种规律。图像变换编码的基本概念是：将空间域里描述的图像，经过某种变换（常用的是二维正交变换，如傅里叶变换、离散余弦变换、沃尔什变换等）在变换域中进行描述，达到改变能量分布的目的，将图像能量在空间域的分散分布变为在变换域的能量的相对集中分布。这样有利于进一步采用其他的处理方式，从而获得对图像信息量的有效压缩。

在图像的变换域对图像进行编码是一种比预测编码更为高效的数据压缩方法。变换编码法通用的模型如图 6.3 所示。它主要由图像的映射变换和编码等操作组成。映射变换把原始图像由原来的空间数据映射到另一种空间数据，然后对映射后的图像数据进行量化和编码，从而实现数据的压缩。由于量化会产生少量的信息失真，因此变换编码属于非信息保持型的编码。因此也是一种有损编码方法。这种编码的译码过程同编码的过程正好相反，先进行译码，然后进行反变换，从而重构原始图像数据。

图 6.3　变换编码模型

图像映射变换的方法很多，其中最常用的是正交变换，如主分量变换（K-L）、离散余弦变换（DCT）、正交小波变换等。图像的变换为图像数据的压缩创造了条件，然而实际的数据压缩还要依靠数据的编码来实现。通常变换编码中使用的编码方法主要有区域取样法、区域编码法、门限编码法、稀疏矩阵编码法、自适应编码法以及混合编码法等。

6.4.3　正交变换的应用

正交变换是一种数据处理手段，它将被处理的数据按照某种变换规则映射到另一个域中去处理。正交变换有一维、二维和多维不同的处理方式。由于图像可以看成二维数据矩阵，因此在图像编码中多采用二维正交变换的方式。如果将一幅图像作为一个二维矩阵，则其正交变换的计算量太大难以实现。所以在实际应用中，先将一幅图像分割成一个个小图像块，通常是 8×8 或 16×16 小方块。每个图像块的像素值都可以看成为一个二维数据矩阵，正交变换就是以这些小图像块为单位进行的。变换编码把统计上彼此密切相关的像素所构成的矩阵通过线性正交变换，变成统计上彼此较为相互独立、甚至达到完全独立的变换系数所构成的矩阵，这就是通常所说的图像变换或变换编码。

信息论的研究表明，正交变换不改变信源的熵值，变换前后图像的信息量并无损失，完全可以通过反变换得到原来的图像值。但是，统计分析表明，经过正交变换后，数据的分布发生了很大的改变；系数（变化后产生的数据）向新坐标系中的少数坐标集中，如集中于少数的直流或低频分量的坐标点。

因此，尽管正交变换本身并不压缩数据量，但它为在新坐标系中的数据压缩创造了条件。比如，由于去除了大部分相关性，系数分布相对集中，便于用变字长编码等方法来达到压缩数据的目的。有时为了得到更大的压缩量，实际上一般并不直接对变换系数进行变长编码，而是依据人的视觉特性，先对变换系数进行量化，允许引入一定量的误差，只要它们在重建图像中造成的图像失真不明显，或者能达到所要求的观赏质量就行。量化可以增加许多不用编码的 0 系数，然后对量化后的系数施行变长编码。

6.4.4　离散余弦变换的应用

在目前常用的正交变换中，DCT 变换其性能接近最佳，仅次于 K-L 变换。所以 DCT 变换被认为是一种准最佳变换。另外，DCT 变换矩阵与图像内容无关，而且由于它是构造成对称的数据序列，从而避免了子图像边界处的跳跃和不连续现象，并且也有快速算法（FDCT）。所以在图像编码的应用中，往往都采用二维 DCT。

对于一般图像，在二维 DCT 的变换域中，幅值较大的系数大多集中在低频域，系数的分布是相当集中的。这和二维 DFT 十分类似。

根据 DCT 系数集中在低频区域、越是高频区域系数值越小的特点，根据人眼的视觉特性，通过设置不同的视觉阈值或量化电平，将许多能量较小的高频分量量化为 0，可以增加变换系数中"0"的个数，同时保留能量较大的系数分量，从而获得进一步的压缩。采用

DCT 算法的图像压缩编码的基本框图如图 6.4 所示。这实际上和静止图像压缩编码的国际标准 JPEG 的基本压缩系统是一致的。在 JPEG 的基本系统中，就是采用二维 DCT 的算法作为压缩的基本方法，当然在 JPEG 中还给出了所建议的 DCT 系数的量化表和变长编码的查找表。

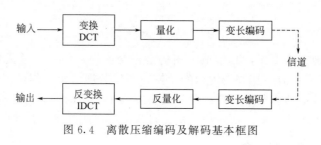

图 6.4　离散压缩编码及解码基本框图

第7章　彩色和多光谱图像处理

7.1　引　言

前面我们所谈到的数字图像是二维的，都是根据采样定理对图像在 (x, y) 二维空间进行采样并量化灰度值而得到。因此可以认为这些图像是两个空间变量的灰度值函数。如果在此基础上增加一个或多个光谱变量（光的波长的函数），即对图像上每一点的光谱进行采样，那么可以将其扩展到三维甚至多维。这种图像就是多光谱图像。处理此类图像的有关过程一般称为多光谱图像分析。如果将光谱限制在肉眼能感觉到的红、绿、蓝三个光谱段上，就形成与目标颜色一致的彩色图像。

由于多光谱图像包含了极为丰富的光谱信息，因此对图像的光谱分析和识别研究越来越受到重视。而由于人眼对色彩变化的敏感程度比对灰度微弱递变的敏感程度要高得多，因而基于对图像色彩信息的改善与处理，通过图像的彩色处理来提高人眼对图像的识别能力，形成了彩色图像处理技术。

一般来说，肉眼对彩色图像的视觉感受比对黑白或多灰度图像的感受丰富得多。人眼对彩色的分辨能力远远大于对黑白灰度的分辨能力，对于一般的观察者通常只能分辨十几级灰度，而对于彩色，人的眼睛可分辨上千种彩色的色调和强度。在一幅黑白图像中检测不到的信息，经彩色处理后可被容易地检测出来。因此，为了用科学的手段，尤其是用计算机来处理彩色信息，必须能够用定量方法来描述彩色信息，即建立彩色模型。

由于有关彩色的许多结论都是借助于实验而得到的，因此描述彩色的方法也就有多种多样。这些结论或方法大致分为三类：色度学彩色模型、工业彩色模型、视觉彩色模型。色度学彩色模型偏重于理论和计算方面，如 XYZ 彩色模型等。因而有时也称为计算模型。工业彩色模型主要用于彩色电视等实际应用场合，侧重于用实际方法来复现彩色（电磁波冲击荧光粉）。视觉彩色模型侧重于用与肉眼的色觉相吻合的亮度、色调和饱和度来描述彩色信息。

本章将介绍各种彩色模型及其转换、彩色图像增强技术以及多光谱图像分析。

7.2 彩色图像处理

7.2.1 色度学的基础知识

在学习有关彩色图像处理之前，首先了解有关色度学的一些基础知识。

(1) 颜色与视觉

在电磁波谱中，波长在 $0.38\sim0.76\mu m$ 范围的电磁波能够引起视觉反应，并产生色觉的不同。色是人眼视觉的基本特征之一，可见光的不同波长引起人眼的色觉不同。物体的颜色取决于两方面，对发光体而言，物体的颜色由其所发出的光内所含波长而定。日常所见地物多为非发光物体，其颜色取决于地物对可见光各波段的吸收和反射、透射等特性。对不透明地物而言，则取决于对可见光的吸收和反射特性。如果物体反射的光在所有可见光波长范围内是平衡的，则站在观察者的角度它就是白色的；如果物体仅对有限的可见光谱范围反射，则物体表现为某种特定颜色。应注意的是物体颜色与光源特性及光强有关，如白墙在日光（白光）照射下呈白色，这是由于墙面对日光的各波段具有等量反射；但在红光照射下则呈红色，这是因为入射光为红光，所以反射光中仅含红光光谱。

物体对可见光的各波段具有选择性的吸收和反射则产生彩色；物体对可见光的各波段不具有选择性的吸收和反射，即对各波段具有等量吸收和反射，则产生非彩色。

(2) 彩色基本特性

在广义上，色包括各种彩色、黑、白以及介于黑白之间的各种灰色。明度、色调和饱和度为彩色的基本特性。明度是指彩色的明亮程度，是人眼对光源或物体明亮程度的感觉，彩色光亮度越高，人眼感觉越明亮，即有较高的明度。明度的高低取决于光源光强及物体表面光的反射率大小。色调是色彩彼此相互区分的特性，色调取决于光源的光谱组成和物体表面的光谱反射特性。饱和度是彩色纯洁性，取决于物体表面反射光谱的选择性程度，反射光谱越窄，即光谱的选择性越强，彩色的饱和度就越高。明度、色调和饱和度三者的关系可以用颜色立体模型来表示（如图 7.1 所示）。颜色立体模型呈枣核形，垂直轴表示彩色明度的变化，从上到下，由白变到黑；水平圆周上表示彩色的色调，顺时针方向由红、黄、绿、蓝到紫逐步过渡。圆周上的半径大小代表饱和度，半径最大时饱和度最大，沿半径向圆心移动时饱和度逐渐降低，到了中心便成了灰色。如果离开水平圆周向上下或白黑的方向移动也说明饱和度降低。

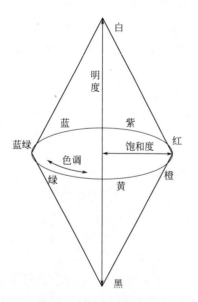

图 7.1 颜色立体模型

非彩色，即黑白色只用明度描述，不用色调、饱和度描述。

(3) 三原色和彩色产生方法

当两种颜色混合产生白色或灰色时，这两种颜色为互补色。当三种颜色相混合时，其中的任一种不能由其余两种颜色混合相加产生，这三种颜色按一定比例混合，可以形成各种色调的颜色，称为三原色。用三原色可以匹配出其他各色光，如：

$R+G=Y$，得到黄色光；

$B+R=M$，得到品红色光；

$B+G=C$，得到青色光。

根据红、绿和蓝混合形成各种色调颜色光的方法为加色法，见图 7.2(a)。应用加色法原理进行各种颜色光生成在日常生活中非常普遍，如彩色电视机颜色的生成、计算机终端颜色的产生等。

从自然光（白光）中，减去一种或两种三原色光而产生彩色的方法，称为减色法，见图7.2(b)。一般适用于颜料配色、彩色印刷等彩色的产生。

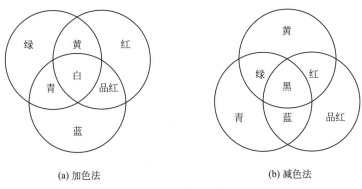

(a) 加色法   (b) 减色法

图 7.2　彩色生成方法

颜料的彩色是由于本身选择性地吸收了入射自然光中一定波长的光，反射出未被吸收的光而呈现的色彩。如黄色颜料是由于本身吸收了自然光中的蓝光，反射出未吸收的红光和绿光叠加混合的结果；品红颜料是由于吸收了自然光中的绿光，反射出红光和蓝光相加的结果；同样，青色颜料是由于吸收了自然光中的红光成分，反射蓝光与绿光的结果。

黄、品红和青色是美术中进行颜料混合时使用的三种基本颜色，通过它们的混合可以产生各种颜色。如当品红与黄色混合时生成红色，即是用减色法进行的颜色的混合。可以理解为自然光（白光）中分别被品红和黄色颜料将其中的绿光和蓝光吸收了，只有红光被混合后的颜料反射出来，因而呈现出红色。应用减色法进行颜色混合在实际应用中也很常见，如美术配色中、彩色喷墨打印机的配色中都是应用减色法原理进行各混合色的生成。

7.2.2　色彩空间表示

色彩空间（颜色模型）是一种特殊环境，其中定义了一个特定的颜色或者图像，是解释颜色具体如何创建、描述和观察的一种科学模型。科学和工程研究人员创建了数量众多的颜色模型，比如 RGB、CMYK、HSB（HSL）和 CIE 等等，希望能对颜色加以控制，为原本纷乱的颜色世界引入一些秩序。类似地，不同的图形软件也允许用户挑选一种颜色模型，从而创作自己的数码图像。但每种颜色模型都只代表自然界整个色谱范围的一小部分而已。尽管我们不可能将自然界所有可能的颜色都应用于计算机，但却完全可以挑选最适合自己的一部分色谱（通常表示成一个三维空间）。我们挑选的完整色谱就叫作"颜色空间"，以后涉及颜色的工作都在这个空间进行。

RGB 是红（Red）绿（Green）蓝（Blue）的简称。它是数字图像处理领域最重要的颜色模型之一。RGB 属于"发射色"或者"负色"（Subtractive color），是一种负色模型，用于描述和创建"发射颜色"（Transmitted color），比如那些在计算机屏幕上显示的颜色。它代表直接从显示器、电视、灯或其他设备里发出的光源。

HSV 即"色调/饱和度/亮度"（Hue/Saturation/Value）颜色模型，所有颜色均根据它们在色谱中的位置（色调）、颜色深度（饱和度）以及明暗程度（亮度）这三方面的参数加以定义。HSL 等价于 HSV，是"色调/饱和度/明暗度"（Hue/Saturation /Luminance）的缩写。值得注意的是，该颜色系统比 RGB 系统更接近于人们的经验和对彩色的感知。在画家的术语里，色调、饱和度和亮度值称为色泽、明暗和调色。

CMYK 是四种"原色"（Primary Colors）的缩写：青（Cyan）、洋红（Magenta）、黄（Yellow）以及黑色（blacK）。注意黑色是用 K 代表的，而不是 B；这是由于 B 也可能是 RGB 颜色模型中"蓝色"（Blue）的缩写。CMYK 属于"反射色"（Reflected color）或者"正色"（Additive color）。彩色墨水、颜料以及油墨等采用的都是 CMYK 模型，用于纸张的印刷。理论上，等量的颜料原色即青色、品红色和黄色混合会产生黑色。在实践中，将这些颜色加以混合来印刷会产生一幅模糊不清的黑色图像。通过颜色混合产生的黑色是不纯的，为了生成纯正黑色，便要添加第四种颜色，即黑色。因此，在减色三原色的基础上添加黑色，目的是通过调整混色的黑白程度来获得较高的对比度。

对计算机图形处理来说，最主要的一个问题就是 CMYK 和 RGB 相互间不可直接转换。所以用计算机进行图形创作的时候，我们在屏幕上看到的是 RGB 颜色。将创作的图像打印或印刷到纸张（或其他不透明材料）的时候，颜色却是用 CMYK 颜色模型生成的。这便是屏幕上看到的颜色常与打印出的颜色不符的原因。

下面对 RGB 色彩模型和 HSL 色彩模型进行简要介绍。

（1）RGB 模型

由色度学理论的加色原理可知，任何颜色都可以用红、绿、蓝三原色按照不同的比例混合而得到。RGB 颜色模型就是基于这一原理，将数字图像像素的颜色用红、绿、蓝三个亮度值的合成色彩来表示，亮度值的大小限定在一定的范围之内，如 0～1 之间。这种约定称为 RGB 格式。在计算机中存储的数字图像其亮度值一般都量化在 0～255 之间，这样便于用一个字节存储。

以 RGB 格式存储的图像的任意一个像素的颜色都可以用 RGB 三维色彩空间中第一象限的一个点来表示，三维空间坐标轴分别为 R、G、B 色彩轴，三个坐标轴都被量化到 [0，255]，并且相互正交。0 对应于最暗，255 对应于最亮。因此，所有的颜色点都位于一个边长为 256 的立方体内。如图 7.3 所示。

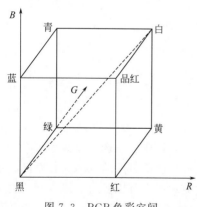

图 7.3　RGB 色彩空间

在 RGB 色彩空间的原点上，三原色的亮度值均为 0。因此原点为黑色。当三原色都达到最大值时则表现为白色。在彩色立方体的对角线上，三原色的亮度值相等，因而表现为灰色调。因此该对角线常被称为灰色线。彩色立方体的其余三个顶点分别对应于三补色——青色、品红色和黄色。

由于计算机显示器以及许多电子显示设备所采用的 CRT 都是直接使用 R、G、B 三色电子枪在荧光屏上显示颜色，因此目前大多数彩色图像都是采用 RGB 格式来表示像素的颜色。任何颜色都可以用取值范围为 0～255 的 3 种基色按不同的比例混合而成，而每种颜色都可以分解成 3 种基本颜色；三原色之间相互独立，任何一种颜色都不能由其余两种颜色组成；混合色的饱和度由 3 种颜色的比例来决定，混合色的亮度则为 3 种颜色的亮度之和。

（2）HSL 模型

另一种有用的彩色模型是由 Munseu 提出的 HSL 格式。它主要基于人的视觉模型。人的颜色视觉主要由色调、饱和度和亮度来决定，而色调、饱和度和亮度属于定性处理颜色的显色系统。因此，我们可以用其来组建显色模型，即 HSL 模型。

其中，H 表示色相（Hue）或者色调，是彩色最重要的属性，决定颜色的本质，它是指组成色光的主波长，由红、绿、蓝三基色的比重决定。S 表示饱和度（Saturation），说明同一色调的粉色光和纯谱色光的区别，它确定了颜色的纯度，即色彩的鲜艳、深浅程度，其取值范围为 [0.0, 1.0]，饱和度越高，颜色越深，饱和度的深浅和白色的比例有关，白色所占比例越高，饱和度越低。L 表示亮度（Lightness）或者强度，是指人眼感觉光的明暗相对程度，光电能量越大，亮度越大；它确定了像素的整体亮度，主要反映地物反射的全部能量和图像所包含的空间信息，与颜色无关，其取值范围为 [0.0, 1.0]。

对上述概念可以这样来理解：假设有一桶纯红色的颜料，它对应的色相为 0，饱和度为 1。混入白色染料后使红色变得不再强烈，减小了它的饱和度，但没有使它变暗。粉红色对应于饱和度值为 0.5 左右。随着更多的白色染料加入到混合物中，红色变得越来越淡，饱和度降低，最后接近于零（白色）。相反地，如果你将黑色染料与纯红色混合，它的亮度将降低（变黑），而它的色相（红色）和饱和度（1.0）将保持不变。

HSL 色彩空间可以用一个圆柱体来表示，如图 7.4 所示。

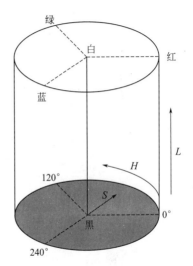

图 7.4　HSL 色彩空间

灰度色调沿着轴线从底部到顶部由黑变白，从而，该轴代表了所有灰度。饱和度（颜色的纯净度）是沿水平方向指向灰度轴的距离，而具有最大饱和度和最高亮度的色彩则位于圆柱顶部的圆周上。在半径方向饱和度 S 从轴心开始逐渐升高，它是色环的原点到彩色点沿半径方向的长度。色相由角度表示，一般使用红色轴作为 0°轴。彩色的色相反映了该色彩最接近什么样的光谱波长。由上图可见，黑色或白色的色调和饱和度都是零。

HSL 彩色模型的重要优点是解除了强度和彩色信息的关系（与灰度关系密切），即 HSL 空间中亮度和色调具有可分离特性，使得图像处理和机器视觉中大量灰度处理算法都可在 HSL 彩色空间中方便地使用。

7.2.3　色彩空间转换

在 RGB 色彩空间中，红、绿、蓝三分量互相并不独立，而在 HSL 色彩空间中，色相、亮度、饱和度三分量的相关性却很低。计算机中真彩色图像的每个像素存储的皆为红、绿、蓝三分量的值。因此在色彩校正或者彩色图像的对比度、亮度的调整以及其他的一些处理过程中，直接改变红、绿、蓝三分量的值会使图像的原始色调发生变化，或者破坏图像的彩色平衡。

因此，在这些特定的处理过程中需要将图像从 RGB 空间转换到 HSL 色彩空间中，经过独立地调整色相、亮度、饱和度的值后，再将其变换到 RGB 色彩空间中。为了实现 RGB 色彩空间和 HSL 色彩空间之间的转换，必须建立 RGB 色彩空间和 HSL 色彩空间之间的关系模型。RGB 色彩空间和 HSL 色彩空间之间相互转化的过程称为 HSL 变换，其中由 RGB 到 HSL 称为 HSL 正变换；由 HSL 到 RGB 称为 HSL 逆变换。HSL 变换的方法很多，最具代表性的有六棱锥法、圆柱体法和三角形法。

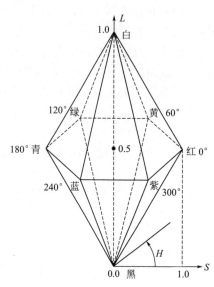

图 7.5　双六棱锥变换示意图

（1）六棱锥法

如果从 RGB 彩色立方体的灰度线的白端看，则看到的是一个正六边形，六边形的边界表示不同的颜色；再假设用一组平行平面沿垂直于黑白轴的方向切入 RGB 彩色立方体，并将平面与立方体表面的切线投射到平面，即构成一组大小不同的正六边形，这是一组等灰度面。将这组等灰度面按照相应的灰度值定位，就得到一个双六棱锥，如图 7.5 所示。

将双六棱锥对应到 RGB 彩色立方体可知，色调仍然以红色为起点，沿逆时针方向颜色将按照红、黄、绿、青、蓝、紫的顺序出现。灰度色彩的饱和度为 0，即 $S=0$，这样的点都位于亮度轴上。当 $S=1$，$L=0.5$ 时颜色具有最大的饱和度，即处于六边形外框的颜色是饱和度最高的颜色。

① HSL 正变换　将 R、G、B 的亮度值统一换算到 $[0，1]$ 范围，并令：

$$M=\max(R，G，B)，\quad m=\min(R，G，B)$$

$$r=\frac{M-R}{M-m}\quad g=\frac{M-G}{M-m}\quad b=\frac{M-B}{M-m} \tag{7.1}$$

r、g、b 中至少有一个为 0 或者 1。以下为变换的步骤。

a. 定义并计算亮度 L：

$$L=\frac{M+m}{2.0} \tag{7.2}$$

b. 定义并计算饱和度 S：

当 $M=m$ 时，$S=0.0$；

当 $M\neq m$，$L\leqslant0.5$ 时，$S=\dfrac{M+m}{M-m}$；　　　　　　　　　　　　　　　　(7.3)

当 $M\neq m$，$L>0.5$ 时，$S=\dfrac{M-m}{2.0-M-m}$。　　　　　　　　　　　　　　(7.4)

c. 定义并计算色相 H：

当 $S=0.0$ 时，$H=0.0$；

当 $S\neq0.0$，$R=M$ 时，$H=60(2+b-g)$；　　　　　　　　　　　　　　　　(7.5)

当 $S\neq0.0$，$G=M$ 时，$H=60(4+r-b)$；　　　　　　　　　　　　　　　　(7.6)

当 $S\neq0.0$，$B=M$ 时，$H=60(6+g-r)$。　　　　　　　　　　　　　　　　(7.7)

② HSL 逆变换　即：

当 $L\leqslant0.5$ 时，令 $M=L(1.0+S)$；

当 $L>0.5$ 时，令 $M=L+S-LS$；

并令 $m=2.0\times L-M$。

a. 计算 R：$R=f(m，M，H)$。

b. 计算 G：$G=f(m，M，H-120)$。

c. 计算 B：$B=f(m，M，H-240)$。

以上三式的右端可以改写成 $f(m，M，H)$ 的形式。当 H 为负数时，可以加上 $360°$ 使它变为正值，f 的具体形式为：

当 $0°\leqslant H\leqslant 60°$ 时，$f=m+\dfrac{(M+m)H}{60}$；

当 $60°\leqslant H\leqslant 180°$ 时，$f=M$；

当 $180°\leqslant H\leqslant 240°$ 时，$f=m+\dfrac{(M-m)(240-H)}{60}$；

当 $240°\leqslant H<360°$ 时，$f=m$。 $\qquad(7.8)$

六棱锥法在图像的彩色处理中是一种用得较多的色彩空间变换法。

（2）圆柱体法

在 HSL 色彩空间中垂直轴对应 RGB 色彩空间的灰度轴。因此可以建立一个 (x,y,z) 坐标系，并旋转 RGB 立方体，使之与 z 轴重合，而 R 轴在 xz 平面上，如图 7.6 所示。

① HSL 正变换　由坐标旋转变换可以得到：

$$\begin{bmatrix} x \\ y \\ z \end{bmatrix}=\begin{bmatrix} \cos\alpha & -\sin\alpha\sin\beta & -\sin\alpha\cos\beta \\ 0 & \cos\beta & -\sin\beta \\ \sin\alpha & \cos\alpha\sin\beta & \cos\alpha\cos\beta \end{bmatrix}\begin{bmatrix} R \\ G \\ B \end{bmatrix}$$

$$=\frac{1}{\sqrt{6}}\begin{bmatrix} 2 & -1 & -1 \\ 0 & \sqrt{3} & -\sqrt{3} \\ \sqrt{2} & \sqrt{2} & \sqrt{2} \end{bmatrix}\begin{bmatrix} R \\ G \\ B \end{bmatrix} \qquad(7.9)$$

为了将直角坐标转化为极坐标，可以在 xy 平面中定义极坐标系，如图 7.7 所示。

$$\rho=\sqrt{x^2+y^2} \qquad \varphi=ang(x,y) \qquad(7.10)$$

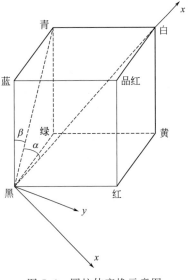

图 7.6　圆柱体变换示意图

这样，$(\varphi，\rho，z)$ 与 $(H，L，S)$ 一一对应。但是这样定义有两个问题：a. 饱和度与亮度不独立；b. 完全饱和的颜色落在 xy 平面上的一个六边形上，而不是在圆周上。其中，$\varphi=ang(x,y)$ 是从原点到点 (x,y) 的直线与 x 轴的夹角。

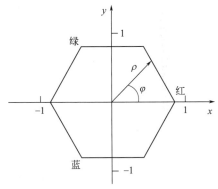

图 7.7　未归一化的极坐标系

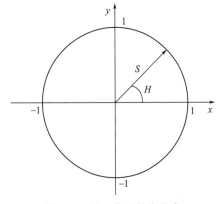

图 7.8　归一化后的饱和度

为此，可以通过除以 ρ 值的最大值使 S 归一化，如图 7.8 所示。

即：

$$S=\frac{\rho}{\rho_{\max}}=1-\frac{3\min(R,G,B)}{R+G+B}=1-\frac{\sqrt{3}}{I}\min(R,G,B) \tag{7.11}$$

色度为：

$$H=\arctan\left[\frac{2R-G-B}{\sqrt{3}(G-B)}\right]+C \tag{7.12}$$

其中，$C=\begin{cases}0 & G\geqslant B\\ \pi & G<B\end{cases}$

由此可得：

$$H=\begin{cases}\theta & G\geqslant B\\ 2\pi-\theta & G<B\end{cases} \tag{7.13}$$

其中：

$$\theta=\arccos\left[\frac{\frac{1}{2}\left[(R-G)+(R-B)\right]}{\sqrt{(R-G)^2+(R-B)(G-B)}}\right] \tag{7.14}$$

② HSL 逆变换　当 $0°\leqslant H\leqslant120°$ 时

$$R=\frac{L}{\sqrt{3}}\left[1+\frac{S\cos H}{\cos(60°-H)}\right]$$

$$B=\frac{L}{\sqrt{3}}(1-S) \tag{7.15}$$

$$G=\sqrt{3}L-R-B$$

当 $120°\leqslant H\leqslant240°$ 时

$$R=\frac{L}{\sqrt{3}}(1-S)$$

$$G=\frac{L}{\sqrt{3}}\left[1+\frac{S\cos(H-120°)}{\cos(180°-H)}\right] \tag{7.16}$$

$$B=\sqrt{3}L-R-G$$

当 $240°\leqslant H\leqslant360°$ 时

$$B=\frac{L}{\sqrt{3}}\left[1+\frac{S\cos(H-240°)}{\cos(300°-H)}\right]$$

$$G=\frac{L}{\sqrt{3}}(1-S) \tag{7.17}$$

$$R=\sqrt{3}L-G-B$$

（3）三角形法

在 RGB 彩色立方体中，以红、绿、蓝为顶点可以得到一等边三角形。以下以 B 为最小来推导变换公式。

① HSL 正变换　设 $L'=R+G+B$，$L=L'/3$。由于等量的 RGB 合成后显示中性色，即灰色调。因此可以先将灰色调剔除。因此，RGB 的合成色就相当于 $\Delta R=R-B$，$\Delta G=G-B$，$\Delta B=0$ 所合成的颜色。所以，当选红色为起始色时，$H=\Delta G/(\Delta R+\Delta G)=(G-B)/(L'-3B)$。

在 RGB 色彩空间中，平面 RGB 的方程为 $R+G+B=1$，如图 7.9 所示。三角形 RGB 的重心 W 的坐标为 $(1/3, 1/3, 1/3)$。因为 $CE \parallel FD$，所以 E 点的坐标为 $E(1/3, 1/3, b)$。

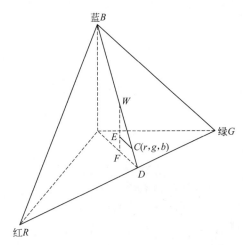

图 7.9 三角形变换示意图

因为：
$$S=WC/WD=WE/WF=1-3b \tag{7.18}$$
所以：$r=R/L'$ $\qquad$ $g=G/L'$ $\qquad$ $b=B/L'$

同理可得：$S=(L'-3B)/L'$

当 R 最小时：$H=(B-R)/(L'-3R)+1$, $S=(L'-3R)/L'$

当 G 最小时：$H=(R-G)/(L'-3G)+2$, $S=(L'-3G)/L'$

$$R=L'(1-7S-3SH)/3$$
② HSL 逆变换 $\quad$ 当 $2 \leqslant H < 3$ 为最小时：$G=L'(1-S)/3$
$$B=L'(1+8S-2SH)/3$$

$\qquad R=L'(1-S)/3$

当 $1 \leqslant H < 2$ 为最小时：$G=L'(1+5S-3SH)/3$
$$B=L'(1-4S+3SH)/3$$

$\qquad R=L'(1+2S-3SH)/3$

当 $0 \leqslant H < 1$ 为最小时：$G=L'(1-S+3SH)/3$ $\tag{7.19}$
$$B=L'(1-S)/3$$

7.2.4 彩色变换

一般说来，在彩色图像处理中，应该在 RGB 格式的图像中实现颜色平衡，而大量的处理和分析则在 HSL 格式中进行。

(1) 彩色平衡

如果影像中所有景物的颜色都偏离了其原有的真实的色彩，则就是彩色不平衡，例如图像偏色。这是色通道的不同敏感度、增光因子和偏移量等原因导致的。这种情况一般只需要对单一的色彩分量进行线性变换，从而达到彩色平衡。

另外出现在图像数字化过程中的一种常见的情况，最明显的表现是那些本来是灰色的物体有了颜色。其原因是数字化过程中三个图像分量出现了不同的线性变换。因此数字化后的图像的三基色不平衡，从而导致影像中所有景物的颜色都偏离了其原有的色彩。这种情况的色彩平衡一般按照以下步骤进行。

① 选取图像中相对均匀的浅灰色和深灰色区域，并计算这两个区域图像的红、绿、蓝三个分量的平均灰度值。

② 对于整幅图像，使用线性增强的方法使色彩三分量的其中两个分量的平均灰度值与第三个分量的平均灰度值相匹配。

③ 对于选取的两个区域，如果其色彩三分量分别具有相同的灰度值，那么就可以认为完成了彩色平衡。

从以上的处理过程可以看出，彩色平衡是在 RGB 色彩空间中进行的。

（2）彩色增强

彩色增强包括彩色图像的色调处理、饱和度增强、亮度及对比度增强等其他彩色处理。图像的彩色增强中，为了不破坏图像的色彩平衡，有时需要在 HSL 色彩空间进行。

① 色相分量调整　我们已经知道色相表示的是颜色，彩色图像处理特别是一些艺术化效果处理中经常需要将某些特定的颜色改变成另外的颜色，这就需要调整色相分量。因此首先需要对图像进行 HSL 正变换，将原始彩色图像从 RGB 空间变换到 HSL 空间；然后将 H 分量直接加上或者减去一定的数值，直至满足要求的颜色；最后进行 HSL 逆变换，将图像从 HSL 空间变换到 RGB 空间。在色相分量的调整过程中应考虑 H 的取值范围是 $[0, 360]$。当然这中间需要注意到目标所表现的某一种颜色理论上对于 H 来说是一个固定的值，但是由于人眼分辨能力的有限性，实际上表现为一个区间。例如当人认为某种颜色为绿色时，H 并不仅仅等于 120，而是在 120 左右一定的范围内均表现为绿色。

另外，对于真彩色图像必须调整图像中满足条件的像素的值，而对于索引色图像只需要调整其色彩对应表中满足期望目的的表项的值。

② 亮度分量调整　亮度反映了反射光的强度，反射光越强，图像上灰度值越大，因而景物也越亮；反射光越弱，图像上灰度值越小，因而景物也越暗。因此，只需要同时增加或减少红、绿、蓝三个色彩分量的值的大小，且增加或减少的幅度相等，即达到了调整亮度的目的。经过亮度调整以后应该保证调整后的红、绿、蓝值的范围是 $[0, 255]$。

从 HSL 正变换中 L 的定义可以看出，对亮度分量的调整在 HSL 色彩空间和 RGB 色彩空间是一致的。相对来说在 RGB 空间计算量还要小一些。而且在 RGB 空间调整图像的亮度不会改变图像的色调。在 HSL 空间调整亮度分量，调整后的范围应保证是 $[0.0, 1.0]$。

另外，对于真彩色图像必须调整图像中每个像素的值，而对于索引色图像只需要调整其色彩对应表中的各表项的颜色亮度。

③ 饱和度分量调整　必须在 HSL 色彩空间对彩色图像的饱和度进行调整。首先进行 HSL 正变换，将原始彩色图像从 RGB 空间变换到 HSL 空间。然后对于要调整的特定的颜色的饱和度，将其 S 分量直接加上或者减去一定的数值，直至达到期望的目的。最后进行 HSL 逆变换，将图像从 HSL 空间变换到 RGB 空间。在饱和度分量的调整过程中应考虑 S 的取值范围是 $[0.0, 1.0]$。

另外，对于真彩色图像必须调整图像中满足条件的像素的值，而对于索引色图像只需要调整其色彩对应表中满足期望目的的表项的值。

④ 对比度调整　彩色图像的对比度调整与灰度图像的对比度调整在原理上是相同的。一般都采用线性增强中的统计量增强的方法，对红、绿、蓝三个色彩分量进行同样的处理。

但一幅 RGB 图像的三个分量的相同变化会对色彩产生戏剧性的效果。如图 7.10 所示。

(a) 原始对比度较差图像

(b) 基于红色分量的直方图均衡

(c) 基于绿色分量的直方图均衡

(d) 基于蓝色分量的直方图均衡

图 7.10　基于各彩色分量的直方图均衡处理（见文后彩插）

　　产生色彩偏差的原因是彩色图像有很多分量，需对多个分量分别进行处理。一种更符合逻辑的方法是均匀地扩展彩色亮度，而保留彩色本身（如色调）不变。当对亮度和饱和度分量进行改变时，色调分量实际上还是完全相同的。因此，不会使图像的颜色产生偏差。

　　（3）伪彩色处理

　　将单幅灰度图像变换成彩色图像的处理过程叫做伪彩色处理。伪彩色处理使灰度映射到三维色度空间，在图像空间域和频率域都可以完成。空间域的伪彩色处理实际上是一个映射的过程，或者说是一个彩色指定的过程，它是以图像的灰度级为基础的。频率域伪彩色处理则是以图像的频谱函数为基础的。因此变换后的伪彩色图像不是图像灰度级的表示特征，而是图像空间频率成分的表示特征。

　　对一幅黑白图像进行伪彩色处理的变换是很有用的，因为人眼可以辨认出上百万种颜色，但相对来说只能辨认出不多的灰度级。这样，伪彩色映射就常常用来细微地改变灰度以便人眼更易察觉，或者突出重要的灰度级区域。事实上，伪彩色的主要应用就是图像中灰度级的判读。

　　空间域的伪彩色处理主要有两种方法，即灰度分层和灰度变换。

　　① 灰度分层　灰度分层也叫灰度切片，通常在图像的空间域进行。最简单的灰度分层是将输入图像的灰度级按从小到大分成 K 段，对每一段赋给一种不同的彩色。有时为了表示图像中的细微变化，时常按照某种固定彩色渐变模型进行色彩映射，或者为了突出某些特定的目标，只将特定的目标映射成彩色。不同的灰度切片对应不同的彩色，会导致最后得到的伪彩色图像的色彩表达效果也不一样。如图 7.11 所示。

　　② 灰度变换　根据加色原理，任何一种彩色均可以由红、绿、蓝三原色按适当比例合成。因此，对输入的原始图像实行三种独立的变换，得到三幅不同的分别对应三原色值的灰

(a) 原始灰度图像

(b) 灰度切片伪彩色图像1

(c) 灰度切片伪彩色图像2

图 7.11　灰度切片伪彩色处理（见文后彩插）

度图像，从而生成彩色图像，或者得到彩色图像输出。在空间域和频率域中都可以实现操作。当伪彩色处理在空间域中进行时，需要建立不同灰度级和 RGB 对应的三个方程。不同灰度级对应的变换方程发生变化，最后得到的变换图像的色彩也会发生变化。如图 7.12 所示。

(a) 原始灰度图像

(b) 灰度变换处理图像1

(c) 灰度变换处理图像2

图 7.12　灰度映射变换伪彩色处理（见文后彩插）

当伪彩色处理在频率域中进行时，必须先将输入灰度图像 $g(x，y)$ 进行傅里叶变换，得到原始图像的频谱函数 $G(u，v)$；将频谱函数分别送到红、绿、蓝三个通道独立进行不同频率成分的滤波处理，得到相应的红、绿、蓝三个分量的频谱；对红、绿、蓝三个分量的频谱进行傅里叶逆变换，得到空间域的红、绿、蓝三个分量，从而生成伪彩色图像。如图 7.13 所示。

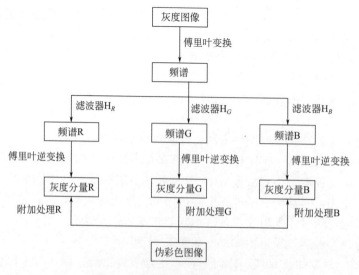

图 7.13　频率域伪彩色处理流程

例如：可以对输入灰度图像分别进行低通、带通、高通数字滤波，得到相应的频谱分量并分别对应红、绿、蓝，然后对各频谱作傅里叶逆变换，得到空间域的红、绿、蓝分量，从而生成彩色图像或得到彩色图像输出。上图中的附加处理主要指均衡处理、灰度的反转处理等一些基本的灰度处理。

（4）假彩色处理

将原始多光谱图像变换成一幅彩色图像的处理过程通常叫做假彩色处理。假彩色处理一般在图像的空间域进行。原始图像主要是对应同一客观场景的多光谱图像。由于人眼对黑白密度的分辨能力有限，而对彩色影像的分辨能力却要高得多，因此为了充分利用多光谱图像的光谱信息，常常需要对其进行假彩色处理。因为多光谱图像的光谱成像范围从红外区一直延伸到紫外光区，这一范围包含了部分非可见光，所以在得到图像之前，非可见光部分的图像所对应的景物人眼是看不到的，也不可能有什么色彩。所以，包括非可见光成分的图像不可能得到与自然景物色彩相同的真彩色图像，只能得到与自然景物色彩不相同的假彩色图像。

图像的假彩色处理一般有两种方法，一种是假彩色合成；另一种是彩色变换。

图像的假彩色合成原理比较简单，过程如下。

① 从众多的多光谱图像中选取感兴趣地物对应的信息较强的三个波段。

② 将选取的三个波段图像按照其灰度值赋给相应亮度的红、绿、蓝三种基色。

③ 利用加色原理将红、绿、蓝三个分量图像合成假彩色图像。

在假彩色合成的过程中，如果选取的三个波段恰好对应于成像时的红、绿、蓝光谱段，就合成真彩色图像。不同的波段选择会产生不同的彩色合成结果，从而突出感兴趣的特定地物。图 7.14 所示为 Landsat4、3、2 波段分别对应红、绿、蓝波段合成的结果。

图 7.14　波段 4、3、2 对应红、绿、蓝合成的彩色图像（见文后彩插）

图 7.15 为不同波段组合合成的彩色图像。可以看出，在这些合成的彩色图像中对不同的地物有不同的表达效果。因此，可以借助这项技术对多光谱图像进行特定地物的分析和处理。

彩色变换需要借助变换函数进行。假定多光谱图像一共有 N 个波段，为了尽可能多地利用多光谱图像的信息来合成彩色图像，可以通过一个三行 N 列的加权矩阵 W 来完成 N 幅图像到红、绿、蓝三个彩色通道的线性变换。W 矩阵的形式如下：

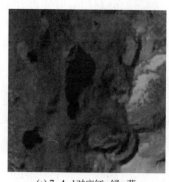

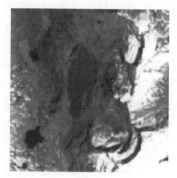

(a) 7、4、1对应红、绿、蓝   (b) 5、4、2对应红、绿、蓝   (c) 4、3、2对应红、绿、蓝

图 7.15   不同波段组合合成的彩色图像（见文后彩插）

$$W=\begin{bmatrix} w_{11} & w_{12} & \cdots & w_{1N} \\ w_{21} & w_{22} & \cdots & w_{2N} \\ w_{31} & w_{32} & \cdots & w_{3N} \end{bmatrix}=(w_{ij})_{3\times N} \tag{7.20}$$

式中，w_{ij} 代表第 j 个波段图像在第 i 种彩色的加权值。有了权值矩阵，那么彩色变换公式为：

$$\begin{bmatrix} F_R \\ F_G \\ F_B \end{bmatrix}=W\begin{bmatrix} f_1 \\ f_2 \\ \vdots \\ f_N \end{bmatrix} \tag{7.21}$$

式中，F_R、F_G、F_B 分别为变换后的红、绿、蓝彩色分量；f_1、f_2、$\cdots$、f_n 为 N 幅原始多光谱图像。多光谱图像的彩色变换具有夸大彩色之间的差别的效果。

图像的假彩色处理并不改变像素的几何位置，而只改变其显示的颜色。因而常用于图像的判读和识别中。

7.2.5 减色与去色处理

(1) 减色处理

大多数的彩色图像获取系统都采用 24 位的真彩色来存储图像，目的是能最大限度地保证景物色彩的真实性和图像信息的完整性。但是在一些对色彩要求不高、受存储量限制或者是只能显示 256 色的显示系统中，经常使用 8 位的 256 色的彩色图像（索引色图像）。这就需要将 24 位的真彩色图像转化为 256 色的彩色图像。因此需要从 2^{24} 种颜色中选取最重要的、最具代表性或者出现频率最高的 256 种颜色，并将其颜色赋值为选定的 256 种颜色中与之最相似的颜色。这个过程就是减色处理。

从 2^{24} 种颜色中选取最重要的 256 种颜色的算法常用的有三种，即流行色算法、中位切分法和八叉树算法。

① 流行色算法   流行色算法也叫彩色统计算法，它首先对彩色图像中所有的彩色作统计分析，并创建一个彩色直方图数组，按彩色出现频率递减的次序对直方图数组排序，取直方图中前 256 种颜色作为原图像的颜色。图像中其他的颜色采用在 RGB 色彩空间中的最小距离法映射到与其最邻近的一种颜色上。流行色算法实现简单，对彩色数量少的图像可以产生较好的效果。但该算法存在的主要缺陷是图像中一些出现频率较低，但对人眼的视觉效果

明显的信息将丢失。例如，如果在图像中存在高亮度斑点，这一信息很可能在结果中丢失。这是因为高亮度区往往只能覆盖很少的像素，它们的颜色很可能不被算法所选中。为了避免这种情况，在实现算法时可强制选定彩色立方体的八个顶点所对应的八种颜色（白、红、绿、蓝、青、黄、品红、黑）作为保留色。

② 中位切分法　中位切分算法是 Paul Heckbert 在 20 世纪 80 年代初期提出来的，现被广泛应用于图像处理领域。这种算法的思想是将 RGB 彩色立方体分成 256 个大小相同的小立方体，每个小立方体都包含相同数目的像素。取每个小立方体的中心点作为该立方体所有颜色的代表值，即可将原彩色数目压缩到 256 种。

③ 八叉树算法　八叉树算法的基本思路是将图像中使用的 RGB 颜色值分布到层状的八叉树中，其深度可以达到 9 层，第一层为根节点，后 8 层分别表示 8 位的红、绿、蓝值的每一位。较低的节点层对应较不重要的 RGB 值的位。因此，为了提高效率及节省内存空间，即便去掉最低部的 2～3 层，对结果也不会有太大的影响。叶节点编码存储像素的个数和红、绿、蓝颜色分量的值，中间节点组成了从最顶层到叶节点的路径。这种方式既可以存储图像中出现的颜色和此颜色出现的次数，也不会浪费内存来存储图像中不出现的颜色。因此是一种高效的存储方式。

(2) 去色处理

彩色图像的去色处理通常也叫做灰度化处理。图像中如果红、绿、蓝三分量的值相等，则图像表现为灰度图像。因此彩色图像灰度化的任务是采用一定的方法使彩色图像的红、绿、蓝三分量的值相等。由于红、绿、蓝的取值范围是 [0，255]，因此去色后的灰度图像应该只有 256 个灰度级。去色处理主要有三种方法：最大值法、平均值法、加权平均值法。

① 最大值法　取红、绿、蓝三个值中最大的值作为 256 色灰度图像的灰度值。即：

$$R = G = B = \max(R, G, B) \tag{7.22}$$

由于使用了最大值，因此会形成亮度较高的灰度图像。

② 平均值法　将红、绿、蓝三个值的平均值作为 256 色灰度图像的灰度值。即：

$$R = G = B = (R + G + B)/3 \tag{7.23}$$

由于使用了均值，因此会形成亮度较柔和的灰度图像。

③ 加权平均值法　将红、绿、蓝三个值乘以一定的权值，再取平均。即：

$$R = G = B = (W_R R + W_G G + W_B B)/3 \tag{7.24}$$

式中，W_R、W_G、W_B 分别为红、绿、蓝的权值。显然，所取的权值不同，得到的灰度图像就不一样。主观测试表明，人的视觉对蓝光的单位变化最敏感，对绿光的单位变化比较迟钝。实验和理论上可以证明，当 $W_R = 0.299$，$W_G = 0.587$，$W_B = 0.114$ 时能得到最为合理的灰度图像。

7.3　多光谱图像融合

处理多光谱图像的有关过程一般称为多光谱图像分析。多光谱分析中研究最多的课题集中于遥感领域。多光谱图像是通过飞机或卫星经过地球表面所关心的区域获得的。图像的每个像素通过一组窄带光谱测量设备来成像。这样，图像数字化为多值的像素，经常使用 24 个或更多的光谱通道。因此结果图像被表示为包含 24 个左右的一组二维数字图像。每个二维图像表示物体通过一个窄带光学滤波器后的图像。多光谱分析中覆盖的光谱范围不一定限定在可见光范围内。通常，光谱范围从红外区、可见光区一直到紫外光区。

多光谱分析中一个很重要的部分是像素分类。在这个过程中，图像被分为不同的区域以对应不同种类的地表面，如湖泊、田野、森林、居民区及工业区。每个多值像素依照光谱强度的测量归到不同的表面分类中。人们常常通过代数运算，如相减和求比值来增强不同表面间的区别。在任一特定光谱带采集的图像可能会因光照因素产生阴影，但比值图像将更真实地显示表面特性。

多光谱图像的最大特点是波段多、数据量大、信息丰富。例如目前有一种叫作超多波段（Hyperspectral）成像光谱技术，利用成像光谱仪可以在同一时刻对统一目标范围在几十甚至上百个波段上同时成像，其光谱分辨率相当高，达到纳米级。光谱范围也很广，包括了可见光和近红外区，短波红外以及热红外这一非常宽的光谱段。如此高的光谱分辨率和如此广的光谱范围，可见其数据量和信息量是相当大的。

根据应用目的的不同，多光谱图像的处理通常包括多波段图像彩色合成、图像信息融合、K-L 变换、穗帽变换等。

7.3.1 基于 HSL 变换的影像信息融合

由于在 HSL 色彩空间中，明度主要反映地物辐射总的能量及其空间分布，而色相和色度则主要反映地物的光谱信息，而且色相、色度及明度三个分量相关性很低，因此可以先将原始的分辨率较低的多光谱影像从 RGB 空间变换到 HSL 空间；然后用配准后高分辨率灰度图像或者不同投影方式的待融合的灰度影像代替 L 分量；最后通过 HSL 逆变换再返回 RGB 色彩空间，就得到了既保持了原始多光谱影像的光谱信息，又提高了分辨率的融合影像。

7.3.2 基于小波变换的影像信息融合

利用正交二进小波变换可以将一幅图像分解为四幅对应不同频率成分的子图像，而且这个过程是可逆的，如图 7.16 所示。

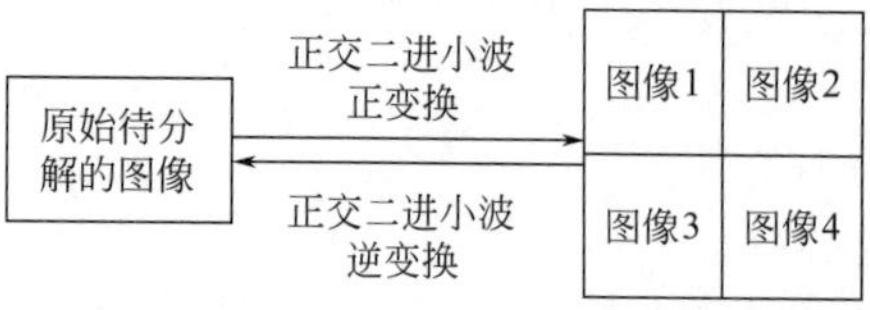

图 7.16 图像的小波分解与重构示意图

其中，图像 1 主要集中了原始图像中的低频成分；图像 2 对应原始图像中垂直方向的高频边缘信息；图像 3 对应原始图像中水平方向的高频边缘信息；图像 4 对应原始图像中 45° 方向上的高频边缘信息。基于此，我们很容易想到，融合可以在小波分解后的子图像上进行。这就是基于小波变换的影像信息融合的基本思路。融合过程如下。

① 将待融合的两幅图像重采样成大小一致的图像。

② 分别将重采样后的图像用小波正变换分解为不同的子图像。

③ 计算对应高频子图像上每个像素的平均梯度，以其中的最大值作为融合后的高频子图像上的像素值。

④ 将融合后高频子图像作为小波分解后的高频信息，利用小波逆变换就可以得到包含两幅图像信息的融合图像。

一般说来，在计算融合后的高频子图像时，平均梯度并不是唯一的标准，也可以利用局部方差或者局部能量为最大来进行融合。

7.3.3 主分量变换

从主分量正变换的公式可以看出，变换前后向量的维数是不变的。也就是说参与变换的多光谱图像有多少个波段，变换以后，生成的结果仍然是多少个波段，即数据量并没有减少。但是，实际上在组成变换矩阵 A 时，其特征向量是按照特征值从大到小的顺序排列的。因此变换以后，图像中主要的特征也就集中在变换结果中的前面的少数几个主分量上，后面的大部分分量信息很少或者基本上没有信息。既然这些波段上没有什么信息，那么实际上就可以删去，只留下前面少数几个主分量，这样数据量就大大地减少了，而且由于主要的特征集中在变换后前面的少数几个波段上，因此也达到了融合多光谱图像信息的目的。表 7.1 是某一地区 16 个波段的多光谱图像主分量变换前后各个波段的信息量。

表 7.1　变换前图像信息

波段序号	变换前信息熵	变换后信息熵	波段序号	变换前信息熵	变换后信息熵
1	5.833304	7.182358	9	6.758041	3.309202
2	6.184736	6.791217	10	6.687904	3.312592
3	6.480324	5.552741	11	6.733079	2.606297
4	6.465899	4.956322	12	6.732112	2.588476
5	6.282413	3.805971	13	6.596471	2.568459
6	6.671577	3.742693	14	6.754248	2.428978
7	6.664232	3.671081	15	6.687910	2.445013
8	6.750646	3.471138	16	6.513041	2.305225

由表 7.2 我们也可以看出，变换后，前面的几个主分量信息熵大，基本上融合了参与变换的多光谱图像的所有信息；后面的分量上信息很少。

表 7.2　变换后图像信息

波段序号	变换前信息熵	变换后信息熵	波段序号	变换前信息熵	变换后信息熵
1	5.230862	6.984124	7	5.565622	0.836856
2	5.314354	3.711623	8	5.416445	0.729974
3	5.523524	2.542314	9	4.777983	0.627579
4	5.471648	1.341096	10	4.319379	0.595667
5	5.336291	1.027490	11	4.610325	0.513527
6	5.366479	0.872583	12	4.766075	0.495640

变换后得到的图像如图 7.17 所示。从图像上可以看出基本上只有噪声，这也说明主分量变换可以融合图像信息。

7.3.4　缨帽变换

缨帽变换与 K-L 变换一样同属于线性变换，但是缨帽变换使坐标空间旋转后的坐标轴不是指向主成分的方向，而是指向了另外的方向。这些方向与地表景物有密切的关系，特别是与植被生长过程和土壤有关。缨帽变换既可以实现图像信息的融合，又可以帮助解译农业特征。因此常用于遥感分析上。缨帽变换是由 Kauth 和 Thomas 于 1976 年发现的。因此又称作 K-T 变换。缨帽变换的数学模型如下：

$$U = RX + r \tag{7.25}$$

式中，U 为变换后新空间的像元矢量，其各分量表示变换后每一通道的像元亮度值；R

第一主分量 第二主分量 第三主分量 第四主分量

第五主分量 第六主分量 第七主分量 第八主分量

第九主分量 第十主分量 第十一主分量 第十二主分量

图 7.17　基于主分量变换的图像融合结果

为变换矩阵，且行与行之间相互正交；X 为原始像元的光谱矢量；r 为避免出现负值而加的常数。由于缨帽变换所使用的原始数据主要是 MSS 数据和 TM 数据，这两种数据的所对应的波段数是不一样的，因此变换矩阵 R 有不同的形式。对应 MSS 数据，R 矩阵的形式为：

$$R = R_1 = \begin{bmatrix} 0.433 & 0.632 & 0.586 & 0.264 \\ -0.290 & -0.562 & 0.600 & 0.491 \\ -0.829 & 0.522 & -0.039 & 0.194 \\ 0.223 & 0.012 & -0.543 & 0.810 \end{bmatrix} \tag{7.26}$$

变换后的 $U = [u_1, u_2, u_3, u_4]^{\mathrm{T}}$ 四个分量中前三个有明确的物理意义。u_1 叫亮度分量；u_2 叫绿色物质分量；u_3 叫黄色物质分量；最后一个分量 u_4 没有实际意义。而对应 TM 数据，R 矩阵的形式为：

$$R = R_2 = \begin{bmatrix} 0.303 & 0.279 & 0.474 & 0.558 & 0.508 & 0.186 \\ -0.284 & -0.243 & -0.543 & 0.724 & 0.084 & -0.180 \\ 0.150 & 0.197 & 0.327 & 0.340 & -0.711 & -0.457 \\ -0.824 & -0.084 & 0.439 & -0.058 & 0.201 & -0.276 \\ -0.328 & -0.054 & 0.107 & 0.185 & -0.435 & 0.808 \\ 0.108 & -0.902 & 0.412 & 0.057 & -0.025 & 0.023 \end{bmatrix} \tag{7.27}$$

变换前使用的原始数据为 TM 的第 1、2、3、4、5、7 波段。变换后 $U = [u_1, u_2, u_3, u_4, u_5, u_6]^{\mathrm{T}}$ 的六个分量中前三个分量与地面景物有明确的关系。u_1 为亮度分量；u_2 为绿度分量；u_3 为湿度；其他三个分量还没有发现与景物的明确关系。

第8章 图像形态学处理

8.1 引　言

形态学（Morphology）一般指生物学中研究动物和植物结构的一个分支。人们后来用数学形态学（也称图像代数）表示以形态为基础对图像进行分析的数学工具。数学形态学在理论上是严谨的，在基本观念上却是简单和优美的。它的基本思想是用具有一定形态的结构元素去量度和提取图像中的对应形状达到对图像分析和识别的目的。数学形态学的数学基础和所用语言是集合论。应用数学形态学可以简化图像数据，保持它们基本的形状特性，并除去不相干的结构。

从某种意义上讲，数学形态学实际上构成了一种新型的数字图像处理、分析的方法和理论。在数学形态学中，用集合来描述图像目标，描述图像各部分之间的关系，说明目标的结构特点。在考察图像时，要设计一种收集图像信息的"探针"，称为结构元素（Structure Element）。结构元素通常要比被处理的图像简单，在尺寸上也要采用小的图像，如圆形、正方形、线段的集合。当要处理的图像是二值图像时，结构元素也采用二值图像；要处理的图像是灰度图像时，采用灰度图像的结构元素。观察者在图像中不断移动结构元素，便可以考察图像中各个部分之间的关系，从而提取有用的信息进行结构分析和描述。观察者与目标之间通过结构元素相互作用。相互作用的模式用形态变换来表示。使用不同的结构元素和形态学算子可以获得目标图像的大小、形状、连通性和方向等许多重要信息。

形态学具有完备的数学基础，这为形态学用于图像分析和处理、形态滤波器的特性分析和系统设计奠定了坚实的基础。尤其突出的是实现了形态学分析和处理算法的并行，大大提高了图像分析和处理的速度。近年来，在图像分析和处理中数学形态学的研究和应用在国内外得到了不断的发展。

数学形态学目前已经应用在多门学科的数字图像分析和处理的过程中。例如在医学和生物学中，应用数学形态学对细胞进行检测、研究心脏的运动过程及对脊椎骨癌图像进行自动数量描述；在工业控制领域应用数学形态学进行食品检验和电子线路特征分析；在交通管制中监测汽车的运动情况等等。在对遥感影像的处理中，可利用数学形态学的基础算子对图像进行噪声处理，对目标提取的结果进行目标规整、边缘连接和细化，甚至组合算子直接进行目标的提取等。另外，数学形态学在矿物学、公安指纹检测、经济地理环境评估与监测、多媒体合成音乐和医学断层 X 光照像等领域也有良好的应用前景。

本章将对数学形态学涉及的基本概念、基本原理及基础算子进行描述，以期将数学形态学应用于更广泛的图像处理及分析领域。

8.2　数学形态学的基本概念

8.2.1　基本集合定义

为了便于理解，把一些集合的基本概念描述如下。

① 集合。把一些可区别的客体，按照某些共同特征加以汇集。有共同特性的这些客体的全体称为集合，又称为集。常用大写字母 A，B，C，…，Z 等表示。如图像中灰度级相同的部分就可构成一个集合。如果某种客体不存在，就称这种客体的全体是空集，记为 ϕ。

② 元素。组成集合的各个客体，称为该集合的元素，又称为集合的成员。如图像中物体上的像素。常用小写字母 a，b，c，…，z 等表示。任何客体都不是 ϕ 的元素。用 $a \in A$ 表示 a 是集合 A 的元素。

③ 子集。集合 A 包含集合 B 的充要条件是集合 B 的每个元素都是集合 A 的元素，也可以称为集合 B 包含于集合 A。记为 $B \subseteq A$（读作 B 包含于 A）或 $A \supseteq B$（读作 A 包含 B）。此时，称 B 是 A 的子集。可见，如集合 A 与 B 相等，必然有 $B \subseteq A$，同时 $A \subseteq B$。

④ 并集。由 A 和 B 的所有元素组成的集合称为 A 和 B 的并集，记为 $A \cup B$。

⑤ 交集。由 A 和 B 的公共元素组成的集合称为 A 和 B 的交集，记为 $A \cap B$。

⑥ 补集。A 的补集，记为 A^c，定义为：

$$A^c = \{x \mid x \notin A\} \tag{8.1}$$

一幅二值图像的补集就是它的背景。

⑦ 差集。两个集合 A 和 B 的差集，记为 $A - B$，定义为：

$$A - B = \{x \mid x \in A, x \notin B\} = A \cap B^c \tag{8.2}$$

⑧ 映射。A 的映射记为 $\hat{A}$，定义为：

$$\hat{A} = \{x \mid x = -a, a \in A\} \tag{8.3}$$

⑨ 位移。A 用 $x = (x_1, x_2)$ 位移，记为 $(A)_x$，定义为：

$$(A)_x = \{y \mid y = a + x, x \in A\} \tag{8.4}$$

8.2.2　图像集合表示及结构元素

(1) 图像空间的集合表示

对于 n 维图像可用 n 维欧氏空间 $E^{(n)}$ 中的一个集合来表示。$E^{(n)}$ 中的集合的全体用 R 表示。我们要考察的图像是 R 中的一个集合 X，而 X 的补集表示图像的背景。如果在 R 中另有一个集合 B，则这两个集合 X 和 B 至少符合如下一个关系。

① 集合 B 包含于集合 X 中，表示为 $B \subseteq X$，或集合 X 包含于集合 B 中，表示为 $X \subseteq B$。

② 集合 B 击中集合 X，表示为 $B \Uparrow X$，即 $B \cap X \neq \varnothing$。

③ 集合 B 与集合 X 相分离，表示为 $B \subset X^c$，即 $B \cap X = \varnothing$。

集合可以代表一幅图像。例如，在二进制图像中所有黑色像素点的集合就是对这幅图像的完整描述。图像中的黑色像素点就是集合的元素，代表一个二维变量，用（x，y）表示。灰度数字图像可以用三维集合来表示。在这种情况下，集合中每个元素的前两个变量用来表示像素点的坐标，第三个变量代表离散的灰度值。更高维数的空间集合可以包括图像的其他属性，如第三维 z 坐标、颜色等。

因此，二维图像、三维图像、二值图像或灰度图像都可以用集合来表示。

（2）结构元素

结构元素（structure element）是选定了形状和大小的集合，它是数学形态学中一个最重要也是最基本的概念。在考察分析图像时，要设计一种收集图像信息的"探针"，称为结构元素 B。它是 $E^{(n)}$ 或其子空间 $E^{(m)}$（$m<n$）中的一个集合，具有一定的几何形状，如圆形、正方形、十字形、有向线段等的集合。也可以这样理解，设有两幅图像 A、B。若 A 是被处理的图像，而 B 是用来处理的，则称 B 为结构元素。结构元素通常都是一些比较小的图像，与被处理图像的关系类似于滤波中图像和模板的关系。计算时，结构元素通常用 0 和 1 组成的矩阵表示，有时为方便起见可只显示 1。在图像中不断移动结构元素便可以考察图像中各个部分之间的关系，从而提取有用的特征进行分析和描述。结构元素 B 在形态学运算中的作用类似于在信号处理时的"滤波窗口"或一个参考模板。对于每一个结构元素，我们必须明确指定一个原点，它是结构元素参与形态学运算的参考点。该原点可以包含在结构元素中，也可以不包含在结构元素中，但运算的结果会有所不同。

结构元素的选取直接影响形态运算的效果。因此，要根据具体情况来确定。在一般情况下，结构元素的选取必须考虑以下两个原则。

① 结构元素必须在几何上比原图像简单，且有界。其尺寸相对要小于所考察的物体，当选择性质相同或相似的结构元素时，以选取图像某些特征的极限情况为宜。

② 结构元素的形状最好具有某种凸性。如圆形、十字形、方形等。对非凸性子集，由于连接两点的线段大部分位于集合的外面，落在其补集上，故用非凸性子集作为结构元素将得不到更多的有用信息。所以，下面我们在讨论时大都采用圆形、十字架形、正方形等作为结构元素。

若给定了一个结构元素和一种运算关系（并、交等），通过移动结构元素到图像的选定点，检测图像上的物体是否与移动的结构元素符合给定的关系，这样就可对原始图像进行变换。

8.2.3　二值形态学基础运算

数学形态学的基础运算包括：膨胀（或扩张 Dilation）、腐蚀（或侵蚀 Erosion）。而开启（Opening）和闭合（Closing）是在膨胀或腐蚀运算的基础上的组合运算。它们在二值图像中的灰度（多值）图像中各有特点。基于这些基本运算还可推导和组合成各种数学形态学的基本运算和算法，最后推广到灰度数学形态学。

二值形态学中的运算对象是集合，但实际运算中当涉及两个集合时并不把它们看作是互相对等的。一般设 A 为图像集合，B 为结构元素，数学形态学运算是用 B 对 A 进行操作。需要指出，结构元素本身实际上也是一个图像集合。对每个结构元素，需要指定一个原点，它是结构元素参与形态学运算的参考点。注意原点并不一定是几何中心，可以包含在结构元素中，也可以不包含在结构元素中，但运算的结果不相同。

（1）膨胀运算

膨胀也称扩张运算，它的运算符为 $\oplus$，A 用 B 来膨胀写作 $A \oplus B$，其定义为：

$$A \oplus B = \{x \mid [(\hat{B})_x \cap A] \neq \emptyset\} \tag{8.5}$$

式中，∅ 为空集；结构元素 B 通常用数值 "0" 和 "1" 组成的矩阵表示。上式表明用 B 膨胀 A 的过程是，先对 B 做关于原点的映射，再将其映像平移 x，这里 A 与 B 映像的交集不为空集。换句话说，用 B 来膨胀 A 得到的集合是 $\hat{B}$ 的位移与 A 至少有一个非零元素相交时 B 的原点位置的集合。根据这种解释，上面的定义可写为：

$$A \oplus B = \{x \mid [(\hat{B})_x \cap A] \subseteq A\} \tag{8.6}$$

上式表明可用卷积概念来理解膨胀操作。如果将 B 当作一个卷积模板，膨胀就是先对 B 做关于原点的映射，再将映像连续地在 A 上移动而实现的。最后的结果是结构元素的映像与原始图像有重叠时，结构元素原点位置的图像像素被置为前景色，从而实现对原始图像的膨胀运算。

图 8.1 给出了膨胀运算的一个示例，其中图 8.1(a) 阴影部分为集合 A；图 8.1(b) 中阴影部分为结构元素 B（标有 "＋" 处为原点），它的映像为图 8.1(c)；而图 8.1(d) 中的两种阴影部分（其中深色为扩大的部分）合起来为集合 $A \oplus B$。由图可见膨胀将图像区域扩大了。

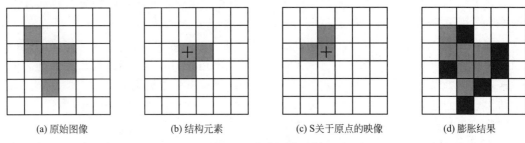

(a) 原始图像　　　　　(b) 结构元素　　　　　(c) S关于原点的映像　　　　　(d) 膨胀结果

图 8.1　膨胀运算示例

膨胀运算在图像处理中的作用是把图像周围的背景合并到物体中。如果两物体之间距离比较近，那么经过膨胀运算可能会使这两个物体连通在一起。即膨胀是利用结构元素对图像的外部进行滤波处理。如果结构元素为一圆盘，则膨胀可以同时填补图像中相对于结构元素而言比较小的孔洞，以及位于图像边缘处的小的凹陷部分。因此，膨胀运算对填补图像分割后物体中的小的孔洞很有用，膨胀会产生 "扩大" 图像的效果。图 8.2 是利用内部基元都为 1 的 3×3 结构元素进行膨胀的结果。

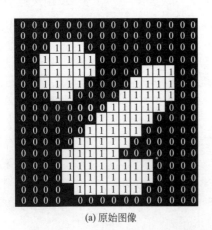
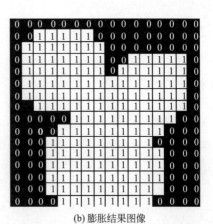

(a) 原始图像　　　　　　　　　　(b) 膨胀结果图像

图 8.2　利用内部基元都为 1 的 3×3 结构元素进行膨胀

（2）腐蚀运算

腐蚀运算也称侵蚀运算，它的运算符为 Θ，A 用 B 来腐蚀写作 $A\Theta B$，其定义为：

$$A\Theta B = \{x \mid (B)_x \subseteq A\} \tag{8.7}$$

上式表明：A 用 B 腐蚀的结果是所有 x 的集合，其中 B 平移 x 后仍在 A 中。换句话说，用 B 来腐蚀 A 得到的集合是 B 完全包含在 A 中时 B 的原点位置的集合。最后的结果是结构元素完全包含在原始图像中时，结构元素原点位置的图像像素被保留，而图像的其他部分被置为背景色，从而实现对原始图像的膨胀运算。

图 8.3 给出了腐蚀运算的一个示例，其中图 8.3(a) 中的集合 A 和图 8.3(b) 中结构元素 B 与图 8.1 相同，而图 8.3(c) 中深色阴影部分给出的是 $A\Theta B$（浅色为原属 A 现被腐蚀掉的部分）。由图可见腐蚀将图像区域缩小了。腐蚀在图像处理中的作用是消除物体的边界点，去除小于结构元素的物体，分离两个物体之间细小的连通。

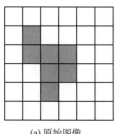 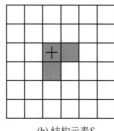 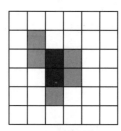

(a) 原始图像　　　　　(b) 结构元素S　　　　　(c) 腐蚀结果

图 8.3　腐蚀运算示例

必须说明，如果结构元素包含原点，腐蚀运算具有收缩图像的作用，消除图像中小的部分，比如毛刺等。腐蚀后得到的图像为输入图像的一个子集。如果结构元素不包含原点，腐蚀可以用于填充图像内部的孔洞，它表示可以对图像内部作滤波处理，且输出图像可能不在输入图像的内部。在进行图像处理的实际操作中，必须注意腐蚀运算的这一特性。图 8.4 是利用内部基元都为 1 的 3×3 结构元素进行腐蚀的结果。

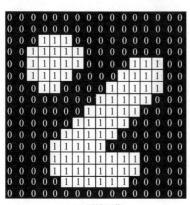 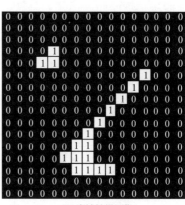

(a) 原始图像　　　　　　　　　　　(b) 腐蚀结果图像

图 8.4　利用内部基元都为 1 的 3×3 结构元素进行腐蚀

(3) 膨胀和腐蚀的对偶表示

膨胀和腐蚀是一对对偶运算（逆运算）。因此膨胀又可以通过对原始集合补集的腐蚀运算来定义。即如式(8.8)所示：

$$A\oplus B = [A^c\Theta(-B)]^c \tag{8.8}$$

式(8.8)表明：利用结构元素 B 对图像集合 A 进行膨胀运算，可将结构元素 B 相对其原点旋转 $180°$ 得到 $-B$，再利用 $-B$ 对原始影像的补集 A^c 进行腐蚀。腐蚀后所得结果的补集便是所求结构元素 B 对图像集合 A 进行膨胀运算的结果。这也证明了数学形态学基础运算只有一个的观点。

8.2.4 基础运算性质

膨胀和腐蚀运算作为数学形态学的基础运算，可以单独用来对图像进行处理，也可以按不同次序进行结合构成复杂的操作。这些运算的一些基本性质对设计形态学的结构元素及开、闭等运算进行实际的图像处理和分析，以及图像目标特征提取是非常有用的。腐蚀和膨胀具有很多代数性质，这里主要介绍与本书研究相关的交换律、结合律、平移不变性、与集合运算的关系、对偶性等。

（1）交换律

初等运算的交换律可用下式表示：

$$A \oplus B = B \oplus A \tag{8.9}$$

交换律表明，结构元素和图像集合在实施膨胀运算时可进行角色互换，并且会得到同样的图像膨胀处理效果。但值得注意的是，腐蚀运算不满足交换律，即 $A\Theta B = B\Theta A$ 通常不成立。

（2）结合律

初等运算的结合律可用如下两式表示：

$$A \oplus (B \oplus C) = (A \oplus B) \oplus C \tag{8.10}$$

$$A\Theta(B \oplus C) = (A\Theta B)\Theta C \tag{8.11}$$

以上两式表明：采用一个较大结构元素 $B \oplus C$ 的形态学初等运算，可以由两个较小的结构元素 B 和 C 的形态学运算的级联来实现。利用结合律可以使结构元素的构造简单化，并使运算的效率得到较大程度的提高。

利用一个结构元素对图像进行膨胀运算，所需要的运算时间将正比于结构元素中非零像素的个数。我们可将一个较大的结构元素分离成两个较小的结构元素，对图像进行两次膨胀处理，从而减少运算时间。

例如，考虑一个大小为 5×5 且其元素均为 1 的结构元素对图像进行膨胀运算（图 8.5）：

$$
\begin{array}{ccccc}
1 & 1 & 1 & 1 & 1 \\
1 & 1 & 1 & 1 & 1 \\
1 & 1 & \boxed{1} & 1 & 1 \\
1 & 1 & 1 & 1 & 1 \\
1 & 1 & 1 & 1 & 1 \\
\end{array}
$$

图 8.5　5×5 大小且基元为 1 的结构元素

将该结构元素分解为两个一维的、各包含 5 个元素的行列结构元素来对原始图像进行膨胀运算（图 8.6），即：

$$
\begin{bmatrix} 1 & 1 & \boxed{1} & 1 & 1 \end{bmatrix} \oplus \begin{bmatrix} 1 \\ 1 \\ \boxed{1} \\ 1 \\ 1 \end{bmatrix}
$$

图 8.6　5 元素行矩阵和 5 元素列矩阵

直观上来讲，原始结构元素中的非零像素个数为 25，经过分解后的非零像素个数为 10。在进行膨胀运算时，首先用行结构元素对图像进行膨胀，再利用列结构元素对行结构元素的膨胀图像进行第二次膨胀，能够比原始 5×5 的结构元素的速度快 2.5 倍。结构元素的分解对运算速度的增长有很大的意义，结构元素越大，利用结合律进行有效分解对运算速度的改善将更有效。

（3）平移不变性

初等运算所具有的平移不变性可用如下两式表示：

$$A_x \oplus B = (A \oplus B)_x, \quad A_x \Theta B = (A \Theta B)_x \tag{8.12}$$

$$A \oplus B_x = (A \oplus B)_x, \quad A \Theta B_x = (A \Theta B)_{-x} \tag{8.13}$$

平移不变性表明，不管是图像集合还是结构元素在平面上的位移再进行形态学变换，与实施运算后结果图像的位移效果保持一致。与图像特征提取相关的更深层次的理解为：目标在图像中的位置发生变化，不会影响到形态学检测的效果。

（4）与集合运算的关系

数学形态学基础运算是与集合运算密切相关的，如下列出的几个关系式只涉及膨胀或腐蚀以及交、并运算之间的关系。

$$A \oplus (B \cup C) = (A \oplus B) \cup (A \oplus C) \tag{8.14}$$

$$A \Theta (B \cup C) = (A \Theta B) \cup (A \Theta C) \tag{8.15}$$

$$(A \cup B) \oplus C = (A \oplus C) \cup (B \oplus C) \tag{8.16}$$

$$(A \cup B) \Theta C \supseteq (A \Theta C) \cup (B \Theta C) \tag{8.17}$$

$$(A \cap B) \oplus C \subseteq (A \oplus C) \cap (B \oplus C) \tag{8.18}$$

$$(A \cap B) \Theta C = (A \Theta C) \cap (B \Theta C) \tag{8.19}$$

上述关系式表明，利用集合的交、并（或者是结构元素的交、并）运算，将等价于集合（或结构元素）分解运算结果的交、并运算。这意味着运算结果的一致性和运算效率的提高。但在实际运算时，要对膨胀和腐蚀的适用性进行区分。

（5）对偶性

对偶性代表着形态学运算子的可逆性。初等运算对偶性较复杂的表达式如下：

$$(A^c \Theta B)^c = A \oplus B, (A^c \oplus B)^c = A \Theta B \tag{8.20}$$

前面已经介绍过，腐蚀和膨胀运算的对偶性意味着腐蚀对应于补集的膨胀，反之亦然。由此可以看出形态学本质上的运算变换只有一个，这也充分体现了形态学运算具有伸缩一致的完备性和对偶变换可逆性强的优势，从而导致其兼有特征提取偏差小和形状结构重组率高的显著优点。

事实上，利用这些初等运算对图像进行处理均可实现理想的可逆变换。这有利于图像中目标结构信息的完整恢复，以及目标几何结构分解操作失真少，有效地保持图像局部细节。如利用同一个结构元素先对图像进行一次膨胀运算再进行一次腐蚀运算，将保持结果图像与原始图像在总体结构上的相似度，并改善图像的细部特征。

8.2.5　组合运算及其作用

在图像处理的实际应用中，我们更多的是以各种组合形式来使用初等运算，达到对图像进行不同操作的目的。二值开、闭运算是将形态学基础运算（即膨胀与腐蚀）相结合的二次运算，要求使用相同的结构元素来进行一系列的初等运算。击中和击不中运算（HMT）则是在初等变换的基础上，利用两个结构元素与图像集合进行操作，对图像的内部和外部同时实施操作，揭示图像中物体与背景之间的关系。

（1）开运算

形态开（Open）运算的符号记为。。利用结构元素 B 对图像集合 A 作开运算，用 $A \circ B$ 表示，还可以用其他符号，如 $O(A，B)$、$OPEN(A，B)$ 等来表示。其定义式为：

$$A \circ B = (A \Theta B) \oplus B \tag{8.21}$$

分析上述公式，形态学开运算是用同一个结构元素 B 对图像集合 A 先作腐蚀运算；然后对腐蚀处理的结果图像作膨胀运算；最后得到开运算的结果图像。这里需要强调的是，腐蚀运算和膨胀运算的结构元素必须保持一致，否则将不能得到开运算的正确处理结果。

开运算还可以用平移和填充的观点描述，其表达方式为：

$$A \circ B = \bigcup \{B + x : B + x \subset A\} \tag{8.22}$$

上式表明，开运算可以通过所有被完全填入图像内部的结构元素平移的并集求得。即对每一个结构元素可填入位置作标记，计算结构元素平移到每一个标记位置时的并集，便可得到全部开运算的结果图像。即 $A \circ B$ 是结构元素 B 在图像集合 A 内完全匹配的平移的并集。

形态学开运算完全删除了不能包含结构元素的对象区域，平滑了对象的轮廓，断开了狭窄的连接，去掉了细小的突出部分。与腐蚀不同的是，图像大的轮廓并没有发生整体的收缩，物体位置也没有发生任何变化。因此，形态学开运算可以用来平滑图像、去除二值化后产生的毛刺等。图 8.7 为利用基元均为 1 的 3×3 结构元素进行形态开运算的处理结果。

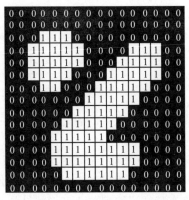 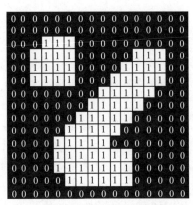

(a) 原始图像　　　　　　　　　　　　　　　(b) 开运算结果图像

图 8.7　用基元均为 1 的 3×3 结构元素进行开运算

（2）闭运算

开运算的对偶运算是闭运算（Close），符号记为 · 。利用一个结构元素 B 对图像集合 A 作闭运算记为 $A \cdot B$。还可以表示为 $C(A，B)$、$CLOSE(A，B)$ 等形式。其定义式为：

$$A \cdot B = [A \oplus B] \Theta B \tag{8.23}$$

分析上述公式，形态学闭运算是用同一个结构元素 B 对图像集合 A 先作膨胀运算；然后对膨胀处理的结果图像作腐蚀运算；最后得到闭运算的结果图像。这里仍需要强调的是，腐蚀运算和膨胀运算的结构元素必须保持一致，否则将不能得到正确的闭运算的处理结果。

形态学闭运算对图像的外部做滤波处理，从而可以磨除凸向图像内部的尖角，对图像的轮廓起到平滑的作用。但与开运算不同的是，闭运算一般会将狭窄的缺口连接起来形成细长的弯口，并填充比结构元素小的空洞。实验表明，把开闭运算组合起来使用，将能够非常有效地去除散点噪声。另外，图像二值化后产生的缺口，可以通过开运算后再做闭运算来填充加以连接。利用基元均为 1 的 3×3 结构元素进行形态闭运算的处理结果如图 8.8 所示。

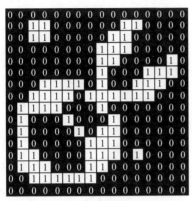
(a) 原始图像

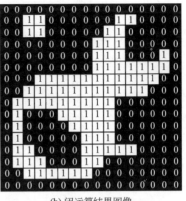
(b) 闭运算结果图像

图 8.8　用基元均为 1 的 3×3 结构元素进行闭运算

8.2.6　组合运算代数性质

通过将数学形态学初等运算进行组合构成的开、闭运算也具有很多的代数性质，对这些性质的分析，将有利于采用这些运算完成特定目标的应用。如下对组合运算的代数性质进行简要总结与分析。

(1) 扩展（收缩）性

$$A \circ B \subseteq A \subseteq A \cdot B \tag{8.24}$$

上述性质表明，利用同一结构元素对图像集合进行的开、闭运算，其结果图像均和原始图像集合有包含与被包含关系。开运算可看作对图像集合内部做滤波处理，处理后得到的结果图像是在原始图像集合的基础上的收缩；而闭运算可看作对图像外部轮廓做滤波处理，处理后的图像在特定位置得到扩展。

(2) 幂等性

$$(A \circ B) \circ B = A \circ B \tag{8.25}$$

$$(A \cdot B) \cdot B = A \cdot B \tag{8.26}$$

上式可以如此理解，即对原始图像集合的一次内、外滤波处理，可将所有特定于结构元素的噪声滤除干净，再重复进行运算不会对第一次图像处理的结果产生影响。这点表明了开、闭运算的效率，以及该运算与经典方法（如均值滤波、中值滤波等方法）在运算性质及结果上的不同。

(3) 平移不变性

$$(A)_x \circ B = (A \circ B)_x \tag{8.27}$$

$$(A)_x \cdot B = (A \cdot B)_x \tag{8.28}$$

平移不变性表明，图像区域平移后的开、闭运算得到的结果图像等价于对原始图像集合进行运算后结果图像的平移。

8.2.7 灰度形态学基本运算

前面介绍了二值数学形态学的四个基本运算，即膨胀、腐蚀、开启和闭合。可将它们方便地推广到灰度图像空间。与二值数学形态学中不同的是，这里运算的操作对象不再被看作集合而被看作图像函数。以下设 $f(x, y)$ 是输入图像，$b(x, y)$ 是结构元素，它本身也是一个子图像。

（1）膨胀运算

用结构元素 b 对输入图像 f 进行灰度膨胀运算，其定义为：

$$(f \oplus b)(s, t) = \max\{f(s-x, t-y) + b(x, y) | (s-x), (t-y) \in D_f \text{ 和 } (x, y) \in D_b\}$$

$$(8.29)$$

式中，D_f 和 D_b 分别是 f 和 b 的定义域。这里限制平移参数 $(s-x)$ 和 $(t-y)$ 在 f 的定义域内，类似于在二值膨胀定义中要求两个运算集合至少有一个非零元素相交。它与二维卷积的形式很类似，区别是膨胀用取最大值替换了求和，用加法替换了相乘。

图 8.9(a) 和图 8.9(b) 分别给出 f 和 b；图 8.9(c) 同时显示了运算过程中的两种情况；而图 8.9(d) 给出了最终膨胀结果。

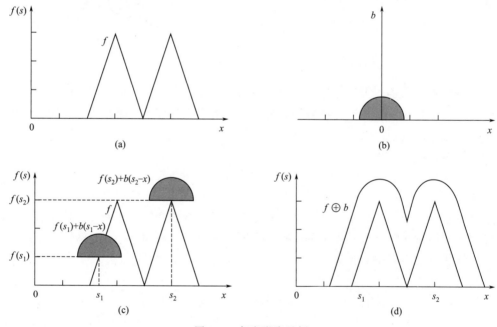

图 8.9　灰度膨胀示例

对灰度图像的膨胀操作有以下两个效果。

① 如果结构元素的值都为正，则输出图像会比输入图像亮。

② 根据输入图像中暗细节的灰度值以及它们的形状相对于结构元素的关系，可知它们在膨胀中或被消减或被除掉。

（2）腐蚀运算

用结构元素 b 对输入图像 f 进行灰度腐蚀运算，其定义为：

$$(f \ominus b)(s, t) = \min\{f(s+x, t+y) - b(x, y) | (s+x), (t+y) \in D_f \text{ 和 } (x, y) \in D_b\}$$

$$(8.30)$$

式中，D_f 和 D_b 分别是 f 和 b 的定义域。这里限制平移参数 $(s+x)$ 和 $(t+y)$ 在 f 的定义域内，类似于在二值腐蚀定义中要求结构元素完全包含在被腐蚀集合中。它与二维卷积的形式很类似，区别是腐蚀用取最小值替换了求和，用减法替换了相乘。

图 8.10(a) 和图 8.10(b) 分别给出用上图中的结构元素对输入图进行腐蚀运算过程中的两种情况（让 b 平移）和最终腐蚀结果。

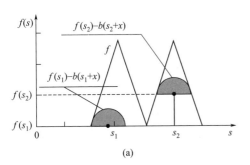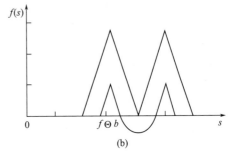

(a)　　　　　　　　　　　(b)

图 8.10　灰度腐蚀示例

腐蚀的计算是在由结构元素确定的邻域中选取 $f-b$ 的最小值。所以对灰度图像的腐蚀操作有以下两类效果。

① 如果结构元素的值都为正的，则输出图像会比输入图像暗。

② 如果输入图中亮细节的尺寸比结构元素小，则其影响会被减弱；减弱的程度取决于这些亮细节周围的灰度值和结构元素的形状和幅值。

(3) 开启与闭合运算

灰度数学形态学中的开启和闭合运算与它们在二值数学形态学中的对应运算是一致的。用 b（灰度）开启 f 其定义为：

$$f \circ b = (f \Theta b) \oplus b \tag{8.31}$$

用 b（灰度）闭合 f 其定义为：

$$f \cdot b = (f \oplus b) \Theta b \tag{8.32}$$

灰度开启和闭合也可以有简单的几何解释，图 8.11(a) 中，给出一幅图像 $f(x, y)$ 在 y 为常数时的一个剖面 $f(x)$，其形状为一连串的山峰山谷。现设结构元素 b 为球状，投影到 $f(x)$ 平面上是个圆。下面分别讨论开启和闭合的情况。

用 b 开启 f，可看作将 b 贴着 f 的下沿从一端滚到另一端。图 8.11(b) 给出 b 在开启中的几个位置；图 8.11(c) 给出开启操作的结果。从图 8.11(c) 可看出，对所有比 b 直径小的山峰其高度和尖锐度都减弱了。换句话说，当 b 贴着 f 的下沿滚动时，f 中没有与 b 接触的部位都落到与 b 接触。实际中常用开启操作消除与结构元素相比尺寸较小的亮细节，而保持图像整体灰度值和大的亮区域基本不受影响。具体就是第一步的腐蚀去除了小的亮细节并同时减弱了图像亮度；第二步的膨胀增加（基本恢复）了图像亮度但又不重新引入前面去除的细节。实际处理中，可利用开运算补偿光照不均匀的图像。而从原始图像中减去开运算后的图像被称为顶帽（Top-hat）变换。

用 b 闭合 f，可看作将 b 贴着 f 的上沿从一端滚到另一端。图 8.11(d) 给出 b 在闭合中的几个位置；图 8.11(e) 给出闭合操作的结果。从图 8.11(e) 可看出，山峰基本没有变化，而所有比 b 的直径小的山谷得到了填充。换句话说，当 b 贴着 f 的上沿滚动时，f 中没有与 b 接触的部位都被填充到与 b 接触。实际中常用闭合操作消除与结构元素相比尺寸较小的暗

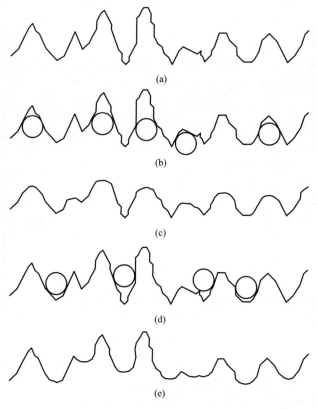

图 8.11　灰度开启和闭合示意图

细节，而保持图像整体灰度值和大的暗区域基本不受影响。具体说来，第一步的膨胀去除了小的暗细节并同时增强了图像亮度；第二步的腐蚀减弱（基本恢复）了图像亮度但又不重新引入前面去除的细节。从原始图像中减去闭运算后的图像被称为底帽（Bottom-hat）变换。将顶帽变换和底帽变换结合可用于增强图像的对比度。

8.3　形态学方法在图像处理中的应用

8.3.1　图像的边缘提取

在一幅图像中，图像的边缘线或棱线是信息量最为丰富的区域。提取边界或边缘也是图像分割的重要组成部分。实践证明，人的视觉系统首先在视网膜上实现边界线的提取，然后把所得的视觉信息提供给大脑。因此，通过提取出物体的边界可以明确物体的大致形状。这种做法实质上把一个二维复杂的问题表示成一条边缘曲线，大大节约了处理时间，为识别物体带来了方便。

许多常用的边缘检测算子通过计算图像中局部小区域的差分来进行。这类边缘检测器或算子对噪声都比较敏感并且常常会在检测边缘的同时加强噪声。而形态学边缘检测器主要用到形态梯度的概念，虽也对噪声较敏感但不会加强或放大噪声。

设 A 表示图像，B 表示结构元素，最基本的形态梯度可定义如下：

$$Grad_1 = (A \oplus B) - (A \ominus B) \tag{8.33}$$

图 8.12 给出上式的应用示例。其中图 8.12(a) 为图像 A；图 8.12(b) 为结构元素 B；

图 8.12(c) 为 $A \oplus B$；图 8.12(d) 为 $A \Theta B$；图 8.12(e) 为 $Grad_1$。具体说来，$A \oplus B$ 将 A 中的目标区域扩展了一个像素宽，而 $A \Theta B$ 将 A 的目标区域又收缩一个像素宽，这样 $Grad_1$ 给出的边界有两个像素宽。

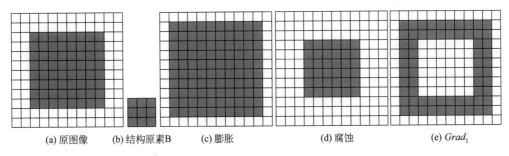

(a) 原图像　　(b) 结构原素B　　(c) 膨胀　　　　(d) 腐蚀　　　　(e) $Grad_1$

图 8.12　$Grad_1$ 示例

较尖锐（细）的边界可用如下两个等价定义的形态梯度获得：

$$Grad_2 = (A \oplus B) - A$$
$$Grad_3 = A - (A \Theta B)$$

(8.34)

利用以上两个形态梯度进行边缘提取的结果如图 8.13(a) 和图 8.13(b) 所示（图像 A 和结构元素 B 与上图相同）。

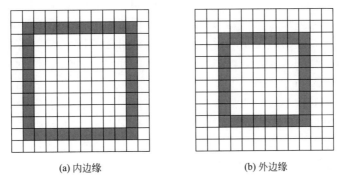

(a) 内边缘　　　　　　　　　(b) 外边缘

图 8.13　$Grad_2$ 和 $Grad_3$ 示例

$Grad_1$、$Grad_2$ 和 $Grad_3$ 都没有放大噪声，但本身仍可能包含不少噪声。下面给出另一种形态梯度：

$$Grad_4 = \min\{[(A \oplus B) - A], [A - (A \Theta B)]\}$$

(8.35)

这种梯度对孤立的噪声点不敏感，将它用于理想斜面边缘的检测效果很好。它的缺点是检测不出理想阶梯边缘，但这时可先对图像进行模糊，将理想阶梯边缘转化为理想斜面边缘然后用 $Grad_4$。这里需注意的是模糊模板的范围与用于膨胀和腐蚀的结构模板的范围一致。

8.3.2　图像的区域填充

区域是图像边界线所包围的部分，边界是图像的轮廓线。因此区域和其边界可以互求。下面通过示例具体说明区域填充的形态学变换方法。

图 8.14 是一个给出区域边界点的图像 A，边界点用深色表示，赋值为 1，所有非边界点是白色部分，赋值为 0，显然是一幅二值图像；图 8.14(b) 为结构元素 B。图像 A 的补集是 A^c。

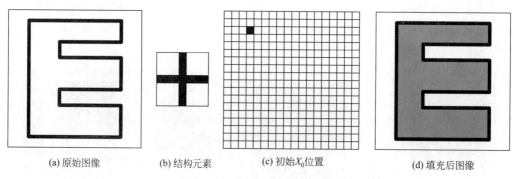

| (a) 原始图像 | (b) 结构元素 | (c) 初始X_0位置 | (d) 填充后图像 |

图 8.14　形态学区域填充示例

填充过程实际上就是从边界上某一点 P（只有一个边界点的集合）开始做以下迭代运算：

$$X_k = (X_{k-1} \oplus B) \bigcap A^c \qquad k = 1, 2, 3, \cdots \tag{8.36}$$

其中 $X_0 = P$，只是原图边界的一个点，如图 8.14(c) 所示，当 k 迭代到 $X_k = X_{k-1}$ 时结束。集合 X_k 和 A^c 的交集就包括了图像边界线所包围的填充区域及其边界。可见求区域填充算法是一个用结构元素对其进行膨胀、求补和求交集的过程。

8.3.3　目标探测——击中与否变换

击中与否变换也称为击中击不中变换（Hit-or-Miss Transform，HMT），是形态学中一种非常有用的目标探测方法，常被应用在模式识别系统中。从一些影像中识别像素排列形成的特定目标形状是极其有用的，如线段的端点像素或目标的特征点，甚至整个目标的形状识别。假设有一个大范围的研究区域，在研究区域可能存在着多个目标。我们的任务是在所感兴趣的区域 ROI（Region of Interest，ROI）中探测目标，探测是多目标识别中的关键环节。击中击不中变换对这类应用非常适用。这种变换不仅仅局限于探测图像的内部或外部结构，而是对目标内外同时进行探测。在研究图像中目标识别、边缘细化等问题时，该变换已经被证实是一种比较有效的方法。

HMT 变换（也称塞拉变换）用符号 $*$ 表示，用复合结构元素 B 对图像集合 A 进行击中击不中变换表示为 $A * B$。值得注意的是，击中与击不中变换需要两个结构基元 X 和 $(W-X)$，这两个结构基元被作为一个结构元素对 $B = [X, (W-X)]$ 来对图像集合进行操作，一个探测图像外部；另一个探测图像内部。即在一次运算中，击中与击不中变换可以捕获到内外标记。其定义式为：

$$A * B = (A \Theta X) \bigcap [A^c \Theta (W-X)] \tag{8.37}$$

分析上式可知，击中与击不中变换是通过将结构元素填入图像及其补集完成运算的。故它通过结构元素对探测图像和其补集之间的关系。HMT 变换的结果是用两个结构基元分别对原始图像集合和其补集进行腐蚀操作的并集。即当且仅当 X 平移到某一点时可填入图像集合 A 的内部。$(W-X)$ 平移到该点时可填入图像集合 A 的外部时，该点才能作为击中与击不中变换的结果进行输出。

应该注意到两个结构基元之间的关系，即 $X \bigcap (W-X) = \varnothing$。$X$ 和 $(W-X)$ 应当是不相连接的，否则便不可能存在两个结构基元可同时填入图像集合的情况。

分析 HMT 和腐蚀的定义式，若在 HMT 的变换式中取 $(W-X)$ 为空集，则与腐蚀的定义式一致。因此腐蚀可看作击中与击不中变换的一个特例。利用结构元素进行 HMT 运算的处理结果如图 8.15 所示。

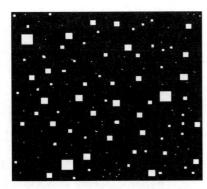

图 8.15　击中击不中检测结果

HMT 在数学形态学图像处理中是进行特定形状目标检测的一种基本且实用的工具。利用它不仅可以定位出所要识别物体的准确位置，而且可通过设计合适的结构基元来完成对整个目标的检测。

从理论上讲，HMT 可看作为一种条件比较严格的模板匹配算法，不仅需要预置在匹配点上应满足的性质即模板形状，而且对其周围的环境（背景）同样提出了结构上的限制。

在无噪声的条件下给定多个不同的物体，则可利用多个结构元素对来检测它们。每一个结构元素对中的第一个元素与所要检测物体的形状一致，结构元素对中的第二个元素为第一个元素的外接边框。若图像集合中存在噪声，将导致待识别目标的边界轮廓受到干扰，而利用上面的方法就没有办法完成对目标特征的有效检测。此时，可用这些特定形状的腐蚀形式作为结构元素对的首个元素，用这些特定形状膨胀后的外边框作为结构元素对的第二个元素，完成对目标特征的检测。

在应用 HMT 检测目标时仍有以下一些问题需要考虑。

① 要求准确地得到目标和背景的相应模板。

② 当目标尺寸增大时，其运算量有明显的增加。

③ 不具有尺度不变性和光照不变性，对噪声较为敏感。

因此，HMT 用于实际目标检测尚有很多问题需要研究和探索。

8.3.4　细化和厚化

物体细化后的骨架是一个非常有用的特征，是描述图像几何及拓扑性质的重要特征之一。它决定了物体路径的形态。求图像骨架的过程就是对图像"细化"的过程。在文字识别、地质构造识别、工业零件识别或图像理解中，先进行细化有助于突出形状特点和减少冗余的信息。

集合 X 被结构元素的细化用 $X \otimes B$ 表示，根据击中与否变换定义可知：

$$Y = X \otimes B = X - (X \text{ 击中与否 } B) = X \bigcap (X \text{ 击中与否 } B)^c \qquad (8.38)$$

细化实际上就是从 X 中去掉被 B 击中的结果。利用特定的结构元素得到的 8 连接细化图像如图 8.16 所示。

厚化是细化在形态学上的对偶，记为 $X \odot B$，也可以用击中与否变换表示

$$Y = X \odot B = X \bigcup (X \text{ 击中与否 } B) \qquad (8.39)$$

B 是适合于厚化运算的结构元素。实际上，厚化运算也就是在 X 的基础上增加 X 被 B 击中的结果。

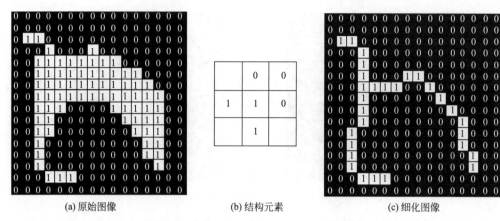

(a) 原始图像　　　　　　(b) 结构元素　　　　　　(c) 细化图像

图 8.16　利用 8 连接结构元素对图像的细化

8.3.5　水域分割

在地理学中，分水岭是指一个山脊，在该山脊两边的区域中有着不同流向的水系。汇水盆地是指水排入河流或水库的地理区域。分水岭变换把这些概念应用于灰度图像处理中，以便解决各种图像分割问题。水域线（分水岭 watershed）区域分割法是一种分割图像中相接触目标的形态学方法。它的基本过程是连续腐蚀二值图像产生距离图。

距离图是一种其中各个像素的灰度与该像素到图像或目标边界成比例的图。考虑一幅包含目标和背景的二值图，如将较大的值赋予接近目标内部的像素（与距离成正比）就可得到一幅距离图。为用形态学方法产生距离图，可迭代地腐蚀二值图，在每次腐蚀后将所有剩下的像素值加 1。

图 8.17 给出距离图计算的一个示例，图 8.17(a) 是一幅二值图；图 8.17(b) 为结构

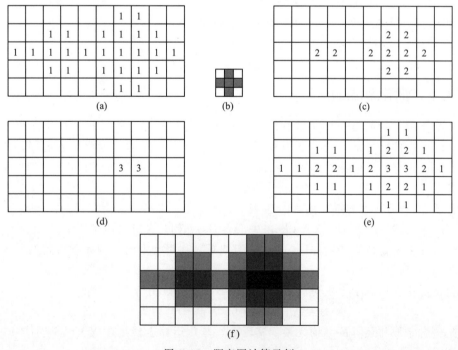

图 8.17　距离图计算示例

元素。用图 8.17(b) 腐蚀图 8.17(a)，将第一次腐蚀所余下的像素标为 2 得到图 8.17(c)。继续腐蚀，将第二次腐蚀所余下的像素标为 3 得到图 8.17(d)。若继续腐蚀所有像素将被消去，因而腐蚀停止。综合前面各次腐蚀的结果并对每个像素保留最大值得到图 8.17(e)，即距离图。图 8.17(f) 是对图 8.17(e) 的一个灰度表示，这里灰度越大代表像素值越大。

利用形态学术语迭代腐蚀可写为：

$$A_k = A\Theta kB \quad 对\ k = 1, \cdots, m \quad 其中 \{m : A_m \neq \varnothing\} \tag{8.40}$$

这里 m 是非空图的最大个数。A_k 的下标代表迭代腐蚀中的不同迭代次数。

从拓扑的角度来看，把距离图当作山脉，则其中的最大值对应山峰而最小值对应山谷。这些山谷就是水线，将各山峰周围的水线连起来可实现对目标的分割。

第9章 图像处理编程基础及应用实例

数字图像处理的特点在于需要大量的实验工作来确定给定问题的求解方法。如下简要介绍将数字图像处理中的部分基础理论与现代软件集成为一个原型环境的方法，其目的是为读者求解图像处理中的各类问题提供引导性的准备和基础。相关算法的基础理论主要源于本书的前几章，算法以 VC 环境下的实现代码介绍为主，部分算法列出了 MATLAB 环境下的实现函数。

9.1 Visual C++及 MATLAB 编程环境简介

9.1.1 Visual C++编程环境与微软基础类（Microsoft Foundation Classes，MFC）

Visual C++系列产品是微软公司推出的一款优秀的 C++集成开发环境，其产品定位为 Win32 系统程序开发，因其良好的界面和可操作性，被广泛应用。由于 2000 年以后，微软全面转向 .NET 平台，Visual C++6.0 成为支持标准 C/C++规范的最后版本。微软最新的 Visual C++版本为 Visual Studio 2010，此版本已经完全转向 .NET 架构，并对 C/C++的语言本身进行了扩展。随着 Windows 操作系统的普及，在 Visual C++下实现图像处理就成为在普通 PC 上进行数字图像处理的最佳途径。图 9.1 所示是运行于 Windows 操作系统中的 Visual Studio 的集成开发环境截图，集成了 C++、C♯、Basic 等多种语言开发环境。软件的界面主要由四个部分组成：左边的类视图、解决方案窗口，中间的代码与文件窗口，右边的属性与工具窗口以及下方的输出、查询窗口。

MFC 是 Windows API 与 C++的结合，API 即微软提供的 Windows 下应用程序的编程语言接口，是一种软件编程规范，允许用户使用各种各样的第三方编程语言来进行对 Windows 下应用程序的开发，使这些被开发出来的应用程序能在 Windows 下运行。

关于 Visual Studio 编程环境、C++编程、MFC 文档视图结构及应用的更多内容，可以分别参考 MSDN、《Inside Visual C++》《C++Primer》《深入浅出 MFC》等资料。

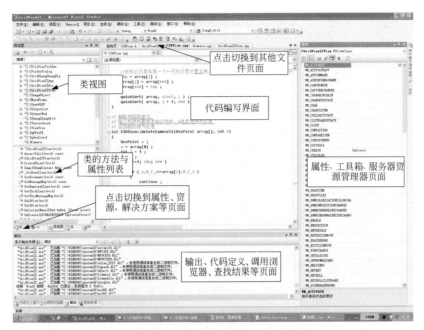

图 9.1　Visual Studio 的集成开发环境

9.1.2　MATLAB 编程环境与图像处理工具箱

MATLAB 是矩阵实验室（Matrix Laboratory）的简称，是美国 MathWorks 公司出品的商业数学软件，用于算法开发、数据可视化、数据分析以及数值计算的高级技术计算语言和交互式环境，主要包括 MATLAB 和 Simulink 两大部分。

MATLAB 和 Mathematica、Maple 并称为三大数学软件。它在数学类科技应用软件中的数值计算方面首屈一指。MATLAB 可以进行矩阵运算、绘制函数和数据、实现算法、创建用户界面、MATLAB 开发工作界面连接其他编程语言的程序等，主要应用于工程计算、控制设计、信号处理与通信、图像处理、信号检测、金融建模设计与分析等领域。

MATLAB 的基本数据单位是矩阵，它的指令表达式与数学、工程中常用的形式十分相似。故用 MATLAB 来解算问题要比用 C、FORTRAN 等语言完成相同的事情简捷得多，并且吸收了像 Maple 等软件的优点，使 MATLAB 成为一个强大的数学软件。

MATLAB 是一种基于向量（数组）而不是标量的高级程序语言。因而 MATLAB 从本质上就提供了对图像的支持。从图像的数字化过程可以知道，数字图像实际上就是一组有序离散的数据，使用 MATLAB 可以对这些离散数据形成的矩阵进行一次性的处理。

MATLAB 的 Image Processing Toolbox（图像处理工具箱）支持多种图像数据格式，如 BMP、JPEG、TIFF、HDF、HDF. EOS 和 DICOM 等。同时，MATLAB 中还可以导入/导出 AVI 格式的数据文件，支持其他工业标准的数据文件格式，并提供了大量的用于图像处理的函数。利用这些函数，可以分析图像数据，获取图像细节信息，并且设计相应的滤波算子等。

在图像处理工具箱中还包含了众多数学形态学函数，这些函数可以用于处理灰度图像或者二值图像，可以快速实现边缘检测、图像去噪、骨架提取和粒度测定等算法。此外还包含一些专用的数学形态学函数，例如填充处理、峰值检测、分水岭分割等，且所有的数学形态学函数都可以处理多维图像数据。图像处理工具箱提供了很多高层次的图像处理函数，这些函数包括排列、变换和锐化、尺度变换、彩色分布统计等操作。

MATLAB 包括拥有数百个内部函数的主包和三十几种工具箱，如表 9.1 所示。

表 9.1　MATLAB 的主要工具箱列表

项目	说明	项目	说明
Matlab Main Toolbox	MATLAB 主工具箱	Neural Network Toolbox	神经网络工具箱
Control System Toolbox	控制系统工具箱	Optimization Toolbox	优化工具箱
Financial Toolbox	财政金融工具箱	Partial Differential Toolbox	偏微分方程工具箱
System Identification Toolbox	系统辨识工具箱	Robust Control Toolbox	鲁棒控制工具箱
Fuzzy Logic Toolbox	模糊逻辑工具箱	Signal Processing Toolbox	信号处理工具箱
Higher-Order Spectral Analysis Toolbox	高阶谱分析工具箱	Spline Toolbox	样条工具箱
Image Processing Toolbox	图像处理工具箱	Statistics Toolbox	统计工具箱
LMI Control Toolbox	线性矩阵不等式工具箱	Symbolic Math Toolbox	符号数学工具箱
Model predictive Control Toolbox	模型预测控制工具箱	Simulink Toolbox	动态仿真工具箱
μ-Analysis and Synthesis Toolbox	μ 分析工具箱	Wavel Toolbox	小波工具箱

开放性使 MATLAB 广受用户欢迎，除内部函数外，所有 MATLAB 主包文件和各种工具箱都是可读可修改的文件，用户通过对源程序的修改或加入自己编写程序构造新的专用工具箱。

图 9.2 是运行于 Windows 操作系统中的 MATLAB R2013a 截图，软件的界面主要由多个部分组成：最上层为菜单项，窗体左边为当前目录列表、右边为工作区及右下方历史记录窗口等。中间命令输入区中的"≫"为命令提示符。

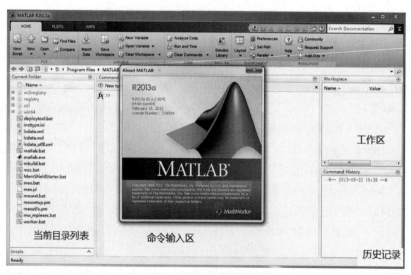

图 9.2　MATLAB 工作界面

关于 MATLAB 编程的更多技术细节，可参考相关资料。

9.2　BMP 图像格式介绍

位图文件（Bitmap-File，BMP）格式是 Windows 采用的图像文件存储格式，在 Windows 环境下运行的所有图像处理软件都支持这种格式。BMP 位图文件默认的文件扩展名是 BMP 或者 bmp。

9.2.1 文件结构

位图文件可看成由四个部分组成：位图文件头（bitmap-file header）、位图信息头（bitmap-information header）、彩色表或称调色板（color table）和定义位图的字节阵列。它们的名称和符号如表 9.2 所示。

表 9.2　BMP 图像文件组成部分的名称和符号

位图文件的组成	结构名称	符号
位图文件头（bitmap-file header）	BITMAPFILEHEADER	bmfh
位图信息头（bitmap-information header）	BITMAPINFOHEADER	bmih
彩色表（color table）	RGBQUAD	aColors[]
图像数据阵列字节	BYTE	aBitmapBits[]

位图文件结构可综合在表 9.3 中。

表 9.3　位图文件结构内容摘要

项目	偏移量	域的名称	大小	内　　容
图像文件头	0000h	标识符（Identifier）	2 byte	两字节的内容用来识别位图的类型 'BM'：Windows 位图通用标示
	0002h	File Size	1 dword	用字节表示的整个文件的大小
	0006h	Reserved	1 dword	保留，设置为 0
	000Ah	Bitmap Data Offset	1 dword	从文件开始到位图数据开始之间的数据（bitmap data）之间的偏移量
	000Eh	Bitmap Header Size	1 dword	位图信息头（Bitmap Info Header）的长度，用来描述位图的颜色、压缩方法等。下面的长度表示： 28h-Windows 通用标示
	0012h	Width	1 dword	位图的宽度，以像素为单位
	0016h	Height	1 dword	位图的高度，以像素为单位
	001Ah	Planes	1 word	位图的位面数
图像信息头	001Ch	Bits Per Pixel	1 word	每个像素的位数 1-Monochrome bitmap 4-16 color bitmap 8-256 color bitmap 16-16bit（high color）bitmap 24-24bit（true color）bitmap 32-32bit（true color）bitmap
	001Eh	Compression	1 dword	压缩说明： 0-none（也使用 BI_RGB 表示） 1-RLE 8-bit / pixel（也使用 BI_RLE4 表示） 2-RLE 4-bit / pixel（也使用 BI_RLE8 表示） 3-Bitfields（也使用 BI_BITFIELDS 表示）
	0022h	Bitmap Data Size	1 dword	用字节数表示的位图数据的大小。该数必须是 4 的倍数
	0026h	HResolution	1 dword	用像素/米表示的水平分辨率
	002Ah	VResolution	1 dword	用像素/米表示的垂直分辨率
	002Eh	Colors	1 dword	位图使用的颜色数。如 8-位/像素表示为 256
	0032h	Important Colors	1 dword	指定重要的颜色数。当该域的值等于颜色数时，表示所有颜色都一样重要

项目	偏移量	域的名称	大小	内　　容
调色板数据	0036h	Palette	$N\times4$ byte	调色板规范。对于调色板中的每个表项,这 4 个字节用下述方法来描述 RGB 的值: • 1 字节用于蓝色分量 • 1 字节用于绿色分量 • 1 字节用于红色分量 • 1 字节用于填充符(设置为 0)
图像数据	0436h	Bitmap Data	x bytes	该域的大小取决于压缩方法,它包含所有的位图数据字节,这些数据实际就是彩色调色板的索引号

9.2.2　结构详解

(1) 位图文件头

位图文件头包含有关于文件类型、文件大小、存放位置等信息,用 BITMAPFILE-HEADER 结构来定义:

typedef struct tagBITMAPFILEHEADER{/ * bmfh * /

UINT bfType；// 文件的类型

DWORD bfSize；// 文件的大小,用字节为单位

UINT bfReserved1；// 保留,设置为 0

UINT bfReserved2；// 保留,设置为 0

DWORD bfOffBits；// 从此结构开始到实际的图像数据之间的字节偏移量

} BITMAPFILEHEADER；

(2) 位图信息头

位图信息用 BITMAPINFO 结构来定义,它由位图信息头 (bitmap-information header) 和彩色表 (color table) 组成。前者用 BITMAPINFOHEADER 结构定义;后者用 RGBQUAD 结构定义。BITMAPINFO 结构具有如下形式:

typedef struct tagBITMAPINFO {/ * bmi * /

BITMAPINFOHEADER bmiHeader；// 结构

RGBQUAD bmiColors [1]；// 彩色表 RGBQUAD 结构的阵列

} BITMAPINFO；

BITMAPINFOHEADER 结构包含有位图文件的大小、压缩类型和颜色格式,其结构定义为:

typedef struct tagBITMAPINFOHEADER {/ * bmih * /

DWORD biSize；// 结构所需要的字节数

LONG biWidth；// 图像的宽度,以像素为单位

LONG biHeight；// 图像的高度,以像素为单位

WORD biPlanes；// 为目标设备说明位面数,其值设置为 1

WORD biBitCount；// 位数/像素,其值为 1、2、4 或者 24

DWORD biCompression；// 图像数据压缩的类型

DWORD biSizeImage；// 图像的大小,以字节为单位

LONG biXPelsPerMeter；// 水平分辨率,用像素/米表示

LONG biYPelsPerMeter；// 垂直分辨率，用像素/米表示

DWORD biClrUsed；// 位图实际使用的彩色表中的颜色索引数

DWORD biClrImportant；// 对图像显示有重要影响的颜色索引数

} BITMAPINFOHEADER；

下面就以 BITMAPINFOHEADER 结构为例作如下说明。

① 彩色表的定位　应用程序可使用存储在 biSize 成员中的信息来查找在 BITMAPINFO 结构中的彩色表，如下所示：

pColor＝((LPSTR)pBitmapInfo＋(WORD)(pBitmapInfo-> bmiHeader. biSize))

② biBitCount　biBitCount=1 表示位图最多有两种颜色，黑色和白色。图像数据阵列中的每一位表示一个像素。

biBitCount=4 表示位图最多有 16 种颜色。每个像素用 4 位表示，并用这 4 位作为彩色表的表项来查找该像素的颜色。

biBitCount=8 表示位图最多有 256 种颜色。每个像素用 8 位表示，并用这 8 位作为彩色表的表项来查找该像素的颜色。例如，如果位图中的第一个字节为 0x1F，则这个像素的颜色就在彩色表的第 32 表项中查找。

biBitCount=24 表示位图最多有 $2^{24}＝16\ 777\ 216$ 种颜色。bmiColors（或者 bmciColors）成员就为 NULL。每 3 个字节代表一个像素，其颜色由 R、G、B 字节的相对强度决定。

③ ClrUsed　BITMAPINFOHEADER 结构中的成员 ClrUsed 指定实际使用的颜色数目。如果 ClrUsed 设置成 0，位图使用的颜色数目就等于 biBitCount 成员中的数目。

(3) 彩色表

彩色表包含的元素与位图所具有的颜色数相同，像素的颜色用 RGBQUAD 结构来定义。

typedef struct tagRGBQUAD {/ ＊ rgbq ＊ /

BYTE rgbBlue；// 蓝色强度

BYTE rgbGreen；// 绿色强度

BYTE rgbRed；// 红色强度

BYTE rgbReserved；// 保留，设置为 0

} RGBQUAD；

24-位真彩色图像不使用彩色表，因位图中的 RGB 值就代表了每个像素的颜色。彩色表中的颜色按颜色的重要性排序，这可以辅助显示驱动程序为不能显示足够多颜色数的显示设备显示彩色图像。

(4) 位图数据

紧跟在彩色表之后的是图像数据字节阵列。图像的每一扫描行由表示图像像素的连续的字节组成，每一行的字节数取决于图像的颜色数目和用像素表示的图像宽度。扫描行是由下向上存储的，即阵列中的第一个字节表示位图左下角的像素，而最后一个字节表示位图右上角的像素。

9.3　BMP 图像读取与显示

BMP 图像读取与显示是后续图像处理的基础，主要包括如下步骤。

（1）加载文件头

BITMAPFILEHEADER bmfHeader；

DWORD dwBitsSize；HDIB hDIB；LPSTR pDIB；

dwBitsSize＝file.GetLength（）；// 获取 DIB（文件）长度（字节）

if(file.Read((LPSTR)&bmfHeader，sizeof(bmfHeader))!＝sizeof(bmfHeader))// 尝试读取 DIB 文件头

｛ return NULL；// 大小不对，返回 NULL ｝

// 判断是否是 DIB 对象，检查头两个字节是否是"BM"

if（bmfHeader.bfType !＝DIB_HEADER_MARKER）

｛ return NULL；// 非 DIB 对象，返回 NULL ｝

其中，file 是要读取的文件 CFile 对象。

（2）加载位图信息头

// 指向 BITMAPINFOHEADER 结构的指针

LPBITMAPINFOHEADER lpbmi；

// 指向 BITMAPCOREINFO 结构的指针

LPBITMAPCOREHEADER lpbmc；

// 获取指针

lpbmi＝(LPBITMAPINFOHEADER）lpDIB；

lpbmc＝(LPBITMAPCOREHEADER）lpDIB；

// 返回 DIB 中图像的宽度

// 对于其他格式的 DIB

m_Height＝(DWORD)lpbmc->biHeight；

m_Width＝(DWORD)lpbmc-> biWidth；

m_BitCount＝(DWORD)lpbmc->biHeight；

通过上述操作，我们得到了图像的宽、高，以及每个像素颜色所占用的位数。

（3）行对齐

由于 Windows 在进行行扫描时最小单位为 4 个字节，因此当图像宽乘以每个像素的字节数不等于 4 的整数倍时，要在每行的后面补上缺少的字节，以 0 填充（一般来说当图像宽度为 2 的幂时不需要对齐）。位图文件里的数据在写入时已进行了行对齐，即加载时不需要再做行对齐。但图像数据的长度就不等于（宽×高×每个像素的字节数），我们需要通过下面的方法计算正确的数据长度：

int LineByteCnt＝(((m_Width * m_BitCount)＋31)/ 32 * 4)；

m_ImageDataSize＝iLineByteCnt * m_iImageHeight；

（4）加载图像数据

对于 24 位和 32 位的位图文件，位图数据的偏移量为 sizeof（BITMAPFILEHEADER）＋sizeof（BITMAPINFOHEADER）。通过上述步骤，我们可以直接读取图像数据。

if(m_pImageData)delete [] m_pImageData；

m_pImageData＝new unsigned char[m_iImageDataSize]；

file.Read((char *)m_pImageData，m_iImageDataSize)；

（5）图像显示

如下代码实现图像的显示。

```
Void DrawImage（HDC hdc，int iLeft，int iTop，int iWidth，int iHeight）
{
if(!hdc‖m_pImageData==NULL)
        return；
BITMAPINFO bmi；
memset(&bmi,0,sizeof(bmi))；
bmi. bmiHeader. biSize=sizeof(BITMAPINFO)；
bmi. bmiHeader. biWidth=m_iImageWidth；
bmi. bmiHeader. biHeight=m_iImageHeight；
bmi. bmiHeader. biPlanes=1；
bmi. bmiHeader. biBitCount=m_iBitsPerPixel；
bmi. bmiHeader. biCompression=BI_RGB；
bmi. bmiHeader. biSizeImage=m_iImageDataSize；
StretchDIBits(hdc,iLeft,iTop,iWidth,iHeight,
        0,0,m_iImageWidth,m_iImageHeight,
        m_pImageData,&bmi,DIB_RGB_COLORS,SRCCOPY)；
}
```

9.4　图像处理算法编程实现

9.4.1　VC＋＋下的图像读取与显示

在 VC 的安装盘中包含的例子程序中，有一个名为 Diblook 的工程，该工程中提供了完备的 BMP 图像的读取与实现方法。这些方法的原型定义在 dibapi. h 中，方法的实现包含在 dibapi. cpp 中。考虑到教材的容量，在此不必列出，读者可参考相应工程。

9.4.2　MATLAB 下的图像读取与显示

MATLAB 为用户提供了特殊的函数，用于从图像格式的文件中读写图像数据。其中，读取图形文件格式的图像需要用 imread 函数，写入一个图形文件格式的图像需要调用 imwrite 函数；而获取图形文件格式的图像的信息需要调用 imfinfo＼ind2rgb 函数，以 MAT 文件加载或保存矩阵数据用 load＼save 函数，显示加载到 MATLAB 中的图像用 image＼imagesc。

（1）图像文件的读取与存储

利用函数 imread 可以完成图形图像文件的读取操作，其语法如下：

A＝imread(filename,fmt)

［X,map］＝imread(filename,fmt)

［…］＝imread(filename)

［…］＝imread(filename,idx)　（只对 TIF 格式的文件）

［…］＝imread(filename,ref)　（只对 HDF 格式的文件）

imread 函数可以从任何 MATLAB 支持的图形文件中以特定的位宽读取图像。通常情况下，读取的大多数图像均为 8bit。当这些图像加载到内存中时，MATLAB 就将其存储在类 uint8 中。此外，MATLAB 还支持 16bit 的 PNG 和 TIF 图像。当读取这类文件时，MATLAB 就将其存储在类 uint16 中。

需要注意的是，对于索引图像来说，即使图像阵列的本身为类 uint8 或类 uint16，imread 函数仍然将颜色映射表读取并存储到一个双精度的浮点类型的阵列中。

利用 imwrite 函数可以完成图形图像文件的读取操作，其语法如下：

imwrite(A,filename,fmt)

imwrite(X,map,filename,fmt)

imwrite(…,filename)

imwrite(…,parameter,value)

当利用 imwrite 函数保存图像时，MATLAB 缺省的保存方式就是将其简化到 uint8 的数据格式。在 MATLAB 中使用的许多图像都是 8bit，并且大多数的图像文件并不需要双精度的浮点数据。与读取图形图像文件类似，MATLAB 就将其存储在 16bit 的数据中。

MATLAB 提供了 imfinfo 函数用于从图像文件中查询与图像相关的信息。所获取的信息依文件类型的不同而不同。但不管哪种类型的图像文件，至少包含下面的内容，即：路径与文件名；文件格式；文件格式的版本号；文件修改时间；文件的字节大小；图像的宽度（像素）；图像的长度（像素）；每个像素的位数；图像类型。

（2）图像文件的显示

在 MATLAB 2007 中，显示一幅图像可以用 image 函数，这个函数将创建一个图形对象句柄，语法格式为：

image(C)

image(x,y,C)

image('PropertyName',Property Value,

image('PropertyName',Propety Value,…)

handle＝image(…)

其中，x，y 分别表示图像显示位置的左上角坐标，C 表示所需显示的图像。imagesc 函数与 image 函数类似，但是它可以自动标度输入数据。

MATLAB 2007 图像处理工具箱还提供了一个高级的图像显示函数 imshow。其语法格式为：

imshow(I,n)

imshow(I,[low high])

imshow(BW)

imshow(X,map)

imshow(RGB)

imshow(…,display_option)

imshow(x,y,A,…)

imshow filename

h＝imshow(…)

图 9.3 是采用 VC＋＋工程实现和 MATLAB 命令实现的 BMP 格式图像读取与显示的例子。

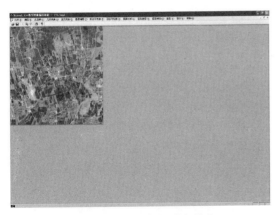 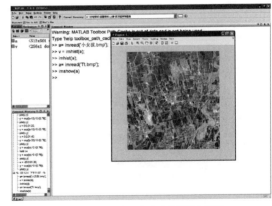

(a)利用VC++工程读取图像与显示　　　　　(b) 利用MATLAB命令读取图像与显示

图 9.3　BMP 格式图像读取与显示的例子

9.4.3　图像直方图统计

(1) 算法原理

图像的直方图指的是图像中各种灰度值出现频数的统计图。横坐标表示图像的各个灰度级，纵坐标是位于该灰度级像素出现的频数。

在算法设计的过程中，开辟可能出现的灰度值的数组，数组的下标对应灰度值，数组中存储该灰度值出现的次数，遍历所有的像素，统计灰度级的频数。如图 9.4 所示。

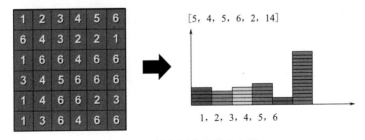

图 9.4　数字图像及其直方图

(2) 编程实现

① 利用 VC++的实现步骤。

```
#include " dibapi. h "
void Intensity()
{
    LPSTR lpDIB;// 指向 DIB 的指针
    LPSTR      lpDIBBits;// 指向 DIB 像素指针
    HDIB m_hDIB;// 锁定 DIB
    m_hDIB=ReadDIBFile(file);
    lpDIB=(LPSTR)::GlobalLock((HGLOBAL)m_hDIB);
    lpDIBBits=FindDIBBits(lpDIB);// 找到 DIB 图像像素起始位置
    // 判断是否是 8-bpp 位图(这里为了方便,只处理 8-bpp 位图,其他的可以类推)
```

```
if(DIBNumColors(lpDIB)!=256)
{
    //提示用户,解除锁定,返回
    return;
}
LONG    m_lHeight;// DIB 的高度
LONG    m_lWidth;// DIB 的宽度
char *    m_lpDIBBits;// 指向当前 DIB 像素的指针
LONG    m_lCount[256];// 各个灰度值的计数
// 重置计数为 0
int i;
for(i=0;i<256;i++)
{
    m_lCount[i]=0;// 清零
}
LONG lLineBytes;// 图像每行的字节数
lLineBytes=WIDTHBYTES(m_lWidth * 8);// 计算图像每行的字节数
// 计算各个灰度值的计数
for(i=0;i<m_lHeight;i++)
{        for(j=0;j<m_lWidth;j++)
    {
        lpSrc=(unsigned char * )m_lpDIBBits+lLineBytes * i+j;
        // 计数加 1
        m_lCount[ * (lpSrc)]++;
    }
}
}
```

② 利用 MATLAB 的实现步骤。

利用 imhist 函数显示图像数据的柱状直方图。

语法：

imhist(I,n)

imhist(X,map)

[counts,x]=imhist(…)

举例：

I=imread(Lena. bmp′);imhist(I);

图 9.5 是采用 VC++工程实现和 MATLAB 命令实现的图像直方图统计实例图。

9.4.4　图像直方图均衡

(1) 算法原理

直方图均衡化方法的基本思想是，对在图像中像素个数多的灰度级进行展宽，而对像素个数少的灰度级进行缩减，从而达到突出图像中主体目标的目的。

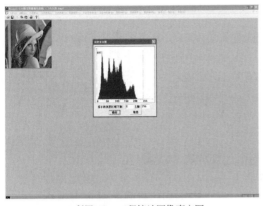
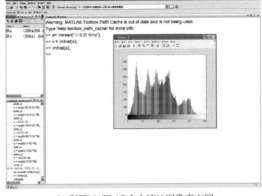

(a) 利用VC++工程统计图像直方图　　　　(b) 利用MATLAB命令统计图像直方图

图 9.5　图像直方图统计

实现步骤：

① 求直方图。设 f、g 分别为原始图像和处理后的图像，求出原始图像 f 的灰度直方图，设为 h。显然，在 [0，255] 范围内量化时，h 是一个 256 维的向量。

② 计算原始图像的灰度分布概率。求出图像 f 的总体像素个数：$N_f = m \times n$（m、n 分别为图像的长和宽）。计算每个灰度级的分布概率，即每个像素在整个图像中所占的比例：

$$h_s(i) = h(i)/N_f \quad (i = 0, 1, 2, \cdots, 255)$$

③ 计算原始图像灰度的累计分布。图像各灰度级的累计分布 h_p 为：

$$h_p(i) = \sum_{k=0}^{i} h_s(k) \quad (i = 0, 1, 2, \cdots, 255)$$

④ 计算原、新图灰度值的映射关系。新图像 g 的灰度值 $g(i, j)$ 为：

$$g(i,j) = \begin{cases} 255h_p(k) & f(i,j) \neq 0 \\ 0 & f(i,j) = 0 \end{cases} \quad h_p(k) : f(i,j)[f(i,j) \neq 0] 的累计概率分布$$

（2）编程实现

① 利用 VC++ 的实现步骤。

```
#include " dibapi. h "
BOOL InteEqualize()
{
    // 初始化,获取原始图像的指针、宽、高等信息
    unsigned char *  lpSrc;// 指向源图像的指针
    LONG    lTemp;// 临时变量
    LONG    i;// 循环变量
    LONG    j;
    BYTE    bMap[256];// 灰度映射表
    LONG    lCount[256];// 灰度映射表
    LONG    lLineBytes;// 图像每行的字节数
    lLineBytes=WIDTHBYTES(lWidth * 8)// 计算图像每行的字节数
    // 重置计数为 0
    for(i=0;i<256;i++)
```

```
        {
            lCount[i]=0;// 清零
        }
        // 计算各个灰度值的计数
        for(i=0;i<lHeight;i++)
        {
            for(j=0;j<lWidth;j++)
            {
                lpSrc=(unsigned char * )lpDIBBits+lLineBytes * i+j;
                lCount[ * (lpSrc)]++;// 计数加 1
            }
        }
        // 计算灰度映射表
        for(i=0;i<256;i++)
        {
            lTemp=0;// 初始为 0
            for(j=0;j<=i;j++)
            {
                lTemp+=lCount[j];
            }
            bMap[i]=(BYTE)(lTemp * 255 / lHeight / lWidth);// 计算对应的新灰度值
        }
        for(i=0;i<lHeight;i++)
        {
            for(j=0;j<lWidth;j++)
            {
                // 指向 DIB 第 i 行,第 j 个像素的指针
                lpSrc=(unsigned char * )lpDIBBits+lLineBytes * (lHeight-1-i)+j;
                * lpSrc=bMap[ * lpSrc];// 计算新的灰度值
            }
        }
        return TRUE;// 返回
}
```

② 利用 MATLAB 的实现步骤。

利用 histeq 函数进行图像直方图的均衡化

语法：

J=histeq(I,hgram)

J=histeq(I,n)

[J,T]=histeq(I,…)

举例：

I=imread(Lena. bmp');

J＝histeq(I);imshow(I)

figure,imshow(J)

图 9.6 是采用 VC＋＋工程实现和 MATLAB 命令实现的图像直方图均衡化实例。

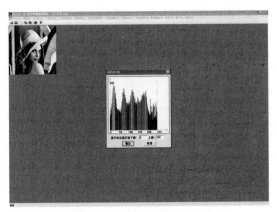
(a) 利用VC++工程进行图像直方图均衡

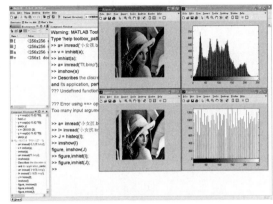
(b) 利用MATLAB命令进行图像直方图均衡

图 9.6　图像直方图均衡化

9.4.5　图像空间域平滑

以均值滤波、中值滤波、高斯滤波为例。

(1) 利用 VC＋＋的实现步骤

```
/*******************************************************************
* 函数名称：
*   Template ()
*
* 参数：
*   LPSTR lpDIBBits        -指向源 DIB 图像指针
*   LONG   lWidth          -源图像宽度 (像素数)
*   LONG   lHeight         -源图像高度 (像素数)
*   int    iTempH          -模板的高度
*   int    iTempW          -模板的宽度
*   int    iTempMX         -模板的中心元素 X 坐标 (＜iTempW－1)
*   int    iTempMY         -模板的中心元素 Y 坐标 (＜iTempH－1)
*   FLOAT * fpArray        -指向模板数组的指针
*   FLOAT fCoef            -模板系数
* 返回值：
*   BOOL                   -成功返回 TRUE，否则返回 FALSE。
*******************************************************************/
// 采用不同大小的模板，可以实现均值滤波与高斯滤波
BOOL Template (LPSTR lpDIBBits，LONG lWidth，LONG lHeight，
                int iTempH，int iTempW，
                int iTempMX，int iTempMY，
                FLOAT * fpArray，FLOAT fCoef)
```

```
{
    // 初始化，获取原始图像的指针、宽、高等信息
    // 锁定内存
    lpNewDIBBits=(char *)LocalLock(hNewDIBBits);
    // 初始化图像为原始图像
    memcpy(lpNewDIBBits,lpDIBBits,lLineBytes * lHeight);
    // 行(除去边缘几行)
    for(i =iTempMY;i<lHeight-iTempH+iTempMY+1;i++)
    {
        // 列(除去边缘几列)
        for(j=iTempMX;j<lWidth-iTempW+iTempMX+1;j++)
        {
            // 指向新 DIB 第 i 行,第 j 个像素的指针
            lpDst=(unsigned char *)lpNewDIBBits+lLineBytes * (lHeight-1-i)+j;
            fResult=0;
            for(k=0;k<iTempH;k++)
            {
                for(l=0;l<iTempW;l++)
                {
// 指向 DIB 第 i−iTempMY+k 行,第 j−iTempMX+1 个像素的指针
                    lpSrc=(unsigned char *)lpDIBBits+lLineBytes * (lHeight−1−i+
                        iTempMY −k)
                      +j−iTempMX+1;
                    // 保存像素值
                    fResult+=( * lpSrc) * fpArray[k * iTempW+1];
                }
            }
            fResult * =fCoef;// 乘上系数
            fResult=(FLOAT)fabs(fResult);// 取绝对值
            // 判断是否超过 255
            if(fResult > 255)
            {
                * lpDst=255;// 直接赋值为 255
            }
            else
            {
                * lpDst=(unsigned char)(fResult+0.5);// 赋值
            }
        }
    }
    // 复制变换后的图像
```

```
        memcpy(lpDIBBits,lpNewDIBBits,lLineBytes * lHeight);
        // 释放内存,返回
        return TRUE;
}


/ * * * * * * * * * * * * * * * * * * * * * * * * * * * * * * * * * * * * * * * * * * * * * * * * * * * * * * *
 *
 * 函数名称:
 *    MedianFilter()
 *
 * 参数:
 *    LPSTR lpDIBBits          -指向源 DIB 图像指针
 *    LONG   lWidth            -源图像宽度(像素数)
 *    LONG   lHeight           -源图像高度(像素数)
 *    int    iFilterH          -滤波器的高度
 *    int    iFilterW          -滤波器的宽度
 *    int    iFilterMX         -滤波器的中心元素 X 坐标
 *    int    iFilterMY         -滤波器的中心元素 Y 坐标
 *
 * 返回值:
 *    BOOL                     -成功返回 TRUE,否则返回 FALSE。
 *
 * 说明:该函数对 DIB 图像进行中值滤波。
 * * * * * * * * * * * * * * * * * * * * * * * * * * * * * * * * * * * * * * * * * * * * * * * * * * * * * * * * */

BOOL MedianFilter(LPSTR lpDIBBits,LONG lWidth,LONG lHeight,
                  int iFilterH,int iFilterW,
                  int iFilterMX,int iFilterMY)
{
    // 初始化,获取原始图像的指针、宽、高等信息
    // 锁定内存
    aValue=(unsigned char * )LocalLock(hArray);
    // 开始中值滤波
    // 行(除去边缘几行)
    for(i=iFilterMY;i<lHeight-iFilterH+iFilterMY+1;i++)
    {
        // 列(除去边缘几列)
        for(j=iFilterMX;j<lWidth-iFilterW+iFilterMX+1;j++)
        {
            // 指向新 DIB 第 i 行,第 j 个像素的指针
            lpDst=(unsigned char * )lpNewDIBBits+lLineBytes * (lHeight-1-i)+j;
```

```
                // 读取滤波器数组
                for(k=0;k<iFilterH;k++)
                {
                        for(l=0;l<iFilterW;l++)
                        {
// 指向 DIB 第 i−iFilterMY+k 行,第 j−iFilterMX+1 个像素的指针
                                lpSrc=(unsigned char * )lpDIBBits+lLineBytes * (lHeight−1−i+
iFilterMY−k)+j−iFilterMX+1;
                                // 保存像素值
                                aValue[k * iFilterW+1]= * lpSrc;
                        }
                }
        * lpDst=GetMedianNum(aValue,iFilterH * iFilterW);// 获取中值
        }
    }
    // 复制变换后的图像
    memcpy(lpDIBBits,lpNewDIBBits,lLineBytes * lHeight);
    // 释放内存,返回
}
/ ***************************************************************
** 函数名称:
*     GetMedianNum()
** 参数:
*    unsigned char * bpArray   -指向要获取中值的数组指针
*    int   iFilterLen                -数组长度
** 返回值:
*    unsigned char                 -返回指定数组的中值。
* * 说明:  该函数用冒泡法对一维数组进行排序,并返回数组元素的中值。
   ****************************************************************/

unsigned char GetMedianNum(unsigned char * bArray,int iFilterLen)
{
    // 循环变量
    int      i;
    int      j;
    // 中间变量
    unsigned char bTemp;
    // 用冒泡法对数组进行排序
    for(j=0;j<iFilterLen−1;j++)
    {
        for(i=0;i<iFilterLen−j−1;i++)
```

```
        {
            if(bArray[i] > bArray[i+1])
            {
                // 互换
                bTemp=bArray[i];
                bArray[i]=bArray[i+1];
                bArray[i+1]=bTemp;
            }
        }
    }
    // 计算中值
    if(((iFilterLen & 1) > 0)
    {
        // 数组有奇数个元素,返回中间一个元素
        bTemp=bArray[(iFilterLen+1)/ 2];
    }
    else
    {
        // 数组有偶数个元素,返回中间两个元素平均值
        bTemp=(bArray[iFilterLen / 2]+bArray[iFilterLen / 2+1])/ 2;
    }
    // 返回中值
    return bTemp;
}
```

（2）利用 MATLAB 的实现步骤

① 均值滤波的例子。

```
I=imread('Lena. bmp');
h=ones(3,3)/ 9;
I2=imfilter(I,h);
imshow(I),title('Original Image');
figure,imshow(I2),title('Filtered Image')
```

② 中值滤波的例子。

```
I=imread('Lena. bmp');imshow(I)
J=imnoise(I,'salt & pepper',0. 02);figure,imshow(J)    % 增加椒盐噪声
L=medfilt2(J,[3 3]);                                   % 中值滤波器
figure,imshow(L)
```

③ 高斯滤波的例子。

```
I=imread('Lena. bmp');
h=[1,2,1;2,4,4;1,2,1]/16;
I2=imfilter(I,h);
imshow(I),title('Original Image');
```

figure,imshow(I2),title('Filtered Image')

图 9.7、图 9.8 是采用 VC++工程实现和 MATLAB 命令实现的图像滤波实例。

| (a) 均值滤波 | (b) 中值滤波 | (c) 高斯滤波 |

图 9.7 利用 VC++工程实现图像滤波

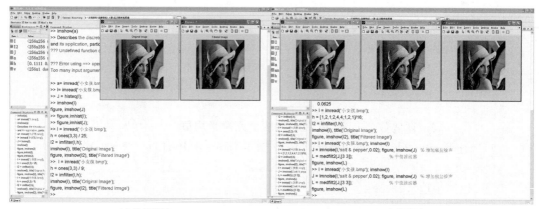

| (a) 均值滤波 | (b) 中值滤波 |

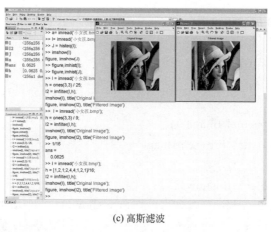

(c) 高斯滤波

图 9.8 利用 MATLAB 命令实现图像滤波

9.4.6 图像空间域锐化

以 Sobel、Roberts、Laplace 锐化算子为例。

(1) 利用 VC++的实现步骤

/ **

```
* 函数名称:
*     SobelDIB()
* 参数:
*     LPSTR lpDIBBits      -指向源 DIB 图像指针
*     LONG    lWidth        -源图像宽度 (像素数,必须是 4 的倍数)
*     LONG    lHeight       -源图像高度 (像素数)
* 返回值:
*     BOOL                  -边缘检测成功返回 TRUE,否则返回 FALSE。
* 说明:该函数用 Sobel 边缘检测算子对图像进行边缘检测运算。
*     要求目标图像为灰度图像。
*************************************************************************/
BOOL SobelDIB(LPSTR lpDIBBits,LONG lWidth,LONG lHeight)
{
    // 指向缓存图像的指针
    LPSTR    lpDst1;
    LPSTR    lpDst2;
    // 指向缓存 DIB 图像的指针
    LPSTR    lpNewDIBBits1;
    HLOCAL       hNewDIBBits1;
    LPSTR    lpNewDIBBits2;
    HLOCAL       hNewDIBBits2;
    long i;//循环变量
    long j;
    int       iTempH;// 模板高度
    int       iTempW;// 模板宽度
    FLOAT    fTempC;// 模板系数
    int       iTempMX;// 模板中心元素 X 坐标
    int       iTempMY;// 模板中心元素 Y 坐标
    //模板数组
    FLOAT aTemplate[9];
    // 暂时分配内存,以保存新图像
    hNewDIBBits1=LocalAlloc(LHND,lWidth * lHeight);
    if(hNewDIBBits1==NULL)
    {
        return FALSE;// 分配内存失败
    }
    // 锁定内存
    lpNewDIBBits1=(char * )LocalLock(hNewDIBBits1);
    // 暂时分配内存,以保存新图像
    hNewDIBBits2=LocalAlloc(LHND,lWidth * lHeight);
    if(hNewDIBBits2==NULL)
```

```
{
    return FALSE;// 分配内存失败
}
// 锁定内存
  lpNewDIBBits2＝(char＊)LocalLock(hNewDIBBits2);
// 拷贝源图像到缓存图像中
lpDst1＝(char＊)lpNewDIBBits1;
memcpy(lpNewDIBBits1,lpDIBBits,lWidth＊lHeight);
lpDst2＝(char＊)lpNewDIBBits2;
memcpy(lpNewDIBBits2,lpDIBBits,lWidth＊lHeight);
// 设置 Sobel 模板参数
iTempW＝3;iTempH＝3;fTempC＝1.0;
iTempMX＝1;iTempMY＝1;aTemplate[0]＝－1.0;
aTemplate[1]＝－2.0;aTemplate[2]＝－1.0;aTemplate[3]＝0.0;
aTemplate[4]＝0.0;aTemplate[5]＝0.0;aTemplate[6]＝1.0;
aTemplate[7]＝2.0;aTemplate[8]＝1.0;
// 调用 Template()函数,Template()函数的定义见 9.4.3 节
if (! Template (lpNewDIBBits1, lWidth, lHeight, iTempH, iTempW, iTempMX,
iTempMY,aTemplate,fTempC))
    {
        return FALSE;
    }
// 设置 Sobel 模板参数
aTemplate[0]＝－1.0;aTemplate[1]＝0.0;aTemplate[2]＝1.0;
aTemplate[3]＝－2.0;aTemplate[4]＝0.0;aTemplate[5]＝2.0;
aTemplate[6]＝－1.0;aTemplate[7]＝0.0;aTemplate[8]＝1.0;
// 调用 Template()函数,Template()函数的定义见 9.4.3 节
if (! Template (lpNewDIBBits2, lWidth, lHeight, iTempH, iTempW, iTempMX,
iTempMY,aTemplate,fTempC))
    {
        return FALSE;
    }
//求两幅缓存图像的最大值
for(j＝0;j＜lHeight;j＋＋)
{
    for(i＝0;i＜lWidth－1;i＋＋)
    {
        // 指向缓存图像 1 倒数第 j 行,第 i 个像素的指针
        lpDst1＝(char＊)lpNewDIBBits1＋lWidth＊j＋i;
        // 指向缓存图像 2 倒数第 j 行,第 i 个像素的指针
        lpDst2＝(char＊)lpNewDIBBits2＋lWidth＊j＋i;
```

```
            if( * lpDst2 > * lpDst1)
                * lpDst1 = * lpDst2;
        }
    }
    // 复制经过模板运算后的图像到源图像
    memcpy(lpDIBBits,lpNewDIBBits1,lWidth * lHeight);
    // 释放内存,返回
    return TRUE;
}


/ *********************************************************************
* 函数名称:
*    RobertDIB()
* 参数:
*    LPSTR lpDIBBits          -指向源 DIB 图像指针
*    LONG   lWidth            -源图像宽度 (像素数,必须是 4 的倍数)
*    LONG   lHeight           -源图像高度 (像素数)
* 返回值:
*    BOOL                     -边缘检测成功返回 TRUE,否则返回 FALSE。
* 说明:该函数用 Robert 边缘检测算子对图像进行边缘检测运算。
*    要求目标图像为灰度图像。
* *********************************************************************/

BOOL RobertDIB(LPSTR lpDIBBits,LONG lWidth,LONG lHeight)
{
    // 初始化,获取原始图像的指针、宽、高等信息
    // 锁定内存
    lpNewDIBBits = (char * )LocalLock(hNewDIBBits);
    // 初始化新分配的内存,设定初始值为 255
    lpDst = (char * )lpNewDIBBits;
    memset(lpDst,(BYTE)255,lWidth * lHeight);
    //水平方向
    for(j=lHeight-1;j > 0;j--)
    {
        for(i=0;i<lWidth-1;i++)
        {
            //由于使用 2×2 的模板,为防止越界,因此不处理最下边和最右边的两列像素
            // 指向源图像第 j 行,第 i 个像素的指针
            lpSrc = (char * )lpDIBBits+lWidth * j+i;
            // 指向目标图像第 j 行,第 i 个像素的指针
            lpDst = (char * )lpNewDIBBits+lWidth * j+i;
```

```
            //取得当前指针处 2 * 2 区域的像素值，注意要转换为 unsigned char 型
            pixel[0]=(unsigned char) * lpSrc;
            pixel[1]=(unsigned char) * (lpSrc+1);
            pixel[2]=(unsigned char) * (lpSrc-lWidth);
            pixel[3]=(unsigned char) * (lpSrc-lWidth+1);
            //计算目标图像中的当前点
            result=sqrt((double)(pixel[0]-pixel[3]) * (pixel[0]-pixel[3])+(pixel
[1]-pixel[2]) * (pixel[1]-pixel[2]));
            * lpDst=(unsigned char)result;
        }
    }
    // 复制图像
    memcpy(lpDIBBits,lpNewDIBBits,lWidth * lHeight);
    // 释放内存,返回
    return TRUE;
}


/ ******************************************************************
* 函数名称:
*   LaplacianOperator ()
* 参数:
*   LPSTR lpDIBBits        -指向源 DIB 图像指针
*   LONG   lWidth          -源图像宽度（像素数，必须是 4 的倍数）
*   LONG   lHeight         -源图像高度（像素数）
* 返回值:
*   BOOL                   -边缘检测成功返回 TRUE，否则返回 FALSE。
* 说明:
*   LaplacianOperator 算子，是二阶算子，不像 Roberts 算子那样需要两个模板计算
*   梯度，LaplacianOperator 算子只要一个算子就可以计算梯度。因利用了二阶信息，
所以对噪声比较敏感
*
* 要求目标图像为灰度图像。
* *******************************************************************/
BOOL LaplacianOperator (LPSTR lpDIBBits, LONG lWidth, LONG lHeight)
{
    // 指向缓存图像的指针
    LPSTR   lpDst1;
    LPSTR   lpDst2;
    // 指向缓存 DIB 图像的指针
    LPSTR   lpNewDIBBits1;
    HLOCAL      hNewDIBBits1;
```

```
LPSTR    lpNewDIBBits2;
HLOCAL        hNewDIBBits2;
int        iTempH;// 模板高度
int        iTempW;// 模板宽度
FLOAT    fTempC;// 模板系数
int        iTempMX;// 模板中心元素 X 坐标
int        iTempMY;// 模板中心元素 Y 坐标
FLOAT aTemplate[9];//模板数组
// 暂时分配内存,以保存新图像
hNewDIBBits1=LocalAlloc(LHND,lWidth * lHeight);
if(hNewDIBBits1==NULL)
{
    return FALSE;// 分配内存失败
}
// 锁定内存
lpNewDIBBits1=(char * )LocalLock(hNewDIBBits1);
// 暂时分配内存,以保存新图像
hNewDIBBits2=LocalAlloc(LHND,lWidth * lHeight);
if(hNewDIBBits2==NULL)
{
    return FALSE;// 分配内存失败
}
// 锁定内存
lpNewDIBBits2=(char * )LocalLock(hNewDIBBits2);
// 拷贝源图像到缓存图像中
lpDst1=(char * )lpNewDIBBits1;
memcpy(lpNewDIBBits1,lpDIBBits,lWidth * lHeight);
lpDst2=(char * )lpNewDIBBits2;
memcpy(lpNewDIBBits2,lpDIBBits,lWidth * lHeight);
// 设置 Laplacian 算子模板参数
iTempW=3;iTempH=3;fTempC=1.0;iTempMX=1;
iTempMY=1;aTemplate[0]=-1.0;aTemplate[1]=-1.0;
aTemplate[2]=-1.0;aTemplate[3]=-1.0;aTemplate[4]=8.0;
aTemplate[5]=-1.0;aTemplate[6]=-1.0;aTemplate[7]=-1.0;
aTemplate[8]=-1.0;
// 调用 Template()函数
if(!Template (lpNewDIBBits1,lWidth,lHeight,iTempH,iTempW,iTempMX,iTempMY,
aTemplate,fTempC))
{
    return FALSE;
```

```
    }
    // 复制经过模板运算后的图像到源图像
    memcpy(lpDIBBits,lpNewDIBBits1,lWidth * lHeight);
    // 释放内存,返回
    return TRUE;
}
```

(2) 利用 MATLAB 的实现步骤

① Sobel 锐化的例子。

```
I=imread('Lena. bmp');
imshow(I);title('Original Image');
Sobel=edge(I,'sobel');
figure,imshow(Sobel);title('Sobel Image');
```

② Roberts 锐化的例子。

```
I=imread('Lena. bmp');
imshow(I);title('Original Image');
Roberts=edge(I,'roberts');
figure,imshow(Roberts);title('Roberts Image');
```

③ Laplacian 锐化的例子。

```
I=imread('Lena. bmp');
imshow(I);title('Original Image');
H=fspecial('laplacian');
LaplacianBlur=imfilter(I,H,'replicate');
figure,imshow(LaplacianBlur);title('LaplacianBlur Blurred Image');
```

9.4.7　FFT 幅值谱和相位谱生成

(1) 基本原理

快速傅里叶变换（FFT）的提出，是为了减少计算量。基本思想是：找出傅里叶变换中的数据变化规律，按照其规律整理出适合计算机运算的逻辑结构。

因为二维傅里叶变换可以转换成两次的一维傅里叶变换，所以，在这里我们只对一维快速傅里叶变换进行推导。令：$\omega_N^{\mu x}=\exp\left(-\mathrm{j}\dfrac{2\pi\mu x}{N}\right)$，

则：
$$
\begin{aligned}
F(\mu) &= \sum_{x=0}^{N-1} f(x)\omega_N^{\mu x} \\
&= \left[\sum_{x=0}^{N/2-1} f(2x)\omega_N^{2\mu x} + \sum_{x=0}^{N/2-1} f(2x+1)\omega_N^{2\mu(2x+1)}\right] \\
&\stackrel{M=\frac{N}{2}}{=} \left[\sum_{x=0}^{M-1} f(2x)\omega_M^{\mu x} + \sum_{x=0}^{M-1} f(2x+1)\omega_M^{\mu x}\omega_N^{\mu}\right] \\
&= \left[F_e(\mu) + \omega_N^{\mu} F_o(\mu)\right]
\end{aligned}
$$

$F(\mu)$ 分成奇数项和偶数项之和，其中 $0 \leqslant \mu \leqslant M$。

单看偶数项：

$$F_e(\mu) = \sum_{x=0}^{M-1} f(2x)\omega_M^{\mu x}$$

$$\overset{L=\frac{M}{2}}{=} \left[\sum_{x=0}^{L-1} f(2(2x))\omega_L^{\mu x} + \sum_{x=0}^{L-1} f(2(2x+1))\omega_L^{\mu x}\omega_M^{\mu}\right]$$

$$= \left[F_e^{(2)}(\mu) + \omega_M^{\mu}F_o^{(2)}(\mu)\right]$$

$F_e(\mu)$ 又可分成奇数项和偶数项之和。

FFT 的数据变换规律是：①可以不断分成奇数项与偶数项之加权和；②奇数项、偶数项可分层分类，如图 9.9 所示。

$$F(\mu)$$
$$\|$$
$$[F_e(\mu)+w_N^{\mu}F_o(\mu)]$$
$$\|$$
$$[F_e^{(2e)}(\mu)+w_M^{\mu}F_o^{(2e)}(\mu)] \qquad [F_e^{(2o)}(\mu)+w_M^{\mu}F_o^{(2o)}(\mu)]$$
$$\| \qquad\qquad\qquad\qquad \|$$
$$\cdots \qquad\qquad\qquad\qquad \cdots$$

图 9.9　FFT 的数据变换规律

$$F(\mu+M) = \left[F_e(\mu+M) + w_N^{\mu+M}F_o(\mu+M)\right]$$
$$= \left[F_e(\mu) + w_N^{\mu+M}F_o(\mu)\right]$$
$$w_N^{\mu+M} = w_N^{\mu}w_N^{M} = w_N^{\mu}\exp\left(-\mathrm{j}\frac{2\pi M}{N}\right)$$
$$= w_N^{\mu}\exp(-\mathrm{j}\pi) = -w_N^{\mu}$$
$$\therefore F(\mu+M) = \left[F_e(\mu) - w_N^{\mu}F_o(\mu)\right]$$

$\Rightarrow$ 至此，计算量可以减少近一半。

FFT 的算法原理：首先，将原函数分为奇数项和偶数项，通过不断的一个奇数一个偶数地相加（减），最终得到需要的结果。也就是说 FFT 是将复杂的运算变成两个数相加（减）的简单运算的重复。这恰好符合计算机所擅长的计算规律。

下面给出 FFT 算法的基本步骤和一个例子。

① 先将数据进行奇、偶分组。例：

$$f_0, f_1, f_2, f_3, f_4, f_5, f_6, f_7, f_8, f_9, f_{10}, f_{11}, f_{12}, f_{13}, f_{14}, f_{15}$$

$$\downarrow$$

$$\boxed{f_0, f_2, f_4, f_6, f_8, f_{10}, f_{12}, f_{14}} \qquad \boxed{f_1, f_3, f_5, f_7, f_9, f_{11}, f_{13}, f_{15}}$$

下标为 $2x$ 　　　　　　　　　　　　下标为 $2x+1$

分析偶数部分的数据项：f_0，f_2，f_4，f_6，f_8，f_{10}，f_{12}，f_{14}。如果下标用二进制数表示，则为：0000，0010，0100，0110，1000，1010，1100，1110。注意：末尾一位是 0。

分析奇数部分的数据项：f_1，f_3，f_5，f_7，f_9，f_{11}，f_{13}，f_{15}。如果下标用二进制数表示，则为：0001，0011，0101，0111，1001，1011，1101，1111。注意：末尾一位是 1。

② 对偶数部分进行分层分组排序。因为奇数部分的数据项排列规律为 $2x+1$，所以只需要给出偶数项部分。奇数项部分则可以类推（注意标记 0 与 0 的区别）。

第一层下标为：　0　　　　2　　　　4　　　　6　　　　8　　　　10　　　　12　　　　14

二进制数为：0000，　0010，　0100，　0110，　1000，　1010，　1100，　1110

二进制数/2 运算，利用位运算中的右移运算 "≫"

移位：　　　000，　　001，　　010，　　011，　　100，　　101，　　110，　　111

分解成偶数组和奇数组

偶数组：000，010，100，110　　　　　　　　　　奇数组：001，011，101，111

　　　　0　　2　　4　　6　　　　　　　　　　　　　1　　3　　5　　7

再进行 $*2$ 运算，第一层下标分组为：

　　　　　　　0，　4，　8，　12；　2，　6，　10，　14

第二层下标为：0000　0100　1000　1100

/2 运算，利用位运算中的右移运算 "≫"，移 2 位

移位：　　　　00，　01，　10，　11

偶数组：00，10　　　奇数组：01，11

　　　0　　2　　　　　1　　3

再进行 $*4$ 运算，第二层下标分组为：0，8；　　　4，12；

③ 根据每层偶数组的排序方式，获得奇数组的排序方式。因为偶数项的系数为 $f(2x)$，奇数项的系数为 $f(2x+1)$，所以由第二层偶数排序：0，8，4，12，可以得到第一层偶数排序为：

$$0，8，4，12，2，6，10，14$$

再根据第一层的偶数排序 0，8，4，12，2，6，10，14，获得奇数项的排序为：

$$1，9，5，13，3，7，11，15$$

最后，获得原始数据的排序为：

$$f_0,f_8,f_4,f_{12},f_2,f_6,f_{10},f_{14}　　　f_1,f_9,f_5,f_{13},f_3,f_7,f_{11},f_{15}$$

④ 进行分层的奇、偶项相加。对排好序的数据项，进行第一层计算有：

$f_0,f_8,f_4,f_{12},f_2,f_{10},f_6,f_{14}$	$f_1,f_9,f_5,f_{13},f_3,f_{11},f_7,f_{15}$

↓ 8 个数一组　　　　　　　　　　↓ 8 个数一组

$F^{(e0)}(0)=f_0+\omega_2^0 f_8$	$F^{(e0)}(1)=f_0-\omega_2^0 f_8$	$F^{(o0)}(0)=f_1+\omega_2^0 f_9$	$F^{(o0)}(1)=f_1-\omega_2^0 f_9$
$F^{(e1)}(0)=f_4+\omega_2^0 f_{12}$	$F^{(e1)}(1)=f_4-\omega_2^0 f_{12}$	$F^{(o1)}(0)=f_5+\omega_2^0 f_{13}$	$F^{(o1)}(1)=f_5-\omega_2^0 f_{13}$
$F^{(e2)}(0)=f_2+\omega_2^0 f_{10}$	$F^{(e2)}(1)=f_2-\omega_2^0 f_{10}$	$F^{(o2)}(0)=f_3+\omega_2^0 f_{11}$	$F^{(o2)}(1)=f_3-\omega_2^0 f_{11}$
$F^{(e3)}(0)=f_6+\omega_2^0 f_{14}$	$F^{(e3)}(1)=f_6-\omega_2^0 f_{14}$	$F^{(o3)}(0)=f_7+\omega_2^0 f_{15}$	$F^{(o3)}(1)=f_7-\omega_2^0 f_{15}$

对得到的偶数数据项，进行第二层计算有：

$F^{(e0)}(0),F^{(e1)}(0),F^{(e2)}(0),F^{(e3)}(0)$	$F^{(e0)}(1),F^{(e1)}(1),F^{(e2)}(1),F^{(e3)}(1)$

↓ 4 个数一组　　　　　　　　　　↓ 4 个数一组

$F^{(2e)}(0)=F^{(e0)}(0)+\omega_4^0 F^{(e1)}(0)$	$F^{(eo)}(0)=F^{(e2)}(0)+\omega_4^0 F^{(e2)}(0)$
$F^{(2e)}(1)=F^{(e0)}(1)+\omega_4^1 F^{(e1)}(1)$	$F^{(eo)}(1)=F^{(e2)}(1)+\omega_4^1 F^{(e3)}(1)$
$F^{(2e)}(2)=F^{(e0)}(0)-\omega_4^0 F^{(e1)}(0)$	$F^{(eo)}(2)=F^{(e2)}(0)-\omega_4^0 F^{(e3)}(0)$
$F^{(2e)}(3)=F^{(e0)}(1)-\omega_4^1 F^{(e1)}(1)$	$F^{(eo)}(3)=F^{(e2)}(1)-\omega_4^1 F^{(e3)}(1)$

对得到的奇数数据项，进行第二层计算有：

$$\boxed{F^{(o0)}(0),F^{(o1)}(0),F^{(o2)}(0),F^{(o3)}(0)}$$

$$\downarrow \text{4 个数一组}$$

$$\boxed{F^{(oe)}(0)=F^{(o0)}(0)+\omega_4^0 F^{(o1)}(0)}$$

$$\boxed{F^{(oe)}(1)=F^{(o0)}(1)+\omega_4^1 F^{(o1)}(1)}$$

$$\boxed{F^{(oe)}(2)=F^{(o0)}(0)-\omega_4^0 F^{(o1)}(0)}$$

$$\boxed{F^{(oe)}(3)=F^{(o0)}(1)-\omega_4^1 F^{(o1)}(1)}$$

$$\boxed{F^{(o0)}(1),F^{(o1)}(1),F^{(o2)}(1),F^{(o3)}(1)}$$

$$\downarrow \text{4 个数一组}$$

$$\boxed{F^{(2o)}(0)=F^{(o2)}(0)+\omega_4^0 F^{(o3)}(0)}$$

$$\boxed{F^{(2o)}(1)=F^{(o2)}(1)+\omega_4^1 F^{(o3)}(1)}$$

$$\boxed{F^{(2o)}(2)=F^{(o2)}(0)-\omega_4^1 F^{(o3)}(0)}$$

$$\boxed{F^{(2o)}(3)=F^{(o2)}(1)-\omega_4^1 F^{(o3)}(1)}$$

对得到的偶数数据项，进行第三层计算，其中两个数一个组。

$$\boxed{F^{(2e)}(0),F^{(eo)}(0)} \longrightarrow \boxed{\begin{aligned}F^{(3e)}(0)&=F^{(2e)}(0)+\omega_8^0 F^{(eo)}(0)\\ F^{(3e)}(4)&=F^{(2e)}(0)-\omega_8^0 F^{(eo)}(0)\end{aligned}}$$

$$\boxed{F^{(2e)}(1),F^{(eo)}(1)} \longrightarrow \boxed{\begin{aligned}F^{(3e)}(1)&=F^{(2e)}(1)+\omega_8^1 F^{(eo)}(1)\\ F^{(3e)}(5)&=F^{(2e)}(1)-\omega_8^1 F^{(eo)}(1)\end{aligned}}$$

$$\boxed{F^{(2e)}(2),F^{(eo)}(2)} \longrightarrow \boxed{\begin{aligned}F^{(3e)}(2)&=F^{(2e)}(2)+\omega_8^2 F^{(eo)}(2)\\ F^{(3e)}(6)&=F^{(2e)}(2)-\omega_8^2 F^{(eo)}(2)\end{aligned}}$$

$$\boxed{F^{(2e)}(3),F^{(eo)}(3)} \longrightarrow \boxed{\begin{aligned}F^{(3e)}(3)&=F^{(2e)}(3)+\omega_8^3 F^{(eo)}(3)\\ F^{(3e)}(7)&=F^{(2e)}(3)-\omega_8^3 F^{(eo)}(3)\end{aligned}}$$

对得到的奇数数据项，进行第三层计算，同样两个数一个组。

$$\boxed{F^{(oe)}(0),F^{(2o)}(0)} \longrightarrow \boxed{\begin{aligned}F^{(3o)}(0)&=F^{(oe)}(0)+\omega_8^0 F^{(2o)}(0)\\ F^{(3o)}(4)&=F^{(oe)}(0)-\omega_8^0 F^{(2o)}(0)\end{aligned}}$$

$$\boxed{F^{(oe)}(1),F^{(2o)}(1)} \longrightarrow \boxed{\begin{aligned}F^{(3o)}(1)&=F^{(oe)}(1)+\omega_8^1 F^{(2o)}(1)\\ F^{(3o)}(5)&=F^{(oe)}(1)-\omega_8^1 F^{(2o)}(1)\end{aligned}}$$

$$\boxed{F^{(oe)}(2),F^{(2o)}(2)} \longrightarrow \boxed{\begin{aligned}F^{(3o)}(2)&=F^{(oe)}(2)+\omega_8^2 F^{(2o)}(2)\\ F^{(3o)}(6)&=F^{(oe)}(2)-\omega_8^2 F^{(2o)}(2)\end{aligned}}$$

$$\boxed{F^{(oe)}(3),F^{(2o)}(3)} \longrightarrow \boxed{\begin{aligned}F^{(3o)}(3)&=F^{(oe)}(3)+\omega_8^3 F^{(2o)}(3)\\ F^{(3o)}(7)&=F^{(oe)}(3)-\omega_8^3 F^{(2o)}(3)\end{aligned}}$$

最后，将获得的所有数据项进行合并：

$$\boxed{F^{(3e)}(0)+\omega_{16}^0 F^{(3o)}(0)} \longrightarrow \boxed{F(0)}$$

$$\boxed{F^{(3e)}(1)+\omega_{16}^1 F^{(3o)}(1)} \longrightarrow \boxed{F(1)}$$

$$\boxed{F^{(3e)}(2)+\omega_{16}^2 F^{(3o)}(2)} \longrightarrow \boxed{F(2)}$$

$$\boxed{F^{(3e)}(3)+\omega_{16}^3 F^{(3o)}(3)} \longrightarrow \boxed{F(3)}$$

$$\boxed{F^{(3e)}(0)-\omega_{16}^0 F^{(3o)}(0)} \longrightarrow \boxed{F(8)}$$

$$\boxed{F^{(3e)}(1)-\omega_{16}^1 F^{(3o)}(1)} \longrightarrow \boxed{F(9)}$$

$$\boxed{F^{(3e)}(2)-\omega_{16}^2 F^{(3o)}(2)} \longrightarrow \boxed{F(10)}$$

$$\boxed{F^{(3e)}(3)-\omega_{16}^3 F^{(3o)}(3)} \longrightarrow \boxed{F(11)}$$

$$F^{(3e)}(4)+\omega_{16}^4 F^{(3o)}(4) \longrightarrow \boxed{F(4)} \qquad F^{(3e)}(4)-\omega_{16}^4 F^{(3o)}(4) \longrightarrow \boxed{F(12)}$$

$$F^{(3e)}(5)+\omega_{16}^5 F^{(3o)}(5) \longrightarrow \boxed{F(5)} \qquad F^{(3e)}(5)-\omega_{16}^5 F^{(3o)}(5) \longrightarrow \boxed{F(13)}$$

$$F^{(3e)}(6)+\omega_{16}^6 F^{(3o)}(6) \longrightarrow \boxed{F(6)} \qquad F^{(3e)}(6)-\omega_{16}^6 F^{(3o)}(6) \longrightarrow \boxed{F(14)}$$

$$F^{(3e)}(7)+\omega_{16}^7 F^{(3o)}(7) \longrightarrow \boxed{F(7)} \qquad F^{(3e)}(7)-\omega_{16}^7 F^{(3o)}(7) \longrightarrow \boxed{F(15)}$$

（2）利用 VC++的实现步骤

```cpp
#include<math. h>
#include<direct. h>
#include<complex>
using namespace std;
// 常数 π
#define PI 3. 1415926535
/ ***********************************************************
** 函数名称：
*    FFT()
** 参数：
*    complex<double> * TD  -指向时域数组的指针
*    complex<double> * FD  -指向频域数组的指针
*    r                      -2 的幂数,即迭代次数
** 返回值： 无。
* 说明：  该函数用来实现快速傅里叶变换。
*********************************************************** /
void FFT(complex<double> * TD,complex<double> * FD,int r)
{
    LONG    count;// 傅里叶变换点数
    int      i,j,k;// 循环变量
    int      bfsize,p;// 中间变量
    double   angle;// 角度
    complex<double> * W, * X1, * X2, * X;
    // 计算傅里叶变换点数
    count=1<<r;
    // 分配运算所需存储器
    W  =new complex<double>[count / 2];
    X1=new complex<double>[count];
    X2=new complex<double>[count];
    // 计算加权系数
    for(i=0;i<count / 2;i++)
    {
        angle=-i * PI * 2 / count;
        W[i]=complex<double>(cos(angle),sin(angle));
```

```
}
// 将时域点写入 X1
memcpy(X1,TD,sizeof(complex<double>) * count);
// 采用蝶形算法进行快速傅里叶变换
for(k=0;k<r;k++)
{
    for(j=0;j<1≪k;j++)
    {
        bfsize=1 ≪(r-k);
        for(i=0;i<bfsize / 2;i++)
        {
            p=j * bfsize;
            X2[i+p]=X1[i+p]+X1[i+p+bfsize / 2];
            X2[i+p+bfsize / 2]=(X1[i+p]-X1[i+p+bfsize / 2]) * W[i * (1≪k)];
        }
    }
    X   =X1;X1=X2;X2=X;
}
// 重新排序
for(j=0;j<count;j++)
{
    p=0;
    for(i=0;i<r;i++)
    {
        if(j&(1≪i))
        {
            p+=1≪(r-i-1);
        }
    }
    FD[j]=X1[p];
}
// 释放内存
}

/ ************************************************************
* 函数名称：
*   IFFT()
** 参数：
*   complex<double> * FD   -指向频域值的指针
*   complex<double> * TD   -指向时域值的指针
*   r                      -2 的幂数
```

第9章 图像处理编程基础及应用实例

＊＊说明： 该函数用来实现快速傅里叶反变换。

```
***************************************************************/
void IFFT(complex<double> * FD,complex<double> * TD,int r)
{
    LONG    count;// 傅里叶变换点数
    int     i;// 循环变量
    complex<double> * X;
    // 计算傅里叶变换点数
    count=1≪r;
    // 分配运算所需存储器
    X=new complex<double>[count];
    // 将频域点写入 X
    memcpy(X,FD,sizeof(complex<double>) * count);
    // 求共轭
    for(i=0;i<count;i++)
    {
        X[i]=complex<double>(X[i]. real(),-X[i]. imag());
    }
    // 调用快速傅里叶变换
    FFT(X,TD,r);
    // 求时域点的共轭
    for(i=0;i<count;i++)
    {
        TD[i]=complex<double>(TD[i]. real()/ count,-TD[i]. imag()/ count);
    }
    // 释放内存
    delete X;
}


/ ***************************************************************
* 函数名称：
*   Fourier()
* 参数：
*   LPSTR lpDIBBits    -指向源 DIB 图像指针
*   LONG   lWidth      -源图像宽度（像素数）
*   LONG   lHeight     -源图像高度（像素数）
* 返回值：
*   BOOL               -成功返回 TRUE,否则返回 FALSE。
* 说明： 该函数用来对图像进行傅里叶变换。
***************************************************************/
```

```
BOOL Fourier(LPSTR lpDIBBits,LONG lWidth,LONG lHeight)
{
    // 指向源图像的指针
    unsigned char *    lpSrc;
    // 中间变量
    double    dTemp;
    // 循环变量
    LONG    i;j;
    // 进行傅里叶变换的宽度和高度(2 的整数次方)
    LONG    w;h;int    wp;
    int        hp;
    // 图像每行的字节数
    LONG    lLineBytes;
    // 计算图像每行的字节数
    lLineBytes=WIDTHBYTES(lWidth * 8);
    // 赋初值
    w=1;h=1;wp=0;hp=0;
    // 计算进行傅里叶变换的宽度和高度(2 的整数次方)
    while(w * 2<=lWidth)
    {
        w * =2;wp++;
    }
    while(h * 2<=lHeight)
    {
        h * =2;hp++;
    }
    // 分配内存
    complex<double> * TD=new complex<double>[w * h];
    complex<double> * FD=new complex<double>[w * h];
    // 行
    for(i=0;i<h;i++)
    {
        // 列
        for(j=0;j<w;j++)
        {
            // 指向 DIB 第 i 行,第 j 个像素的指针
            lpSrc=(unsigned char * )lpDIBBits+lLineBytes * (lHeight-1-i)+j;
            // 给时域赋值
            TD[j+w * i]=complex<double>( * (lpSrc),0);
        }
    }
```

```
    for(i=0;i<h;i++)
    {
        // 对 y 方向进行快速傅里叶变换
        FFT(&TD[w * i],&FD[w * i],wp);
    }
    // 保存变换结果
    for(i=0;i<h;i++)
    {
        for(j=0;j<w;j++)
        {
            TD[i+h * j]=FD[j+w * i];
        }
    }
    for(i=0;i<w;i++)
    {
        // 对 x 方向进行快速傅里叶变换
        FFT(&TD[i * h],&FD[i * h],hp);
    }
    // 行
    for(i=0;i<h;i++)
    {
        // 列
        for(j=0;j<w;j++)
        {
            // 计算频谱
            dTemp=sqrt(FD[j * h+i]. real() * FD[j * h+i]. real()+FD[j * h+i]. imag
() * FD[j * h+i]. imag())/ 100;
            // 判断是否超过 255
            if(dTemp > 255)
            {
                dTemp=255;// 对于超过的,直接设置为 255
            }
            // 指向 DIB 第(i<h/2 ? i+h/2:i-h/2)行,第(j<w/2 ? j+w/2:j-w/2)个像素的指针
            // 此处不直接取 i 和 j,是为了将变换后的原点移到中心
            //lpSrc=(unsigned char * )lpDIBBits+lLineBytes * (lHeight-1-i)+j;
            lpSrc=(unsigned char * )lpDIBBits+lLineBytes *
                (lHeight-1-(i<h/2 ? i+h/2:i-h/2))+(j<w/2 ? j+w/2:j-w/2);
            * (lpSrc)=(BYTE)(dTemp);// 更新源图像
        }
    }
    // 删除临时变量,返回
```

```
    return TRUE;
}
```

9.4.8　图像频率域滤波

以 ButterWorth 低通和高通滤波为例，利用 VC++ 的实现步骤。

```
/********************************************************************
*    函数名称：
*    ButterWorthLowPass()
*  输入参数：
*    LPBYTE lpImage                -指向需要增强的图像数据
*    int nWidth                    -数据宽度
*    int nHeight                   -数据高度
*    int nRadius                   -ButterWorth 低通滤波的"半功率"点
*
*  返回值：　无
*  说明：
*    lpImage 是指向需要增强的数据指针。注意,这个指针指向的数据区不能是 CDib 指
向的数据区。
*    因为 CDib 指向的数据区的每一行是 DWORD 对齐的。
*    经过 ButterWorth 低通滤波的数据存储在 lpImage 当中。
********************************************************************/
void ButterWorthLowPass(LPBYTE lpImage,int nWidth,int nHeight,int nRadius)
{
    // 循环控制变量
    int y;int x;
    double dTmpOne;double dTmpTwo;
    double H // ButterWorth 滤波系数;
    // 傅里叶变换的宽度和高度(2 的整数次幂)
    int nTransWidth;
    int nTransHeight;
    double dReal;double dImag;
    // 图像像素值
    unsigned char unchValue;
    // 指向时域数据的指针
    complex<double> * pCTData;
    // 指向频域数据的指针
    complex<double> * pCFData;
    // 计算进行傅里叶变换的点数 　(2 的整数次幂)
    dTmpOne=log(nWidth)/log(2); 　 dTmpTwo=ceil(dTmpOne);
    dTmpTwo=pow(2,dTmpTwo); 　 nTransWidth=(int)dTmpTwo;
    // 计算进行傅里叶变换的点数(2 的整数次幂)
```

```
dTmpOne＝log(nHeight)/log(2);
dTmpTwo＝ceil(dTmpOne);   dTmpTwo＝pow(2,dTmpTwo);
nTransHeight＝(int)dTmpTwo;
// 分配内存
pCTData＝new complex＜double＞[nTransWidth * nTransHeight];
pCFData＝new complex＜double＞[nTransWidth * nTransHeight];
// 初始化
// 图像数据的宽和高不一定是 2 的整数次幂,所以 pCTData
// 有一部分数据需要补 0
for(y＝0;y＜nTransHeight;y＋＋)
{
    for(x＝0;x＜nTransWidth;x＋＋)
    {
        pCTData[y * nTransWidth＋x]＝complex＜double＞(0,0);
    }
}
// 把图像数据传给 pCTData
for(y＝0;y＜nHeight;y＋＋)
{
    for(x＝0;x＜nWidth;x＋＋)
    {
        unchValue＝lpImage[y * nWidth＋x];
        pCTData[y * nTransWidth＋x]＝complex＜double＞(unchValue,0);
    }
}
// 傅里叶正变换
DIBFFT_2D(pCTData,nWidth,nHeight,pCFData);
// 下面开始实施 ButterWorth 低通滤波
for(y＝0;y＜nTransHeight;y＋＋)
{
    for(x＝0;x＜nTransWidth;x＋＋)
    {
        H＝(double)(y * y＋x * x);H＝H /(nRadius * nRadius);
        H＝1/(1＋H);
        pCFData[y * nTransWidth＋x]＝complex＜double＞(pCFData[y * nTr-
ansWidth＋x]. real() * H,
                        pCFData[y * nTransWidth＋x]. imag() * H);
    }
}
// 经过 ButterWorth 低通滤波的图像进行反变换
IFFT_2D(pCFData,pCTData,nWidth,nHeight);
```

```
    // 反变换的数据传给 lpImage
    for(y=0;y<nHeight;y++)
    {
        for(x=0;x<nWidth;x++)
        {
            dReal=pCTData[y * nTransWidth+x].real();
            dImag=pCTData[y * nTransWidth+x].imag();
            unchValue=(unsigned char)max(0,min(255,sqrt(dReal * dReal+dImag * dImag)));
            lpImage[y * nWidth+x]=unchValue;
        }
    }
    // 释放内存
}
/ ************************************************************
* 函数名称：
*   ButterWorthHighPass()
* 输入参数：
*   LPBYTE lpImage          -指向需要增强的图像数据
*   int nWidth              -数据宽度
*   int nHeight             -数据高度
*   int nRadius             -ButterWorth 高通滤波的"半功率"点
** 返回值：    无
** 说明：
*   lpImage 是指向需要增强的数据指针。注意，这个指针指向的数据区不能是 CDib
指向的数据区，因为 CDib 指向的数据区的每一行是 DWORD 对齐的。
*   经过 ButterWorth 高通滤波的数据存储在 lpImage 当中。
************************************************************/
void ButterWorthHighPass(LPBYTE lpImage,int nWidth,int nHeight,int nRadius)
{
    // 循环控制变量
    int y,x;
    double dTmpOne;double dTmpTwo;

    double H;   // ButterWorth 滤波系数
    // 傅里叶变换的宽度和高度(2 的整数次幂)
    int nTransWidth;   int nTransHeight;
    double dReal;       double dImag;
    // 图像像素值
    unsigned char unchValue;
    // 指向时域数据的指针
    complex<double> * pCTData;
```

```
// 指向频域数据的指针
complex<double> * pCFData;
// 计算进行傅里叶变换的点数 （2的整数次幂）
dTmpOne＝log(nWidth)/log(2);dTmpTwo＝ceil(dTmpOne);
dTmpTwo＝pow(2,dTmpTwo);nTransWidth＝(int)dTmpTwo;
// 计算进行傅里叶变换的点数(2的整数次幂)
dTmpOne＝log(nHeight)/log(2);dTmpTwo＝ceil(dTmpOne);
dTmpTwo＝pow(2,dTmpTwo);nTransHeight＝(int)dTmpTwo;
// 分配内存
pCTData＝new complex<double>[nTransWidth * nTransHeight];
pCFData＝new complex<double>[nTransWidth * nTransHeight];
// 初始化
// 图像数据的宽和高不一定是2的整数次幂,所以pCTData
// 有一部分数据需要补0
for(y＝0;y<nTransHeight;y++)
{
    for(x＝0;x<nTransWidth;x++)
    {
        pCTData[y * nTransWidth＋x]＝complex<double>(0,0);
    }
}
// 把图像数据传给pCTData
for(y＝0;y<nHeight;y++)
{
    for(x＝0;x<nWidth;x++)
    {
        unchValue＝lpImage[y * nWidth＋x];
        pCTData[y * nTransWidth＋x]＝complex<double>(unchValue,0);
    }
}
// 傅里叶正变换
DIBFFT_2D(pCTData,nWidth,nHeight,pCFData);
// 下面开始实施ButterWorth高通滤波
for(y＝0;y<nTransHeight;y++)
{
    for(x＝0;x<nTransWidth;x++)
    {
        H＝(double)(y * y＋x * x);H＝(nRadius * nRadius)/ H;
        H＝1/(1＋H);
        pCFData[y * nTransWidth＋x]＝complex<double>(H * (pCFData[y *
nTransWidth＋x].real())),
```

$$H * (pCFData[y * nTransWidth + x].imag()) \quad);$$

```
        }
    }
    // 经过 ButterWorth 高通滤波的图像进行反变换
    IFFT_2D(pCFData,pCTData,nWidth,nHeight);
    // 反变换的数据传给 lpImage
    for(y=0;y<nHeight;y++)
    {
        for(x=0;x<nWidth;x++)
        {
            dReal=pCTData[y * nTransWidth + x].real();
            dImag=pCTData[y * nTransWidth + x].imag();
            unchValue=(unsigned char)max(0,min(255,sqrt(dReal * dReal + dImag *
dImag)+100));
            lpImage[y * nWidth + x]=unchValue;
        }
    }
    // 释放内存
    }
```

9.4.9　图像二值形态学处理

以二值形态学中的膨胀与腐蚀算法为例。

(1) 利用 VC++的实现步骤

```
/ ***********************************************************
* 函数名称：
*    ErosiontionDIB()
* 参数：
*    LPSTR lpDIBBits      -指向源 DIB 图像指针
*    LONG   lWidth        -源图像宽度（像素数，必须是 4 的倍数）
*    LONG   lHeight       -源图像高度（像素数）
*    int    nMode         -腐蚀方式，0 表示水平方向，1 表示垂直方向，2 表示自定
义结构元素。
*    int    structure[3][3] -自定义的 3×3 结构元素。
*
*    返回值：
*    BOOL                 -腐蚀成功返回 TRUE，否则返回 FALSE。
*    说明：
*    该函数用于对图像进行腐蚀运算。结构元素为水平方向或垂直方向的三个点，中间
点位于原点。
*    或者由用户自己定义 3×3 的结构元素。
*    要求目标图像为只有 0 和 255 两个灰度值的灰度图像。
```

```
    **********************************************************/
BOOL ErosionDIB(LPSTR lpDIBBits,LONG lWidth,LONG lHeight,int nMode,int
structure[3][3])
{
    //初始化,获取图像指针、高、宽等
    // 锁定内存
    lpNewDIBBits=(char * )LocalLock(hNewDIBBits);
    // 初始化新分配的内存,设定初始值为 255
    lpDst=(char * )lpNewDIBBits;
    memset(lpDst,(BYTE)255,lWidth * lHeight);
    if(nMode==0)
    {
        //使用水平方向的结构元素进行腐蚀
        for(j=0;j<lHeight;j++)
        {   for(i=1;i<lWidth-1;i++)
            {
            //由于使用1×3的结构元素,为防止越界,因此不处理最左边和最右边的两列像素
            // 指向源图像倒数第 j 行,第 i 个像素的指针
            lpSrc=(char * )lpDIBBits+lWidth * j+i;
            // 指向目标图像倒数第 j 行,第 i 个像素的指针
            lpDst=(char * )lpNewDIBBits+lWidth * j+i;
        //取得当前指针处的像素值,注意要转换为 unsigned char 型
            pixel=(unsigned char) * lpSrc;
            //目标图像中含有除 0 和 255 外的其他灰度值
            if(pixel !=255 && * lpSrc !=0)
                return FALSE;
            //目标图像中的当前点先赋成黑色
            * lpDst=(unsigned char)0;
            //如果源图像中当前点自身或者左右有一个点不是黑色,
            //则将目标图像中的当前点赋成白色
            for(n=0;n<3;n++)
            {
                pixel= * (lpSrc+n-1);
                if(pixel==255)
                {
                    * lpDst=(unsigned char)255;
                    break;
            }}}}
    }
    else if(nMode==1)
    {
```

```
//使用垂直方向的结构元素进行腐蚀
for(j＝1;j＜lHeight－1;j＋＋)
{
    for(i＝0;i＜lWidth;i＋＋)
    {
    //由于使用1×3的结构元素,为防止越界,因此不处理最上边和最下边的两列像素
    // 指向源图像倒数第 j 行,第 i 个像素的指针
    lpSrc＝(char＊)lpDIBBits＋lWidth＊j＋i;
    // 指向目标图像倒数第 j 行,第 i 个像素的指针
    lpDst＝(char＊)lpNewDIBBits＋lWidth＊j＋i;
    //取得当前指针处的像素值,注意要转换为 unsigned char 型
    pixel＝(unsigned char)＊lpSrc;
    //目标图像中含有除 0 和 255 外的其他灰度值
    if(pixel !＝255 && ＊lpSrc !＝0)
        return FALSE;
    //目标图像中的当前点先赋成黑色
    ＊lpDst＝(unsigned char)0;
    //如果源图像中当前点自身或者上下有一个点不是黑色,
    //则将目标图像中的当前点赋成白色
    for(n＝0;n＜3;n＋＋)
    {
        pixel＝＊(lpSrc＋(n－1)＊lWidth);
        if(pixel＝＝255)
        {
            ＊lpDst＝(unsigned char)255;
            break;
        }}}}
}
else
{
    //使用自定义的结构元素进行腐蚀
    for(j＝1;j＜lHeight－1;j＋＋)
    {
        for(i＝0;i＜lWidth;i＋＋)
        {
        //由于使用3×3的结构元素,为防止越界,因此不处理最左边和最右边的两列像素
        //和最上边和最下边的两列像素
        // 指向源图像倒数第 j 行,第 i 个像素的指针
        lpSrc＝(char＊)lpDIBBits＋lWidth＊j＋i;
        // 指向目标图像倒数第 j 行,第 i 个像素的指针
        lpDst＝(char＊)lpNewDIBBits＋lWidth＊j＋i;
```

```
//取得当前指针处的像素值,注意要转换为 unsigned char 型
pixel=(unsigned char) * lpSrc;
//目标图像中含有除 0 和 255 外的其他灰度值
if(pixel !=255 && * lpSrc !=0)
        return FALSE;
//目标图像中的当前点先赋成黑色
 * lpDst=(unsigned char)0;
//如果原始图像中对应结构元素中为黑色的那些点中有一个不是黑色,
//则将目标图像中的当前点赋成白色
//注意在 DIB 图像中内容是上下倒置的
for(m=0;m<3;m++)
{
    for(n=0;n<3;n++)
    {
        if(structure[m][n]==-1)
            continue;
        pixel= * (lpSrc+((2-m)-1) * lWidth+(n-1));
        if(pixel==255)
        {
             * lpDst=(unsigned char)255;
            break;
        }}}}}
}
// 复制腐蚀后的图像
memcpy(lpDIBBits,lpNewDIBBits,lWidth * lHeight);
// 释放内存,返回
return TRUE;
}


/ ***********************************************************
* 函数名称:
*   DilationDIB()
* 参数:
*   LPSTR lpDIBBits        -指向源 DIB 图像指针
*   LONG   lWidth          -源图像宽度 (像素数,必须是 4 的倍数)
*   LONG   lHeight         -源图像高度 (像素数)
*   int    nMode           -膨胀方式, 0 表示水平方向, 1 表示垂直方向, 2 表示自定
义结构元素。
*   int   structure[3][3] -自定义的 3×3 结构元素。
** 返回值:
*   BOOL                  -膨胀成功返回 TRUE, 否则返回 FALSE。
```

** 说明：

* 该函数用于对图像进行膨胀运算。结构元素为水平方向或垂直方向的三个点，中间点位于原点。

* 或者由用户自己定义 3×3 的结构元素。

* 要求目标图像为只有 0 和 255 两个灰度值的灰度图像。

**/

```c
BOOL DilationDIB(LPSTR lpDIBBits, LONG lWidth, LONG lHeight, int nMode, int structure[3][3])
{
    // 获取指向源图像的指针、高度、宽度等
    // 初始化新分配的内存，设定初始值为 255
    lpDst=(char *)lpNewDIBBits;
    memset(lpDst,(BYTE)255,lWidth * lHeight);
    if(nMode==0)
    {
        //使用水平方向的结构元素进行膨胀
        for(j=0;j<lHeight;j++)
        {
            for(i=1;i<lWidth-1;i++)
            {
                //由于使用 1×3 的结构元素，为防止越界，因此不处理最左边和最右边
的两列像素
                // 指向源图像倒数第 j 行，第 i 个像素的指针
                lpSrc=(char *)lpDIBBits+lWidth * j+i;
                // 指向目标图像倒数第 j 行，第 i 个像素的指针
                lpDst=(char *)lpNewDIBBits+lWidth * j+i;
                //取得当前指针处的像素值，注意要转换为 unsigned char 型
                pixel=(unsigned char) * lpSrc;
                //目标图像中含有除 0 和 255 外的其他灰度值
                if(pixel !=255 && pixel !=0)
                    return FALSE;
                //目标图像中的当前点先赋成白色
                * lpDst=(unsigned char)255;
                //源图像中当前点自身或者左右只要有一个点是黑色，
                //则将目标图像中的当前点赋成黑色
                for(n=0;n<3;n++)
                {
                    pixel= * (lpSrc+n-1);
                    if(pixel==0)
                    {
```

```
                                * lpDst=(unsigned char)0;
                                break;
                        }}}}
        }
        else if(nMode==1)
        {
                //使用垂直方向的结构元素进行膨胀
                for(j=1;j<lHeight-1;j++)
                {
                        for(i=0;i<lWidth;i++)
                        {
                                //由于使用1×3的结构元素,为防止越界,因此不处理最上边和最下边的
两列像素
                                // 指向源图像倒数第j行,第i个像素的指针
                                lpSrc=(char * )lpDIBBits+lWidth * j+i;
                                // 指向目标图像倒数第j行,第i个像素的指针
                                lpDst=(char * )lpNewDIBBits+lWidth * j+i;
                        //取得当前指针处的像素值,注意要转换为 unsigned char 型
                                pixel=(unsigned char) * lpSrc;
                                //目标图像中含有除 0 和 255 外的其他灰度值
                                if(pixel !=255 && * lpSrc !=0)
                                        return FALSE;
                                //目标图像中的当前点先赋成白色
                                * lpDst=(unsigned char)255;
                                //源图像中当前点自身或者上下只要有一个点是黑色,
                                //则将目标图像中的当前点赋成黑色
                                for(n=0;n<3;n++)
                                {
                                        pixel= * (lpSrc+(n-1) * lWidth);
                                        if(pixel==0)
                                        {
                                                * lpDst=(unsigned char)0;
                                                break;
                                        }}}}
        }
        else
        {
                //使用自定义的结构元素进行膨胀
                for(j=1;j<lHeight-1;j++)
                {   for(i=0;i<lWidth;i++)
                        {
```

//由于使用 3×3 的结构元素,为防止越界,因此不处理最左边和最右边的两列像素

　　　　//和最上边和最下边的两列像素

　　　　// 指向源图像倒数第 j 行,第 i 个像素的指针

　　　　lpSrc=(char *)lpDIBBits+lWidth * j+i;

　　　　// 指向目标图像倒数第 j 行,第 i 个像素的指针

　　　　lpDst=(char *)lpNewDIBBits+lWidth * j+i;

//取得当前指针处的像素值,注意要转换为 unsigned char 型

　　　　pixel=(unsigned char) * lpSrc;

　　　　//目标图像中含有除 0 和 255 外的其他灰度值

　　　　if(pixel !=255 && * lpSrc !=0)

　　　　　　return FALSE;

　　　　//目标图像中的当前点先赋成白色

　　　　* lpDst=(unsigned char)255;

//原始图像中对应结构元素中为黑色的那些点中只要有一个是黑色,

　　　　//则将目标图像中的当前点赋成黑色

　　　　//注意在 DIB 图像中内容是上下倒置的

　　　　for(m=0;m<3;m++)

　　　　{

　　　　　　for(n=0;n<3;n++)

　　　　　　{

　　　　　　　　if(structure[m][n]==-1)

　　　　　　　　　　continue;

　　　　　　　　pixel= * (lpSrc+((2-m)-1) * lWidth+(n-1));

　　　　　　　　if(pixel==0)

　　　　　　　　{　 * lpDst=(unsigned char)0;

　　　　　　　　　　break;

　　　　　　　　}}}}}

　}

　// 复制膨胀后的图像

　memcpy(lpDIBBits,lpNewDIBBits,lWidth * lHeight);

　// 释放内存,返回

　return TRUE;

}

(2) 利用 MATLAB 的实现步骤

① 膨胀算法:

I=imread('Xtx. bmp');

SE=ones(3,3);

I2=imerode(I,SE);

imshow(I);title('Original Image');

figure,imshow(I2);title('Erode Image');

② 腐蚀算法：

```
I=imread('Xtx. bmp');
SE=ones(3,3);
I2=imdilate(I,SE);
imshow(I);title('Original Image');
figure,imshow(I2);title('DilateImage');
```

9.5　图像处理应用实例

9.5.1　OCR 文字识别

文字识别软件的任务是研究如何使计算机能够"识字"，该系统通常是采用光电转换装置将汉字或字符转换成电信号，并送入计算机，由计算机自动辨认、阅读。因此称其为光学字符识别（Optical Character Recognition），简称为 OCR。

(1) OCR 的发展简况

OCR 的概念是在 1929 年由德国科学家 Tausheck 最先提出来的，后来美国科学家 Handel 也提出了利用多种技术对文字进行识别的想法。而最早对印刷体汉字识别进行研究的是 IBM 公司的 Casey 和 Nagy，1966 年他们发表了第一篇关于汉字识别的文章，采用了模板匹配法识别了 1000 个印刷体汉字。20 世纪 70 年代初，日本的学者开始研究汉字识别，并做了大量的工作。我国于 20 世纪 70 年代末才开始进行 OCR 的研究工作。

早期的 OCR 软件，由于识别率及产品化等多方面的因素，未能达到实际要求。同时，由于硬件设备成本高、运行速度慢，也没有达到实用的程度。1986 年以后我国的 OCR 研究有了很大进展，在汉字建模和识别方法上都有所创新，在系统研制和开发应用中都取得了丰硕的成果，不少单位相继推出了中文 OCR 产品，OCR 的识别正确率、识别速度满足了广大用户的要求。进入 20 世纪 90 年代以后，平台式扫描仪的广泛应用，以及我国信息自动化和办公自动化的普及，大大推动了 OCR 技术的进一步发展。

目前，比较流行的 OCR 软件很多，英文 OCR 主要有 OmniPage，中文 OCR 主要有清华紫光 OCR、清华文通 OCR、汉王 OCR、中晶尚书 OCR、丹青 OCR、蒙恬 OCR 等。许多 OCR 软件不仅能识别黑白印刷体汉字，还能识别灰度和彩色印刷体汉字，识别速度很快，识别正确率达到了 99% 以上；可识别宋体、黑体、楷体等多种字体的简、繁体；可对多种字体、不同字号的混排进行识别；有些 OCR 软件还能识别图像、表格。与此同时，对于手写体汉字识别的研究也取得了很大进展，正确识别率已达到了 70% 以上。

(2) OCR 系统的组成

OCR 软件主要由图像处理模块、版面划分模块、文字识别模块和文字编辑模块等 4 部分组成。

① 图像处理模块　图像处理模块主要具有文稿扫描、图像缩放、图像旋转等功能。通过扫描仪输入后，文稿形成图像文件，图像处理模块可对图像进行放大，去除污点和划痕，可以手工或自动旋转图像。

② 版面划分模块　版面划分模块主要包括版面划分、更改划分，即对版面的理解、字切分、归一化等，可选择自动或手动两种版面划分方式。目的是使 OCR 软件将同一版面的文章、表格等分开，以便分别处理，并按顺序进行识别。

③ 文字识别模块　文字识别模块是 OCR 软件的核心部分，文字识别模块主要对输入的汉字进行"阅读"，须逐行切割和单字识别后，再进行归一化。文字识别模块通过对不同样本汉字的特征进行提取，完成识别，自动查找可疑字，具有前后联想等功能。

④ 文字编辑模块　文字编辑模块主要对 OCR 识别后的文字进行修改、编辑。如系统识别认为有误，则文字会以彩色显示，并提供相似的文字供选择，选择编辑器供输出等。

汉字识别的基本思路如图 9.10 所示。

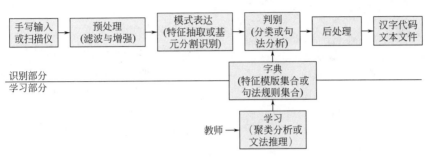

图 9.10　字符识别原理框架

由图 9.10 可见，汉字经手写输入或扫描后，形成一个点坐标序列。预处理的过程包括图像规范化、去噪、去除毛刺等。在特征提取后，需将它与存储在字典中已知的汉字特征集进行比对加以识别。系统后处理部分将单汉字识别结果变成文本输出，这里包括利用语言知识对识别结果进行加工，自动纠错和发现错误，以不断提高系统的识别率。

汉字的模式表达形式和相应的字典形式有多种，每一种形式可以选择不同的特征（或基元），每种特征（或基元）又有不同的抽取方法。这就使得判别方法和准则以及所用的数学工具不同，形成了种类繁多、形式各异的汉字识别系统。这些方法可以归结为两类一般性处理方法：统计决策方法和句法结构方法（其实也是模式识别的两类基本方法）。使用时通常还需要加入模糊数学和人工智能的方法。图 9.11 给出了最简单的 OCR 手写数字字符识别的一个例子。

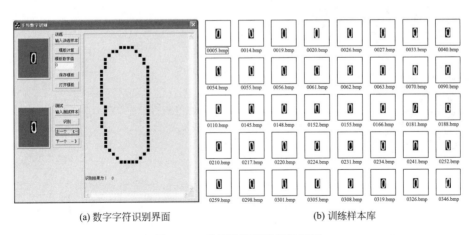

(a) 数字字符识别界面　　　　　　　　　　(b) 训练样本库

图 9.11　手写数字字符识别实例

9.5.2　水印隐藏与识别

(1) 数字水印的提出与信息隐藏

数字水印技术提出的背景：①如何检测数字产品的真实性；②原创作者如何标识数字产

卡通画制作软件：photoshop、cartoon marker
标识数字产品的版权

图 9.12　数字水印技术的应用背景
（见文后彩插）

品的版权，见图 9.12。

数字水印技术带来的信息隐藏首先涉及密码学的问题，主要问题如下。

① 加密方法保护下的数字媒体一般不具有可识别和理解性。因此不利于媒体的直接传播和使用。

② 加密方法有一个致命的缺点，即它明确地提示攻击者哪些是重要信息，容易引起攻击者的好奇和注意，并有被破解的可能性。

③ 一旦加密文件经过破解，其内容就完全透明，其保护作用也随之消失。

信息隐藏（伪装）就是将有意义的秘密信息隐藏于另一非机密的载体内容之中。所用载体形式可为任何一种数字媒体，如图像、声音、视频或一般的文档等。密码仅仅隐藏了信息的内容，而信息伪装不仅隐藏了信息的内容，而且隐藏了信息的存在。传统的以密码学为核心技术的信息安全和伪装式信息安全技术不是互相矛盾、互相竞争的技术，而是互补的。

多媒体信息存在很大的冗余性。从信息的角度来看，未压缩的多媒体信息的编码效率是很低的。所以将某些信息嵌入到多媒体信息进行秘密传送是完全可行的，并不会影响多媒体本身的传送和使用。人眼或人耳对某些信息有一定的掩蔽效应，比如人眼对灰度的分辨率只有几十个灰度级、对边缘附近的信息不敏感等。如图 9.13 所示，在图像中隐藏了 "CS" 两个字母。

利用人的这些特点，可以很好地将信息隐藏而不被察觉。信息隐藏技术的内容主要包括图 9.14 中的几个方面。

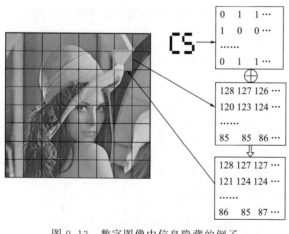

图 9.13　数字图像中信息隐藏的例子

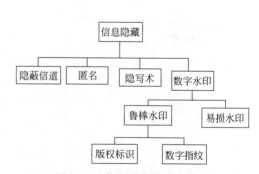

图 9.14　信息隐藏技术的内容

数字图像的信息隐藏技术包括两类：隐写术（Steganography）和数字水印（Watermark）。两者的共同点是将重要的、秘密的信息嵌入到不受怀疑、公开的数据中。其区别在于，隐写术通常用于秘密通信过程中，秘密的信息可以是任何信息。一般情况下，隐写术不要求算法具有鲁棒性，也就是当公开数据被破坏或失真之后，隐藏的信息将无法被提取出来；它着重于最大限度地隐藏和传送信息。而数字水印主要用于版权保护和认证，它隐藏的信息与被保护的对象及它的所有者有关，它着重于鲁棒性的要求，即攻击者即使知道隐藏信息的存在，仍然无法删除水印。

（2）数字水印的通用模型

数字水印技术包括嵌入和检测两个过程。

嵌入阶段的设计主要解决两个问题：一是数字水印的生成，可以是一串伪随机数，也可以是字符串、图标等信息经过加密产生；二是嵌入算法，嵌入方案的目标是使数字水印在不可见性和鲁棒性之间找到一个较好的折中。

检测阶段主要是设计一个相应于嵌入过程的检测算法。检测的结果或是原水印（如字符串或图标等），或是基于统计原理的检验结果以判断水印存在与否。检测方案的目标是使错判与漏判的概率尽量小。

水印的嵌入：使用嵌入算法把水印信号 W 嵌入到原始产品 I 中，如图 9.15 所示。

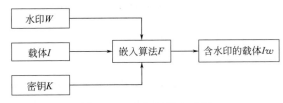

图 9.15　水印的嵌入过程

水印的检测：在水印载体中精确提取水印或通过相关检测判断其是否包含某一水印，如图 9.16 所示。

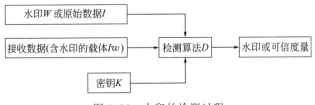

图 9.16　水印的检测过程

假设有一幅数字摄影图像，为了标识作者对该作品创作的所有权，可以采用在原始图像上加入可见标记的方法，但这样可能伤害图像的完整性。因此可以利用数字水印嵌入技术，将作者标识作为一种不可见数据（数字水印）隐藏于原始图像中，达到既注明了所有权又不伤害图像的主观质量和完整性的目的。含水印图像能保持原始图像的图像格式等信息，并不影响正常信息的复制和处理。从主观质量而言，两幅图像差别微乎其微，无法用肉眼察觉。只有通过特定的解码器才能从中提取隐藏信息。

（3）数字水印的分类

① 从水印的嵌入策略上分类　空间域水印：直接在信号采样值上叠加水印信息。

a. 最低有效位方法（LSB 法）。

b. Patchwork 方法及纹理块映射编码方法。

c. 文档结构微调方法。

变换域水印：在信息变换后的系数上叠加水印信息。

a. DCT 变换。

b. Wavelet 变换。

c. Fourier 变换。

分形或其他变换域等。

② 从水印的检测方法上分类　非盲水印（私有水印）：在检测过程中需要原始数据和原始水印的参与。

半盲水印（半私有水印）：在检测过程中，需要原始水印来进行检测，并且仅仅给出是否包含水印的二值判断系统，这种系统所嵌入的信息量仅为 1 比特。

盲水印（公开水印）：在检测过程中，既不需要原始数据，也不需要原始水印，并且能输出水印是什么的系统。

一般说来，非盲水印的鲁棒性比较强，但其应用受到存储成本和通信的限制。目前学术界研究的数字水印大多数是半盲水印或者盲水印。

③ 按使用的目的分类　鲁棒（稳健）水印（Robust watermark）：在作品遭到一定程度的破坏时，水印能够被检测出来。

易损（脆弱）水印（Fragile watermark）：能够检测出作品的任何篡改，如果作品被篡改，则水印不能被检测出来。

半易损水印：半易损水印能容忍一定的信号失真，只有当作品的内容被篡改时，水印才不能被检测出来，它比易损水印有更好的应用前景。

鲁棒水印主要用于版权保护，易损水印和半易损水印主要用于认证。

（4）典型数字水印算法

① 空域算法　典型空域方法有最低有效位方法 LSB（Least Significant Bits）、Patchwork 法和文档结构微调方法。LSB 方法是将水印直接嵌入到原始信号表示数据的最不重要的位置（最低有效位）中，这可保证嵌入的水印是不可见的。该算法的鲁棒性差，水印信息很容易被滤波、图像量化、几何变形的操作破坏。

Patchwork 方法是一种基于统计的数据水印嵌入方案，其过程是用密钥和伪随机数发生器来选择 N 对像素点 (a_i, b_i)，然后将每个 a_i 点的亮度值加 δ，每个 b_i 点的亮度值减 δ。这样使得整个图像的平均亮度保持不变，而这里的 δ 值就是在图像中嵌入的水印信息。

文档结构微调方法是在通用文档中隐藏特定二进制信息的技术。如通过轻微改变文档的字符或图像行距、水平间距，或改变文字特性等来完成水印嵌入。

空域数字水印技术的优点是算法简单、速度快、容易实现，几乎可以无损地恢复载体图像和水印信息。其缺点是太脆弱，常用的信号处理过程，如信号的缩放、剪切等，都可以破坏水印。

② 变换域算法　该类算法的基本思想是先对图像或声音信号等信息进行某种变换（如正交变换），在变换域嵌入水印，然后经过反变换而成为含水印的输出。在检测水印时，也要首先对信号作相应的数学变换，然后通过相关运算检测水印。

③ 压缩域算法　水印检测与提取直接在压缩域数据中进行。

（5）数字水印攻击

目前已出现的攻击数字水印方法大约可分为如下 5 类。

① 普通信号处理。普通信号处理包括：线性或非线性过滤、数/模和模/数变换、重新采样、重新量化、加入随机噪声、图像锐化或模糊化、增强声音的低频和高频信号及有损压缩等。

② 同步攻击。试图使水印的相关检测失效，或使恢复嵌入的水印成为不可能。这类攻击的一个特点是水印实际上还存在于图像中，但水印检测函数已不能提取水印或不能检测到水印的存在。

③ 迷惑攻击。试图通过伪造原始图像和原始水印来迷惑版权保护。

④ 删除攻击。针对某些水印方法通过分析水印数据，穷举水印密钥，估计图像中的水印，然后将水印从图像中分离出来，并使水印检测失效。

⑤ 协议攻击。协议攻击的基本思想是盗版者在已加入水印版权的图像中加入自己的水印，并更改图像的所有权。

（6）几种数字水印的例子

几种数字水印的例子见图 9.17。

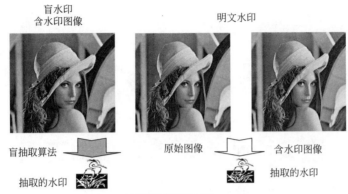

(a) 盲水印与明文水印

(b) 可见水印　　　　　　　　　　　　(c) 不可见水印

图 9.17　几种数字水印的例子（见文后彩插）

附录 数字图像处理词汇表

本词汇表中列出的英文词汇经过有针对性的选择而确定，并添加了简要说明，旨在使读者加深对数字图像处理相关知识的了解和掌握。

Algebraic operation 代数运算 图像基础运算，包括两幅图像对应像素的和、差、积、商。

Aliasing 走样（混叠） 当图像采样间距和图像细节相比太大时产生的一种痕迹。

Binary image 二值图像 只有两个灰度的数字图像（通常为 0 和 1，黑和白）。

Blur 模糊 由于散焦、低通滤波、传感器或物体运动等引起的图像清晰度下降。

Border 边框 一幅图像的首、末行或列像素形成的图像外框。

Boundary chain code 边界链码 定义一个物体边界轮廓（连续、封闭）的方向序列。

Boundary pixel 边界像素 至少和一个背景像素相邻接的区域内部像素。

Boundary tracking 边界跟踪 一种图像分割技术，从一个像素顺序探索到下一个像素将弧型边界检测出来。

Brightness 亮度 表示物体从某点发射或反射光的量。

Change detection 变化检测 通过相减等操作将两幅配准图像的像素加以比较从而检测出其中物体差别的技术。

Contour encoding 轮廓编码 对具有均匀灰度的区域，只将其边界进行编码的一种图像压缩技术。

Contrast 对比度 物体平均亮度（或灰度）与其周围背景的差别程度。

Contrast stretch 对比度扩展 一种线性的拉伸图像对比度的灰度变换。

Convolution 卷积 一种将两个函数组合生成第三个函数的运算，卷积刻画了线性移不变系统的运算。

Convolution kernel 卷积核 ①用于数字图像卷积滤波的二维数字阵列；②与图像或信号卷积的函数。

Deblurring 去模糊 ①一种降低图像模糊，锐化图像细节的运算；②消除或降低图像的模糊，通常是图像复原或重构的一个步骤。

Digital image　数字图像　①表示景物图像的整数阵列；②一个二维或更高维的采样并量化的函数，它由相同维数的连续图像产生；③在矩形（或其他）网格上采样一连续函数，并在采样点上将值量化后的阵列。

Digital image processing　数字图像处理　对图像的数字化处理；由计算机对图像信息进行操作。

Digitization　数字化　将景物图像转化为数字形式的过程。

Edge　边缘　①在图像中灰度出现突变的局部区域；②属于一段弧上的像素集，在其另一边的像素与其有明显的灰度差别。与兴趣区域相关的边缘叫做区域的内边缘；与之相邻区域的边缘叫做该区域的外边缘。

Edge detection　边缘检测　通过检查邻域，将边缘像素标识出的图像分割技术。

Edge enhancement　边缘增强　通过将边缘两边像素的对比度扩大来锐化图像边缘的一种图像处理技术。

Edge image　边缘图像　在边缘图像中每个像素要么标注为边缘，要么标注为非边缘。

Edge linking　边缘连接　在边缘图像中将边缘像素连成边缘的一种图像处理技术。

Edge operator　边缘算子　将图像中边缘像素标记出来的一种邻域算子。

Edge pixel　边缘像素　处于两个不同区域之间的局部边缘上的像素。

Enhance　增强　增加对比或主观可视程度。

Exterior pixel　外像素　在二值图像中，处于物体之外的像素（相对于内像素）。

Feature　特征　物体的一种特性，它可以度量。有助于物体的分类，如：大小、纹理、形状。

Feature extraction　特征检测或特征提取　模式识别过程中的一个步骤，在该步骤中计算物体的有关度量。对图像性质的定量描述。

Feature selection　特征选择　在模式识别系统开发过程中的一个步骤。旨在研究度量或观测能否用于将物体赋以一定类别。

Fourier transform　傅里叶变换　采用复指数 $e^{-j2\pi ux} = \cos(2\pi ux) + j\sin(2\pi ux)$ 作为核函数的一种线性变换。将图像由空间域转换为频率域的关键技术。

Geometric correction　几何校正　采用几何变换消除几何畸变的图像复原技术。

Gray level　灰度级　①和数字图像的像素相关联的值，它表示该像素的原始景物点的亮度；②在某像素位置对图像的局部性质的数字化度量。

Grayscale　灰度级　在数字图像中所有可能灰度的集合。

Gray-scale transformation　灰度变换　在点运算中的一种函数，它建立了输入灰度和对应输出灰度的关系。

Highpass filtering　高通滤波　图像增强（通常是卷积）运算，相对于低频部分它对高频部分进行了提升。低频截止而使高频通过的滤波。

Image　图像　对物理景物或其他图像的统一表示称为图像。

Image compression　图像压缩　消除图像冗余或对图像近似的任一种过程，其目的是对图像以更紧凑的形式表示。

Image coding　图像编码　将图像变换成另一个可恢复的形式（如压缩）。

Image enhancement　图像增强　旨在提高图像视觉外观的任一处理。

Image matching　图像匹配　为决定两幅图像相似程度对它们进行量化比较的过程。

Image-processing operation　图像处理运算　将输入图像变换为输出图像的一系列

步骤。

Image reconstruction 图像重构 从非图像形式构造或恢复图像的过程。

Image registration 图像配准 通过将景物中的一幅图像与相同景物的另一幅图像进行几何运算，以使其中物体位置对准的过程。

Image restoration 图像恢复 通过逆退化过程将图像恢复为原始状态的过程。

Image segmentation 图像分割 ①在图像中检测并勾画出感兴趣物体的处理；②将图像分为不相连的区域。通常这些区域对应于物体以及物体所处的背景。

Interior pixel 内像素 在一幅二值图像中，处于物体内部的像素（相对于边界像素、外像素）。

Interpolation 插值 确定采样点之间采样函数的过程称为插值。

Line detection 线检测 通过检查邻域将直线像素标识出来的一种图像分割技术。

Line pixel 直线像素 处于一条近似于直线的弧上的像素。

Local operation 局部运算 基于输入像素的一个邻域像素的灰度决定该像素输出灰度的图像处理运算，同邻域运算。

Local property 局部特征 在图像中随位置变化的感兴趣的特性（如：光学图像的亮度或颜色）。

Lossless Image compression 无损图像压缩 可以允许完全重构原图像的任何图像压缩技术。

Lossy image compression 有损图像压缩 由于近似而不能精确重构原图像的任何图像压缩技术。

Multispectral image 多光谱图像 同一景物的一组图像，每一个都是由电磁谱的不同波段辐射产生的。

Neighborhood 邻域 在给定像素附近的一个像素集合。

Neighborhood operation 邻域运算 见局部运算。

Noise 噪声 一幅图像中阻碍感兴趣数据的识别和解释的不相关部分。

Noise reduction 噪声抑制 降低图像中噪声的处理技术。

Object 目标，物体 在模式识别中，处于一二值图像中的相连像素的集合，通常对应于该图像所表示景物中的一个物体。

Optical image 光学图像 通过镜头等光学器件将景物中的光投射到一表面上的结果。

Pattern 模式 一个类的成员所表现出的共有的有意义的规则性，可以度量并可用于对感兴趣的物体进行分类。

Pattern classification 模式分类 将物体赋予模式类的过程。

Pattern recognition 模式识别 自动或半自动地检测、度量、分类图像中的物体。

Picture element 图像元素，像素 数字图像的最小单位。一幅数字图像的基本组成单元。

Pixel（Pel）像素 图像元素（picture element）的缩写。

Point operation 点运算 只根据对应像素的输入灰度值决定该像素输出灰度值的图像处理运算。

Quantitative image analysis 定量图像分析 从一幅数字图像中抽取定量数据的过程。

Quantization 量化 在每个像素处，将图像的局部特性赋予一个灰度集合中的元素的过程。

Region　区域　一幅图像中的相连像素形成的子集。

Region growing　区域增长　通过反复对具有相似灰度或纹理的相邻子区域求并集生成区域的一种图像分割技术。

Registered images　已配准图像　同一景物的两幅（或以上）图像已相互调准好位置，从而使其中的物体具有相同的图像位置。

Resolution　分辨率　①在光学中指可分辨的点物体之间最小的分离距离；②在图像处理中，指图像中相邻的点物体能够被分辨出的程度。

Run　行程　在图像编码中，具有相同灰度的相连像素序列。

Run-length　行程长度，行程　在行程中像素的个数。

Run-length encoding　行程编码　图像行以行程列表示的图像压缩技术，每个行程由一个给定的行程长度和灰度值定义。

Sampling　采样　（根据采样网格）将图像分为像素并测量其上局部特性（如亮度、颜色）的过程。

Sharp　清晰　关于图像细节的易分辨性。

Sharpening　锐化　用以增强图像细节的一种图像处理技术。

Smoothing　平滑　降低图像细节幅度的一种图像处理技术。通常用于降噪。

System　系统　对输入作出响应，并生成输出的实体。

Texture　纹理　在图像处理中，表示图像中灰度幅度及其局部变化的空间组织的一种属性。指表征像素按一定排列规律进行重复排列的参数。

Thinning　细化　将物体削减为单像素宽度的细曲线的一种二值图像处理技术。

Threshold　阈值　用以产生二值图像的一个特定的灰度纹。

Thresholding　二值化或阈值化　由灰度图产生二值图像的过程。如果输入像素的灰度值大于给定的阈值则输出像素赋为 1，否则赋为 0。

Transfer function　传递函数　在线性移不变系统中，表达每一频率下的正弦型输入信号将幅值比例传递到输出信号上的频率函数。

参 考 文 献

[1] [美] Castleman. K R. Digital Image Processing（影印版）. 北京：清华大学出版社，1998.

[2] [美] Gonzalez R C. Digital Image Processing，Second Edition（影印版）. 北京：电子工业出版社，2002.

[3] [美] Kenneth R Castleman. 数字图像处理. 朱志刚等译. 北京：电子工业出版社，2002.

[4] 朱秀昌，刘峰，胡栋. 数字图像处理与图像通信. 北京：北京邮电大学出版社，2002.

[5] 章毓晋. 图像处理和分析. 北京：清华大学出版社，1999.

[6] 章毓晋. 图像理解与计算机视觉. 北京：清华大学出版社，2000.

[7] 章毓晋. 图像分割. 北京：科学出版社，2001.

[8] [日] 谷口庆治. 数字图像处理基础篇. 朱虹等译. 北京：科学出版社，2002.

[9] [日] 谷口庆治. 数字图像处理应用篇. 朱虹等译. 北京：科学出版社，2002.

[10] [日] 正田英介，常深信彦. 图像电子学. 薛培鼎等译. 北京：科学出版社，2002.

[11] 容观澳. 计算机图像处理. 北京：清华大学出版社，2000.

[12] 田捷，沙飞，张新生. 实用图像分析与处理技术. 北京：电子工业出版社，1995.

[13] 阮秋琦. 数字图像处理学. 北京：电子工业出版社，2001.

[14] 阮秋琦. 数字图像处理基础. 北京：中国铁道出版社，1988.

[15] 赵荣椿等. 数字图像处理导论. 西安：西北工业大学出版社，1995.

[16] 章孝灿等. 遥感数字图像处理. 杭州：浙江大学出版社，1997.

[17] 沈邦乐. 计算机图像处理. 北京：解放军出版社，1995.

[18] 周新伦等. 数字图像处理. 北京：国防工业出版社，1986.

[19] 孙仲康，沈振康. 数字图像处理及应用. 北京：国防工业出版社，1985.

[20] [日] 田村秀行等. 计算机图像处理技术. 郝荣威等译. 北京：北京师范大学出版社，1988.

[21] 边肇祺等. 模式识别. 北京：清华大学出版社，1988.

[22] 黄贤武等. 数字图像处理与压缩编码技术. 成都：电子科技大学出版社，2000.

[23] 沈庭芝，方子文. 数字图像处理及模式识别. 北京：北京理工大学出版社，1998.

[24] [日] 遥感研究会编，遥感精解. 刘勇卫等译. 北京：测绘出版社，1993.

[25] 杨凯. 遥感图像处理原理与方法. 北京：测绘出版社，1988.

[26] 王润生. 图像理解. 长沙：国防科技大学出版社，1995.

[27] 徐建华. 图像处理与分析. 北京：科学出版社，1992.

[28] [英] R J 奥芬编. 图像的并行处理技术. 许耀昌等译. 北京：科学出版社，1989.

[29] 唐常青. 数学形态学方法及其应用. 北京：科学出版社，1990.

[30] 何斌等. Visual C++数字图像处理. 北京：人民邮电出版社，2001.

[31] [美] Gonzalez. R C. 数字图像处理（MATLAB版）. 阮秋琦等译. 北京：电子工业出版社，2003.

[32] 贾永红. 数字图像处理. 武汉：武汉大学出版社，2003.

[33] 崔屹. 图像处理与分析-数学形态学方法与应用. 北京：科学出版社，2002.

[34] 王大凯等. 图像处理的偏微分方程方法. 北京：科学出版社，2008.

[35] [法] Henri Maitre 等. 现代数字图像处理. 孙洪译. 北京：电子工业出版社，2006.

[36] 李弼程等. 智能图像处理技术. 北京：电子工业出版社，2004.

[37] 杨帆等. 数字图像处理与分析. 北京：北京航空航天大学出版社，2007.

[38] 张弘. 数字图像处理与分析. 北京：机械工业出版社，2008.

[39] 陈传波等. 数字图像处理. 北京：机械工业出版社，2004.

[40] [日] 田村秀行. 计算机图像处理. 金喜子等译. 北京：科学出版社，2004.

[41] [英] Maria Petrou 等. 数字图像处理疑难解析. 赖剑煌，等译. 北京：机械工业出版社，2005.

[42] 韦玉春等. 遥感数字图像处理教程. 北京：科学出版社，2016.

[43] [美] Rafael C Gonzalez，Richard E Wood. Digital Image Processing（数字图像处理）. Second Edition（第 2 版）. 北京：电子工业出版社，2002.

[44] [美] Andreas Koschan/Mongi Abidi 著. 彩色数字图像处理. 章毓晋译. 北京：清华大学出版社，2010.

[45] 刘浩. Matlab R2016a 完全自学一本通. 北京：电子工业出版社，2016.

[46] 陈刚等. MATLAB 在数字图像处理中的应用. 北京：清华大学出版社，2016.

彩图1.5 　某城市的局部遥感图像

彩图1.6 　受云覆盖影响的卫星图像

彩图1.9 　水库堤坝图像

彩图1.10 　电路板图像

彩图1.11 不同时间获取的同一地点的监控图像

彩图1.12 丰富多彩的华为手机界面

彩图1.13 电视转播画面   **彩图1.14 店面广告设计**

彩图1.15　数字电影制作

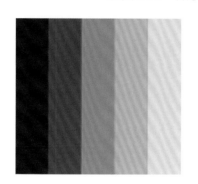 

彩图2.2　马赫带效应示意图

（a）地球的彩照

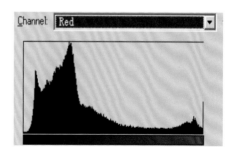

（b）红色波段直方图

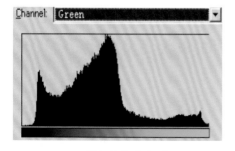

（c）绿色波段直方图

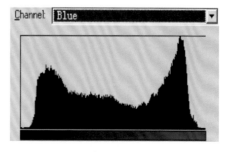

（d）蓝色波段直方图

彩图2.12　地球的彩色照片及其相应的三波段直方图

（a） 含有特定目标的原始图像　　　（b） 特定目标模板　　　（c） 乘法运算结果

彩图2.17　利用乘法运算提取特定目标

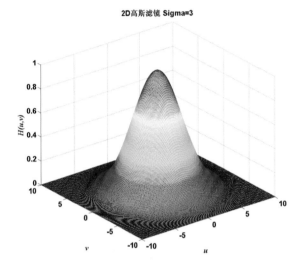

彩图4.14　二维高斯函数三维示意图

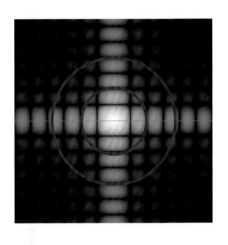

彩图4.15　滤波器截止频率选择

彩图4.17　原始图像

彩图4.18　"振铃"效应

彩图4.19　原始图像

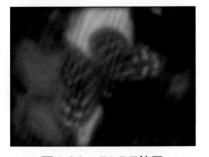

图4.20　BLPF效应

（a）原始对比度较差图像

（b）基于红色分量的直方图均衡

（c）基于绿色分量的直方图均衡

（d）基于蓝色分量的直方图均衡

彩图7.10　基于各彩色分量的直方图均衡处理

（a）原始灰度图像

（b）灰度切片伪彩色图像1

（c）灰度切片伪彩色图像2

彩图7.11　灰度切片伪彩色处理

（a）原始灰度图像

（b）灰度变换处理图像1

（c）灰度变换处理图像2

彩图7.12　灰度映射变换伪彩色处理

彩图7.14　波段4、3、2对应红、绿、蓝合成的彩色图像

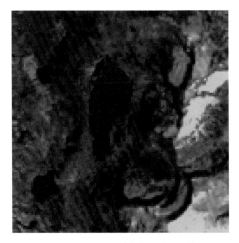

（a）7、4、1对应红、绿、蓝

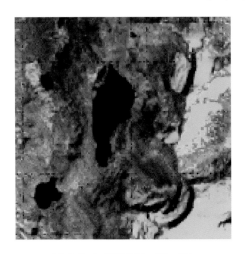

（b）5、4、2对应红、绿、蓝

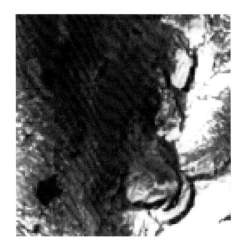

（c）4、3、2对应红、绿、蓝

彩图7.15　不同波段组合合成的彩色图像

标识数字产品的版权

彩图9.12　数字水印技术的应用背景

盲水印　　　　　　　明文水印

含水印图像

盲抽取算法　　　　　　原始图像　　　　　　含水印图像

抽取的水印 　　　　　　　抽取的水印

（a）盲水印与明文水印

　嵌入　　

移出

（b）可见水印

嵌入水印

（c）不可见水印

彩图9.17　几种数字水印的例子